模式识别技术及其应用

杨帮华　李　昕　杨　磊　马世伟　著

U0210006

科学出版社

北京

内 容 简 介

本书阐述了模式识别原理与新方法,并在此基础上介绍了模式识别的典型应用案例。理论方法主要涵盖了预处理、特征提取及分类的典型和前沿方法。整体内容安排力求实用性,将理论与实际案例相结合,并突出案例介绍,有利于读者加深对理论方法的理解和实际应用,可使读者较系统地掌握模式识别的新理论方法和相关实用技术。书中给出的应用实例,可为科研人员应用模式识别方法解决相关领域的实际问题提供具体思路和方法。

本书可作为计算机科学、自动化科学、电子科学、信息工程专业研究生的模式识别课程教材,也可供各领域中从事模式识别相关工作的广大科技人员和高校师生参考。

图书在版编目(CIP)数据

模式识别技术及其应用/杨帮华等著 . —北京:科学出版社,2016.3
ISBN 978-7-03-047545-9

Ⅰ.①模… Ⅱ.①杨… Ⅲ.①模式识别-研究 Ⅳ.①TP391.4

中国版本图书馆 CIP 数据核字(2016)第 044294 号

责任编辑:张海娜 霍明亮 / 责任校对:桂伟利
责任印制:徐晓晨 / 封面设计:蓝正设计

科 学 出 版 社 出版
北京东黄城根北街 16 号
邮政编码:100717
http://www.sciencep.com

北京中石油彩色印刷有限责任公司 印刷
科学出版社发行 各地新华书店经销
*
2016 年 3 月第 一 版 开本:720×1000 1/16
2019 年 1 月第三次印刷 印张:16 1/4
字数:311 000
定价:98.00 元
(如有印装质量问题,我社负责调换)

前　言

　　模式识别是人类的一项基本智能,模式识别能力普遍存在于人的认知系统,是人获取外部环境知识,并与环境进行交互的重要基础。在日常生活中,人们经常进行"模式识别",如人们对植物、动物及各种事物的区分,本书所讲的模式识别是指用机器实现模式识别的过程。模式识别诞生于 20 世纪 20 年代,随着 40 年代计算机的出现,以及 50 年代人工智能的兴起,模式识别在 60 年代初迅速发展成一门新的学科,是人工智能领域的一个重要分支。

　　什么是模式和模式识别呢? 广义地说,存在于时间和空间中可观察的事物,如果可以区别它们是否相同或相似,都可以称之为模式;狭义地说,模式是通过对具体的个别事物进行观测所得到的具有时间和空间分布的信息;把模式所属的类别或同一类中模式的总体称为模式类。而模式识别则是在一定量度或观测基础上把待识模式划分到各自的模式类中去。模式识别实现过程的实质是对感知信号(图像、视频、声音等)进行分析,对其中的物体对象或行为进行判别和解释的过程。

　　自 20 世纪 60 年代以来,模式识别得到了迅速发展,并取得了丰富的理论和应用成果,模式识别技术已广泛被应用于人工智能、计算机工程、机器人学、神经生物学、医学、侦探学,以及高能物理、考古学、地质勘探、宇航科学和武器技术等许多重要领域,如语音识别、语音翻译、人脸识别、指纹识别、生物认证技术等。模式识别技术对国民经济建设和国防科技发展的重要性已得到了人们的认可和广泛重视。由于模式识别理论具有重要的学术价值和广泛的应用领域,相关领域的科研工作者投入了很高的热情去学习层出不穷的新知识和新技巧。

　　随着模式识别新理论方法的发展及应用领域的不断拓展,对模式识别课程及知识的需求日益增加,如何使更多的研究者尽快掌握尤其是学会应用模式识别相关理论方法,解决工业生产及日常生活中的实际问题,是本书的出发点。本书紧跟学科发展前沿,介绍了一些最新的理论方法,更多的是通过总结教学及科研成果,形成大量的实际案例,避免引用过多的、烦琐的数学推导,使读者能够通过案例快速掌握模式识别理论方法的具体应用,开拓研究视野,培养综合分析及解决实际问题的能力。

　　本书分为两大部分:基础理论和典型应用案例。基础理论部分包括四章,模式识别简介(模式识别系统基本概念、系统构成、特点、主要方法、若干问题及基础知识);预处理方法(包括自适应滤波、盲源分离);特征提取方法(包括小波变换、小波包变换、希尔伯特-黄变换、功率谱分析);分类方法(包括贝叶斯分类、线性分类、神经网络分类、支持向量机），覆盖了基础知识与部分当前研究前沿。典型案例部分包括第 5~16 章，基于贝叶斯决策的细胞及性别和鱼类识别；基于语音的说话人识别；车牌识别；脑机接口中运动想象脑电信号的识别；基于红外火焰探测的火灾识别；基于 K-L 变换的人脸识别；基于深度数据的运动目标检测；基于指纹的生物识别；基于虹膜的生物识别；电影中吸烟镜头识别；黄瓜病害识别；昆虫识别。

上海大学四位老师及有关研究生参与了本书的编写，其中，第 1、3、8、9 章由杨帮华编写，第 2、4 章由杨帮华和李昕共同编写，第 5、6、7、12 章由李昕编写，第 10 章由马世伟编写，第 11、13~16 章由杨磊编写。全书由杨帮华负责整理与统稿。编写中研究生段凯文、张桃、章云元、李华荣、张佳杨、刘丽娜、冉鹏、蔡纪源、任衍允等为本书的成稿做了一定的工作，在此一并表示感谢。

感谢上海大学自动化系对本书出版给予的关心和资助。

由于作者水平有限，书中难免有不足之处，敬请广大同行和读者批评指正，相关内容请发电子邮件到 yangbanghua@126.com，以便今后补充修正。

目　　录

第 1 章　模式识别简介

1.1　模式识别的相关概念

模式识别是人类的一项基本智能,在日常生活中,人们经常在进行"模式识别"。随着 20 世纪 40 年代计算机的出现以及 50 年代人工智能的兴起,人们当然也希望能用计算机来代替或扩展人类的部分脑力劳动。(计算机)模式识别在 20世纪 60 年代初迅速发展并成为一门新学科。

1. 模式

我们知道,被识别对象都具有一些属性、状态或者特征,而对象之间的差异也就表现在这些特征的差异上。因此可以用对象的特征来表征对象。另外,从结构来看,有些被识别对象可以看做是由若干基本成分按一定的规则组合而成。因此,可以用一些基本元素的某种组合来刻画对象。

广义地说,存在于时间和空间中可观察的事物(对象),如果可以区别它们是否相同或相似,都可以称之为模式;狭义地说,模式是通过对具体的个别事物进行观测所得到的具有时间和空间分布的信息[1]。模式的特定性质是指可以用来区分观察对象是否相同或是否相似而选择的特性。观察对象存在于现实世界,如图 1.1中香蕉、苹果、指纹、花瓶等。模式具有直观特性:可观察性、可区分性和相似性。

图 1.1　一些可观察的事物例子

需要说明的是,模式所指的不是事物本身,而是从事物获得的信息,能够表征或刻画被识别对象类属特征的信息模型称为对象的模式。有了模式,对实体对象的识别就转化为对其模式的识别。模式表示一类事物,当模式与样本共同使用时,样本是具体的事物,而模式是对同一类事物概念性的概况。如一个人的许多照片是这个人的许多样本,而这个人本身是一个模式。

2. 模式类

具有相似特性的模式的集合称为模式类(class)。模式类与模式,或者模式与样本在集合论中是子集与元素之间的关系。当用一定的度量来衡量两个样本,而找不出它们之间的差别时,它们在这种度量条件下属于同一个等价类。这就是说它们属于同一子集,是一个模式,或一个模式类。不同的模式类之间应该是可以区分的,它们之间应有明确的界线。但是对实际样本来说,有时又往往不能对它们进行确切的划分,即在所使用的度量关系中,分属不同类别的样本却表现出相同的属性,因而无法确凿无误地对它们进行区分。例如,在癌症初期,癌细胞与正常细胞的界线是含糊的,除非医术有了进一步发展,能找到更准确有效的分类方法。

3. 模式识别

识别是对各种事物或现象的分析、描述、判断。模式识别是指在某些一定量度或观测基础上,把待识模式划分到各自的模式类中去,即根据模式的特性,将其判断为某一类。人们在见到一个具体的物品时会分辨出它的类名,如方桌与圆桌都会归结为是桌子。这是人们所具有的认识事物的功能,在本书中就称之为模式识别。本书的模式识别是指用计算机实现人对各种事物或现象的分析、描述、判断、识别,是一种智能活动,包含分析和判断,属于人工智能。

让机器辨别事物的最基本方法是计算,原则上讲是对计算机要分析的事物与作为标准的称之为"模板"的相似程度进行计算。例如,说脑子里有没有肿瘤,就要与标准的脑图像以及有肿瘤图像做比较,看与哪个更相似。要识别一个具体数字,就要将它与从 0~9 的样板做比较,看与哪个模板最相似,或最接近。因此首先要能从度量中看出不同事物之间的差异,才能分辨当前要识别的事物(称为测试样本)与哪类事物更接近。因此找到有效度量不同类事物差异的方法是最关键的。

4. 模式识别系统

用来实现对所见事物(样本)确定其类别、执行模式识别功能的整个计算机系统称为模式识别系统。模式识别系统中常用的一些名词术语和概念如下:

(1) 特征。一个事件(样本)有若干属性称为特征,对属性要进行度量,一般有两种方法,一种是定量的,如长度、体积、重量等,可用具体的数量表示。另一种是定性的,如一个物体可用"重""轻""中等"表示,前种方法为定量表示,后种方法为定性表示。"重"与"轻"变成了一种离散的,或称符号性的表示。

(2) 特征提取。从事物中提取有用的、有意义的特征信息,是从样本的某种描述状态(如一幅具体的图像、一段声波信等)提取出所需要的,用另一种形式表示的特征(如在图像中抽取出轮廓信号,声音信号提取中不同频率的信息等)。这种提取方法往往都要通过某种形式的变换。例如,对原特征空间进行线性变换或其他变换,滤波也是变换的一种形式。特征提取往往可以达到降维的目的。目前使用什么样方法提取特征,主要靠设计人员确定,如选择什么样的变换,也主要由人来决定,但如确定用某种线性变换,则线性变换的参数可通过计算来确定。特征提取的本质是找到最能反映分类本质的特征。

(3) 特征选择。对样本采用多维特征向量描述,各个特征向量对分类起的作用不一样,在原特征空间中挑选中部分对分类较有效的特征,组成新的降维特征空间,以降低计算复杂度,同时,改进或不过分降低分类效果。特征选择的另一种含义是指人们通过观察分析,选择适用于分类的特征组合。

(4) 特征向量。对一个具体事物(样本)往往可用其多个属性来描述,因此,描述该事物用了多个特征,将这些特征有序地排列起来,如一个桌子用长、宽、高三种属性的度量值有序地排列起来,就成为一个向量。这种向量就称为特征向量。每个属性称为它的一个分量,或一个元素。特征向量通常用列向量表示。

(5) 特征向量的维数。一个特征向量具有的分量数目,如向量 $X=(x_1,x_2,x_3)$,则该向量的维数是 3。

(6) 列向量。将一个向量的分量排列成一列表示,如 $X=\begin{bmatrix} x_1 \\ x_2 \\ x_3 \end{bmatrix}$。

(7) 行向量。将一个向量的分量排列成一行表示,如 $X=(x_1,x_2,x_3)$。

(8) 转置。将一个列向量写成行向量的形式的方法就是转置。如定义 X 为列向量,则 X^T 就是该向量的行向量表示。转置的概念与矩阵中转置的概念一样。

(9) 测量空间。原始数据是由所使用的量测仪器或传感器获取的,这些数据组成的空间称为测量空间,即原始数据组成的空间。例如声波变换成的电信号,表现为电压电流幅度随时间的变化;二维图像每个像素所具有的灰度值等。

(10) 特征空间。一种事物的每个属性值都是在一定范围内变化,例如,桌子高度一般在 0.5~1.5m 变化,宽度在 0.6~1.5m 变化,长度在 1~3m 变化,则由这三个范围限定的一个三维空间就是桌子的特征空间。归纳起来说所讨论问题的特征向量可能取值范围的全体就是特征空间。空间中一个点就是一个特征向量。

(11) 解释空间。为所属类别的集合,如模式 X 属于 $\omega_1,\omega_2,\cdots,\omega_m$ 类中某一类,则解释空间就是由 m 个类别构成的空间。

(12) 模型(model)。可以用数学形式表达的不同特征的描述。

(13) 样本(sample)。分类的基本对象,模式的实例。

(14) 训练集(training set)。用于训练分类器的样本集合,是一个已知样本集,在监督学习方法中,用它来开发出模式分类器。

(15) 测试集(test set)。用于测试分类器的样本集合,通常应与训练集无交集,在设计识别和分类系统时没有用过的独立样本集。

(16) 分类决策。根据一个事物(样本)的属性确定其类别,称为分类决策。

(17) 分类决策方法。对一事物进行分类决策所用的具体方法,例如一个人身高超过 1.8m,就判断他是个男人,身高超过 1.8m 就是具体的分类决策方法。

(18) 学习。让一个机器有分类决策能力,就需要找到具体的分类决策方法,确定分类决策方法的过程统称为学习,就像人认识事物的本领的获取与提高都是通过学习得到的。在本门课中将学习分成有监督学习与无监督学习两种不同的方法。

(19) 训练。一般将有监督学习的学习方法称之为训练。

(20) 有监督学习方法。从已知样本类别号的不同类训练集数据中找出规律性进行分析,从而确定分类决策方法,这种学习方法是在训练集指导下进行的,就像有教师来指导学习一样,称为有监督学习方法。与之相对的是无监督学习方法。

(21) 无监督学习方法。在一组数据集中寻找其自身规律性的过程称为无监督学习方法。例如,分析数据集中的自然划分(聚类);分析数据集体现的规律性,并用某种数学形式表示;分析数据集中各种分量(描述量、特征)之间的相关性(数据挖掘、知识获取)等,这种学习没有训练样本集作指导,这是与有监督学习方法的不同点。

(22) 判别函数。一组与各类别有关的函数,对每一个样本可以计算出这组函数的所有函数值,然后依据这些函数值的极值(最大或最小)做分类决策。例如基于最小错误率的贝叶斯决策的判别函数就是样本的每类后验概率,基于最小风险的贝叶斯决策中的判别函数是该样本对每个决策的期望风险。

(23) 决策域与决策面。根据判别函数组中哪一个判别函数值为极值作为准则,可将特征空间划分成不同的区域,称为决策域,相邻决策域的边界是决策分界面或称决策面。

(24) 散布图。将每个样本表示为特征空间中的一个点所形成的图形。

(25) 决策(判决)面(曲线)。特征空间中区分各类的边界。常见的决策线包括线性决策线、二次决策曲线、复杂决策曲线,如图 1.2 所示。

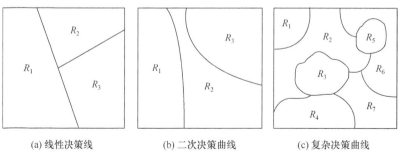

(a) 线性决策线　　　　　(b) 二次决策曲线　　　　　(c) 复杂决策曲线

图 1.2　常见决策线

1.2　模式识别的发展历程

模式识别技术的发展主要经历了以下阶段：

(1) 1929 年 Tauschek 发明阅读机，能够阅读 0～9 的数字。

(2) 20 世纪 30 年代 Fisher 提出统计分类理论，奠定了统计模式识别的基础。因此，在 20 世纪 60～70 年代，统计模式识别发展很快，但由于被识别的模式越来越复杂，特征也越多，就出现"维数灾难"。但由于计算机运算速度的迅猛发展，这个问题得到一定克服。统计模式识别仍是模式识别的主要理论。

(3) 20 世纪 50 年代 Chemsky 提出形式语言理论，美籍华人傅京孙提出句法结构模式识别。

(4) 20 世纪 60 年代 Zadeh 提出了模糊集理论和模糊模式识别理论，这两个理论得到了较广泛的应用。

(5) 20 世纪 80 年代 Hopfield 提出神经元网络模型理论，近些年人工神经元网络在模式识别和人工智能上得到较广泛的应用。

(6) 20 世纪 90 年代小样本学习理论和支持向量机也受到了很大的重视。

关于模式识别的国际国内学术组织：1973 年 IEEE 发起了第一次关于模式识别的国际会议"ICPR"，成立了国际模式识别协会（IAPR），每两年召开一次国际学术会议。1977 年 IEEE 的计算机学会成立了模式分析与机器智能（PAMI）委员会，每两年召开一次模式识别与图像处理学术会议。国内的组织有电子学会、通信学会、自动化协会、中文信息学会等。

模式识别研究主要集中在两方面：一是研究生物体（包括人）是如何感知对象的，属于认识科学的范畴；二是在给定的任务下，如何用计算机实现模式识别的理论和方法。前者是生理学家、心理学家、生物学家和神经生理学家的研究内容；后者通过数学家、信息学专家和计算机科学工作者近几十年来的努力，已经取得了系统的研究成果。

1.3　模式识别系统的基本组成和特点

1.3.1　基本组成

到目前为止，已知最好的模式识别系统是人类的大脑。模式识别的主要目的是如何用计算机进行模式识别，对样本进行分类。设计人员按需要设计模式识别系统，而该系统被用来执行模式分类的具体任务。一个典型的模式识别系统组成如图 1.3 所示，具体组成包括数据获取、预处理、特征提取和选择、分类器设计及分类决策[2]。这几个过程相互关联而又有明显区别。

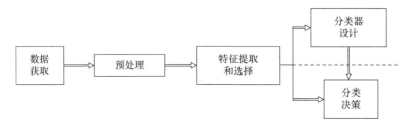

图 1.3　模式识别系统组成框图

（1）数据获取。用计算机可以运算的符号来表示所研究的对象,这些可表示的符号包括:二维图像,如文字、指纹、地图、照片等;一维波形,如脑电图、心电图、机械振动波形等;物理参量和逻辑值,如体温、化验数据、参量正常与否的描述。

（2）预处理。去除信号中噪声,提取有用信息,使信息纯化,或者是对输入测量仪器或其他因素所造成的退化现象进行复原。预处理这个环节内容很广泛,与要解决的具体问题有关,例如,从图像中将汽车车牌的号码识别出来,就需要先将车牌从图像中找出来,再对车牌进行划分,将每个数字分别划分开。做到这一步以后,才能对每个数字进行识别。以上工作都应该在预处理阶段完成。再如,要对机械振动进行故障诊断和识别,采集来自加速度或力传感器的信号经常包含电源噪声等,需要去掉信号中的噪声后再进行处理。

（3）特征提取和选择。要对预处理信号进行变换,得到最能反映分类本质的特征。同时,对特征进行必要的降维处理,将维数较高的测量空间转换到维数较低的特征空间,对所获取的信息实现从测量空间到特征空间的转换。换句话说,特征提取和选择的目的是选择什么样的方法来描述事物,从而可以有效、牢靠地把事物正确地区分开。

（4）分类器设计和决策。如图 1.4 所示,分类器设计是指依据特定空间分布,设计及决定分类器的具体参数。主要是指对输入的训练样本,进行预处理、特征提

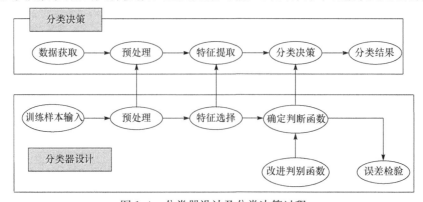

图 1.4　分类器设计及分类决策过程

取及选择,在样本训练集基础上,确定某判决规则或判决函数,使得按这种规则对被识别对象进行分类,所造成的错误识别率最小或引起的损失最小。在设计阶段判决函数需要多次反复进行,直到误差达到一定条件。分类决策是指依据分类器设计阶段建立的预处理、特征提取与选择及判决函数模型,对获取的未知样本数据进行分类识别,把被识别对象归为某一类,输出分类结果。

1.3.2　特点

从模式识别的起源、目的、方法、应用、现状及发展和它同其他领域的关系来考察,可以把模式识别过程的特点概括如下:

（1）模式识别是用机器模仿大脑的识别过程,设计很大的数据集合,并自动地以高速度作出决策。

（2）模式识别不像纯数学,而是抽象加上实验的一个领域。它的这个性质常常导致不平凡的和比较有成效的应用,而应用又促进进一步的研究和发展。由于它和应用的关系密切,因此它又被认为是一门工程学科。

（3）学习（自适应性）是模式识别的一个重要的过程和标志。但是,编制学习程序比较困难,而有效地消除这种程序中的错误更难,因为这种程序是有智能的。

（4）同人的能力相比,现有模式识别的能力仍然是相当薄弱的（对图案和颜色的识别除外）,机器通常不能应付大多数困难问题。采用交互识别法可以在较大程度上克服这一困难,当机器不能做出一个可靠的决策时,它可以求助于操作人。

1.4　模式识别的主要方法

模式识别系统的目标是在特征空间和解释空间之间找到一种映射关系,根据 X 的 n 个特征来判别模式 X 属于 $\omega_1, \omega_2, \cdots, \omega_m$ 类中的哪一类。这种映射也称之为假说,目的是在错误概率最小或风险最小的条件下,使识别的结果尽量与客观物体相符合。模式识别目的也可以简单描述为 $Y = F(X)$, X 取自特征集的定义域, Y 取自类别号的的值域, F 为模式识别的判别或映射方法。

从处理问题的性质和解决问题的方法等角度来看,获得这种映射关系的方法可以分为有监督学习和无监督学习。有监督学习是指依靠已知所属类别的训练样本集,按它们特征向量的分布来确定假说（通常为一个判别函数）,只有在判别函数确定之后才能用它对未知的模式进行分类。有监督学习的特点是对分类的模式要有足够的先验知识,通常需要采集足够数量的具有典型性的样本进行训练。无监督学习是指在没有先验知识的情况下,通常采用聚类分析方法,基于"物以类聚"的观点,用数学方法分析各特征向量之间的距离及分散情况,如果特征向量集聚若干个群,可按群间距离远近把它们划分成类,若事先能知道应划分成几类,则可获得更好的分类结果。

模式识别的具体方法大致可以分四类:统计决策法、结构模式识别方法、模糊模式识别方法与人工神经网络模式识别方法。前两种方法发展得比较早,理论相对也比较成熟,在早期的模式识别中应用较多。后两种方法目前的应用较多,由于模糊模式识别方法更合乎逻辑、人工神经网络模式识别方法具有较强的解决复杂模式识别的能力,因此日益得到人们的重视。

1. 统计决策法

统计决策法以概率论和数理统计为基础,包括参数方法和非参数方法:

(1)参数方法。主要以贝叶斯决策准则为指导。其中最小错误率和最小风险贝叶斯决策是最常用的两种决策方法。假定特征对于给定类的影响独立于其他特征,在决策分类的类别 N 已知与各类别的先验概率 $P(\omega_i)$ 及类条件概率密度 $P(x|\omega_i)$ 已知的情况下,对于一特征矢量 x,根据公式计算待检模式在各类中发生的后验概率 $P(\omega_i|x)$,后验概率最大的类别即为该模式所属类别。在这样的条件下,模式识别问题转化为一个后验概率的计算问题。

在贝叶斯决策的基础上,根据各种错误决策造成损失的不同,人们提出基于贝叶斯风险的决策,即计算给定特征矢量 x 在各种决策中的条件风险大小,找出其中风险最小的决策。参数估计方法的理论基础是样本数目趋近于无穷大时的渐进理论。在样本数目很大时,参数估计的结果才趋近于真实的模型。然而实际样本数目总是有限的,很难满足这一要求。另外,参数估计的另一个前提条件是特征独立性,这一点有时和实际差别较大。

(2)非参数方法。沿参数方法这条路走就要设法获取样本统计分布的资料,要知道先验概率、类分布概率密度函数等。然而在样本数不足条件下要获取准确的统计也是困难的。这样一来人们考虑走另一条道路,即根据训练样本集提供的信息,直接进行分类器设计。这种方法绕过统计分布状况的分析和参数估计,而企图对特征空间实行划分,称为非参数判别分类法,即不依赖统计参数的分类法。这是当前模式识别中主要使用的方法,并且涉及人工神经元网络与统计学习理论等多方面。

非参数判别分类方法的核心是由训练样本集提供的信息直接确定决策域的划分方法。这里最重要的概念是分类器设计用一种训练与学习的过程来实现。机器自动识别事物的能力通过训练学习过程来实现,其性能通过学习过程来提高,这是模式识别、人工神经元网络中最核心的内容。

由于决策域的分界面是用数学公式来描述的,如线性函数或各种非线性函数等,因此确定分界面方程,这包括选择函数类型与确定最佳参数两个部分。一般说来选择函数类型是由设计者确定的,但其参数的确定则是通过一个学习过程来实现的,是一个迭代实现优化的过程。

2. 结构模式识别

结构模式识别是利用模式的结构描述与句法描述之间的相似性对模式进行分类。每个模式由它的各个子部分(称为子模式或模式基元)的组合来表示。对模式的识别常以句法分析的方式进行,即依据给定的一组句法规则来剖析模式的结构。当模式中每一个基元被辨认后,识别过程就可通过执行语法分析来实现。选择合适的基元是结构模式识别的关键。

结构模式识别主要用于文字识别、遥感图形的识别与分析、纹理图像的分析。该方法的特点是识别方便,能够反映模式的结构特征,能描述模式的性质,对图像畸变的抗干扰能力较强。如何选择基元是本方法的一个关键问题,尤其是当存在干扰及噪声时,抽取基元更困难,且易失误。

3. 模糊模式识别

1965 年 Zadeh 提出了著名的模糊集理论,使人们从认识事物的传统二值 0、1 逻辑转化为 $[0,1]$ 区间上的逻辑,这种刻画事物的方法改变了人们以往单纯地通过事物内涵来描述其特征的片面方式,并提供了能综合事物内涵与外延性态的合理数学模型——隶属度函数。对于 A、B 两类问题,传统二值逻辑认为样本 C 要么属于 A,要么属于 B,但是模糊逻辑认为 C 既属于 A,又属于 B,二者的区别在于 C 在这两类中的隶属度不同。所谓模糊模式识别就是解决模式识别问题时引入模糊逻辑的方法或思想。同一般的模式识别方法相比较,模糊模式识别具有客体信息表达更加合理,信息利用充分,各种算法简单灵巧,识别稳定性好,推理能力强的特点。

模糊模式识别的关键在隶属度函数的建立,目前主要的方法有模糊统计法、模糊分布法、二元对比排序法、相对比较法和专家评分法等。虽然这些方法具有一定的客观规律性与科学性,但同时也包含一定的主观因素,准确合理的隶属度函数很难得到,如何在模糊模式识别方法中建立比较合理的隶属度函数是需要进一步解决的问题。

4. 人工神经网络模式识别

早在 20 世纪 50 年代,研究人员就开始模拟动物神经系统的某些功能,采用软件或硬件的办法,建立了许多以大量处理单元为结点,处理单元间实现(加权值的)互联的拓扑网络,进行模拟,称之为人工神经网络。这种方法可以看做是对原始特征空间进行非线性变换,产生一个新的样本空间,使得变换后的特征线性可分。同传统统计方法相比,其分类器是与概率分布无关的。人工神经网络的主要特点在于其具有信息处理的并行性、自组织和自适应性、具有很强的学习能力和联想功能以及容错性能等,在解决一些复杂的模式识别问题中显示出其独特的优势。

人工神经网络是一种复杂的非线性映射方法,其物理意义比较难解释,在理论上还存在一系列亟待解决的问题。例如,在设计上,网络层数的确定和节点个数的选取带有很大的经验性和盲目性,缺乏理论指导,网络结构的设计仍是一个尚未解决的问题。在算法复杂度方面,神经网络计算复杂度大,在特征维数比较高时,样本训练时间比较长,在算法稳定性与过学习的现象范化能力不容易控制。这些也是制约人工神经网络进一步发展的关键问题[3]。

1.5　模式识别中的若干问题

1.5.1　学习

人们在日常生活中几乎时时刻刻在进行模式识别的活动,从小时候起就开始学习与增强这种能力。如小孩学习认字、认识事物都有一个从不会到会的过程。成人教小孩认字时,并不告诉"4"有什么特点,往往只是出示样本。孩子很快能总结出"4"的概念,不论该字是大还是小,形体笔画有多大变化,都能正确辨认出来。孩子的家长教孩子叫大人为爷爷、奶奶、伯伯、叔叔等,并没有告诉他们,什么样的人,具有什么特点的人应如何称呼,但孩子很快从所见到的爷爷的"样本"中学会该叫谁爷爷,很少有错误。

机器也有个学习过程,确定分类决策的具体数学公式是通过分类器设计这个过程确定的。在模式识别学科中一般把这个过程称为训练与学习的过程。模式识别系统包括了训练这一环节与工作方式。但是在模式识别系统中,尤其是传统的模式识别技术中,信息获取、预处理、特征提取与选择一般都是设计者安排好的,机器本身无法从训练中培养出选择特征的能力,训练的实质是按设计者拟定的数学公式,把训练样本提供的数据作为自变量执行计算求解的过程。一般来说人工神经元网络的学习能力比传统的模式识别方法要强。但目前看来,在人类尚无法完全了解自身的智力活动过程的现阶段,人类还不具备设计有高度智力机器的能力。

训练与学习要使用一批训练样本,其中包括各种类别的样本,由这些样本可以大致勾画出各类事物在特征空间分布的规律性,从而为确定使用什么样的分类具体数学公式以及这些公式中的参数确定提供了信息。数学公式及其参数的确定应该说是综合设计者的人为因素以及训练样本提供的信息共同决定的。如图1.5中,两类训练样本的分布体现出近似圆形的分布。因此如能把这两个圆形区域确定下来,将它们的边界用某种数学公式近似,那么落在某一个圆形内的样本就可以用这种数学公式来判断。

一般来说,用什么类型的分类函数往往是人为决定的。但数学公式中的参数则往往通过学习来确定。分类器学习,使分类函数朝正确的方向前进和迭代。采用的分类函数会造成分类错误,提供应如何纠正的信息,使函数及其参数出错情况越来越少,逐渐收敛,学习结束。学习与训练是从训练样本提供的数据中找出某种数学公式的最优解,这个最优解使分类器得到一组参数,按这种参数设计的分类器使人们设计的某种准则达到极值。

如图 1.6 所示,两类样本用"×"与"■"表示,两类样本在二维特征空间中有相互穿插,这两类样本很难用简单的分界线将它们完全分开。如果我们用一直线作为分界线,称为线性分类器,无论直线参数如何设计,总会有错分类发生。因此,产生了基于各种错误准则。①最小错误率原则。以错分类最小为原则分类,则图中A 直线可能是最佳的分界线,它使错分类的样本数量为最小。②最小损失原则。如果将一个"×"样本错分成"■"类所造成的损失要比将"■"分成"×"类严重,则偏向使对"×"类样本的错分类进一步减少,可以使总的损失为最小,那么 B 直线就可能比 A 直线更适合作为分界线。学习过程得到的结果取决于设计者选择什么样的准则函数。不同准则函数的最优解对应不同的学习结果,得到性能不同的分类器。

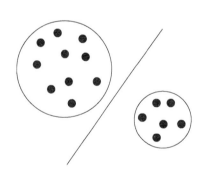

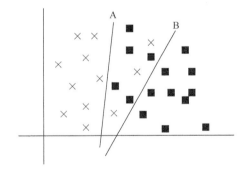

图 1.5　具有圆形分布的两类样本　　　　图 1.6　相互穿插的两类样本

1.5.2　模式的紧致性

分类器设计难易程度与模式在特征空间的分布方式有密切关系,如图 1.7 描述了两类在空间分布的三种情况。图 1.7(a)中两类样本存在各自明确的区域,它们之间的分界线(或面、超曲面)具有简单的形式,因而也较易区分,图 1.7(b)中两类虽有各自不同的区域,但分界面的形式比较复杂,因而设计分类器的难度要大得多,图 1.7(c)类的情况则简直到了无法将它们正确分类的地步。对于图中所表示的情况用什么概念来描述呢? 这个概念称为模式的紧致性。根据以上讨论可以定义一个紧致集,它具有下列性质:①临界点的数量与总的点数相比很少;②集合中任意两个内点可以用光滑线连接,在该连线上的点也属于这个集合;③每个内点都有一个足够大的邻域,在该领域中只包含同一集合中的点。

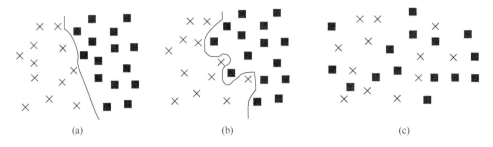

图 1.7   两类在空间分布的三种情况

若同一类模式样本的分布比较集中,没有或临界样本很少,这样的模式类称紧致集。模式的紧致性常用两类样本临界点的多少来表示。

1.5.3   模式的相似性

同类物体之所以属于同一类,在于它们的某些属性相似,因此可选择适当的度量方法检测出它们之间的相似性。人们也正是依据物体之间的相似程度将它们分类的。问题在于物体之间的相似性具有定性与不确定的性质,有时相似性与不相似性很难用明确的定量表示。而计算机却适合符号运算或数值计算。如果采用数值运算,则必须将赖以区别物体的相似性与不相似性用定量表示,这显然是非常困难的。如果采用符号运算来说明两个物体在什么方面相似与不相似,则往往也要从定量分析的基础得出定性的符号描述,这也正是许多实际模式识别问题的困难所在。

相似性一般应该满足几个要求:①应为非负值;②样本本身相似性度量应最大;③度量应满足对称性;④在满足紧致性的条件下,相似性应该是点间距离的单调函数。

1.5.4   模式分类的主观性和客观性

分类带有主观性是指分类的目的不同,分类不同。例如,鲸鱼、牛、马从生物学的角度来讲都属于哺乳类,但是从产业角度来讲鲸鱼属于水产业,牛和马属于畜牧业。同时,分类又具有客观性,分类的客观性是指分类的科学性,判断分类必须有客观标准,因此分类是追求客观性的,但主观性也很难避免,这就是分类的复杂性。

1.6　模式识别的基本知识

1.6.1　模式的表示方法

1）向量表示

假设一个样本有 n 个变量（特征），则
$$X=(x_1,x_2,\cdots,x_n)^{\mathrm{T}}$$

2）矩阵表示

N 个样本，n 个变量（特征），如表 1.1 所示。

表 1.1　用矩阵表示的模式

样本＼变量	x_1	x_2	$\cdots$	x_n
X_1	X_{11}	X_{11}	$\cdots$	X_{1n}
X_2	X_{21}	X_{21}	$\cdots$	X_{2n}
$\vdots$	$\vdots$	$\vdots$	$\vdots$	$\vdots$
X_N	X_{N1}	X_{N2}	$\cdots$	X_{Nn}

3）几何表示（图 1.8）

一维表示：$X_1=1.5,X_2=3$；

二维表示：$X_1=(x_1,x_2)^{\mathrm{T}}=(1,2)^{\mathrm{T}},X_2=(x_1,x_2)^{\mathrm{T}}=(2,1)^{\mathrm{T}}$；

三维表示：$X_1=(x_1,x_2,x_3)^{\mathrm{T}}=(1,1,0)^{\mathrm{T}},X_2=X_1=(x_1,x_2,x_3)^{\mathrm{T}}=(1,0,1)^{\mathrm{T}}$。

4）基元（链码）表示

在图 1.9 中八个基元，分别表示 0,1,2,3,4,5,6,7 八个方向和基元线段长度。则样本 X_1 可以表示为：$X_1=006666$，这种方法将在句法模式识别中用到。

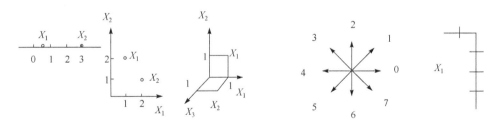

图 1.8　模式的几何表示　　　　　　　图 1.9　模式的基元表示

1.6.2　模式相似性度量常用的几种距离

已知两个样本 $X_i=(x_{i1},x_{i2},x_{i3},\cdots,x_{in})^{\mathrm{T}},X_j=(x_{j1},x_{j2},x_{j3},\cdots,x_{jn})^{\mathrm{T}}$，满足模式相似性度量要求的常用距离表示方法如下：

1）绝对值距离

$$d_{ij} = \sum_{k=1}^{n} | X_{ik} - X_{jk} |$$

2）欧几里得距离

$$d_{ij} = \sqrt{\sum_{k=1}^{n} (X_{ik} - X_{jk})^2}$$

3）闵可夫斯基距离

$$d_{ij}(q) = \left(\sum_{k=1}^{n} | X_{ik} - X_{jk} |^q \right)^{1/q}$$

当 $q=1$ 时为绝对值距离，当 $q=2$ 时为欧氏距离。

4）切比雪夫距离

$$d_{ij}(\infty) = \max_{1 \leqslant k \leqslant n} | X_{ik} - X_{jk} |$$

5）马哈拉诺比斯距离

$$d_{ij}(M) = \sqrt{(X_i - X_j)^{\mathrm{T}} \big/ \Sigma^{-1} (X_i - X_j)}$$

式中，Σ 为协方差。使用的条件是：样本符合正态分布。

6）夹角余弦

$$C_{ij} = \frac{\sum_{k=1}^{n} X_{ik} X_{jk}}{\sqrt{\left(\sum_{k=1}^{n} X_{ik}^2 \right) \left(\sum_{k=1}^{n} X_{jk}^2 \right)}}$$

7）相关系数

$$r_{ij} = \frac{\sum_{k=1}^{n} (X_{ki} - \overline{X_i})(X_{kj} - \overline{X_j})}{\sqrt{\sum_{k=1}^{n} (X_{ki} - \overline{X_i})^2 \sum_{k=1}^{n} (X_{kj} - \overline{X_j})^2}}$$

使用前，数据需要进行标准化。

1.6.3　模式特征的形成

（1）低层特征。有明确的数量和数值。

（2）中层特征。经过计算、变换得到的特征。

（3）高层特征。在中层特征的基础上有目的地经过运算形成的特征。

例如，椅子的质量＝体积×密度。体积与长、宽、高有关；密度与材料、纹理、颜色有关。这里低、中、高三层特征都有了。

1.6.4　数据的标准化

1）极差

一批样本中，每个特征的最大值与最小值之差，称为极差：

$$R_i = \max(X_{ij}) - \min(X_{ij})$$

极差标准化：
$$X_{ij} = \frac{(X_{ij} - \overline{X_i})}{R_i}$$

2）方差标准化

$$X_{ij} = \frac{(X_{ij} - \overline{X_i})}{S_i}$$

式中，S_i 为方差。

标准化的方法很多，原始数据是否应该标准化，应采用什么方法标准化，都要根据具体情况来定。

1.7　模式识别的典型应用和发展

经过多年的研究和发展，模式识别技术已广泛应用于人工智能、计算机工程、机器学、神经生物学、医学、侦探学以及高能物理、考古学、地质勘探、宇航科学和武器技术等许多重要领域，如语音识别、语音翻译、人脸识别、指纹识别、手写体字符的识别、工业故障检测、精确制导等。模式识别技术的快速发展和应用大大促进了国民经济建设和国防科技现代化。

1.7.1　模式识别的典型应用

1. 文字识别

汉字已有数千年的历史，也是世界上使用人数最多的文字，对于中华民族灿烂文明的形成和发展有着不可磨灭的功勋。所以在信息技术及计算机技术日益普及的今天，如何将文字方便、快速地输入到计算机中已成为影响人机接口效率的一个重要瓶颈，也关系到计算机能否真正在我国得到普及的应用。目前，汉字输入主要分为人工键盘输入和机器自动识别输入两种。其中人工键入速度慢而且劳动强度大；自动输入又分为汉字识别输入及语音识别输入。从识别技术的难度来说，手写体识别的难度高于印刷体识别，而在手写体识别中，脱机手写体的难度又远远超过了连机手写体识别。到目前为止，除了脱机手写体数字的识别已有实际应用外，汉字等文字的脱机手写体识别还处在实验室阶段。

2. 语音识别

语音识别技术所涉及的领域包括信号处理、模式识别、概率论和信息论、发声机理和听觉机理、人工智能等。近年来，在生物识别技术领域中，声纹识别技术以其独特的方便性、经济性和准确性等优势世人瞩目，并日益成为人们日常生活和工作中重要且普及的安全验证方式。而且利用基因算法训练连续隐马尔可夫模型的语音识别方法现已成为语音识别的主流技术。该方法在语音识别时识别速度较快,也有较高的识别率。

3. 指纹识别

我们手掌及其手指、脚、脚趾内侧表面的皮肤凹凸不平产生的纹路会形成各种各样的图案。而这些皮肤的纹路在图案、断点和交叉点上各不相同,是唯一的。依靠这种唯一性,就可以将一个人同他的指纹对应起来,通过比较他的指纹和预先保存的指纹,便可以验证他的真实身份。一般的指纹分为五类:左旋形(left loop)、右旋形(right loop)、双旋形(twin loop)、螺旋形(whorl)、弓形(arch)和帐形(tented arch),这样就可以将每个人的指纹分别归类,进行检索。指纹识别实现的方法有很多,大致可以分为四类:基于神经网络的方法、基于奇异点的方法、语法分析的方法和其他的方法。在指纹识别的应用中,一对一的指纹鉴别已经获得较大的成功,但一对多的指纹识别,还存在着比对时间较长、正确率不高的特点。为了加快指纹识别的速度,亟待对简化图像的预处理和对算法的改进。

4. 细胞识别

细胞识别是最近在识别技术中比较热门的一个话题。以前,对疾病的诊断仅仅通过表面现象,经验在诊断中起到了主导作用,错判率始终占有一定的比例。而今,通过对显微细胞图像的研究和分析来诊断疾病,不仅可以了解疾病的病因、研究医疗方案,还可以观测医疗疗效。但是通过人工辨识显微细胞诊断疾病也得不偿失,费力费时不说,还容易耽误治疗。基于图像区域特征,利用计算机技术对显微细胞图像进行自动识别越来越受到大家的关注,并且现在也获得了不错的效果。但实际中,细胞的组成是复杂的,应该选择更多的特征,建立更为完善的判别函数,可能会进一步提高分类精度。

5. 医学诊断

在癌细胞检测、X射线照片分析、血液化验、血流分析、染色体分析、心电图诊断和脑电图诊断等方面,模式识别已取得了成效。

6. 军用目的的自动识别

如雷达探测目标的自动识别、自动跟踪、卫星照片的自动识别等。

7. 生物认证技术

生物认证技术(biometrics)是21世纪最受关注的安全认证技术之一,它的发展是大势所趋。人们愿意忘掉所有的密码、扔掉所有的磁卡,凭借自身的唯一性来标识身份与保密。国际数据集团(IDC)预测,作为未来的必然发展方向的移动电子商务基础核心技术的生物识别技术,在未来 10 年的时间里将达到 100 亿美元的市场规模。

8. 数字水印技术

20 世纪 90 年代以来才在国际上开始发展起来的数字水印技术(digital water-marking)是最具发展潜力与优势的数字媒体版权保护技术。IDC 预测,数字水印技术在未来的 5 年内全球市场规模超过 80 亿美元。

1.7.2 模式识别的发展

模式识别是一个交叉、综合的科学技术领域,不仅与其他信息学科而且和包括数理科学、生命科学、地球科学、工程与材料科学、管理科学、环境科学的相互作用和渗透越来越高,其科学界线很可能随着发展而逐渐模糊。其发展离不开应用和工程,离不开国家目标。因此,其科学技术内涵与外延应该与时俱进、更新和扩展,研究的方向与内容应该更具有综合性、交叉性,更强调国家目标的实现,解决国家亟须的重大问题、重大关键技术攻关和社会发展中的科学技术难题和基础理论问题。

模式识别从 20 世纪 20 年代发展至今,人们的一种普遍看法是不存在对所有模式识别问题都适用的单一模型和解决识别问题的单一技术,我们现在拥有的只是一个工具袋,所要做的是结合具体问题把统计的和句法的识别结合起来,把统计模式识别或句法模式识别与人工智能中的启发式搜索结合起来,把统计模式识别或句法模式识别与支持向量机的机器学习结合起来,把人工神经元网络与各种已有技术以及人工智能中的专家系统、不确定推理方法结合起来,深入掌握各种工具的效能和应有的可能性,互相取长补短,开创模式识别应用的新局面。

参 考 文 献

[1] 边肇祺,张学工. 模式识别[M]. 北京:清华大学出版社,2000.
[2] 王碧泉,陈祖荫. 模式识别理论、方法和应用[M]. 北京:地震出版社,1989.
[3] 赵陵滋,甘云祥. 统计模式识别算法的 MATLAB 语言实现[J]. 应用科技,2002,29(6):12,13.

第 2 章　预处理方法

2.1　自适应滤波

自适应滤波器是能够根据输入信号自动调整性能进行数字信号处理的数字滤波器。它是以输入和输出信号的统计特性的估计为依据,采取特定算法自动地调整滤波器系数,使其达到最佳滤波特性的一种算法或装置。自适应滤波算法基本有两个:最小均方误差(LMS)算法和递归最小平方(RLS)算法。

2.1.1　自适应滤波原理

自适应滤波器是指利用前一时刻的结果,自动调节当前时刻的滤波器参数,以适应信号和噪声未知或随机变化的特性,得到有效的输出。它主要由参数可调的数字滤波器和自适应算法两部分组成,如图 2.1 所示。

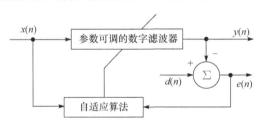

图 2.1　自适应滤波器原理图

$x(n)$ 称为输入信号,$y(n)$ 称为输出信号,$d(n)$ 称为期望信号或者训练信号,$e(n)$ 为误差信号,其中,$e(n)=d(n)-y(n)$,自适应滤波器的系数(权值)根据误差信号 $e(n)$,通过一定的自适应算法不断地进行改变,以达到使输出信号 $y(n)$ 最接近期望信号。

图中参数可调的数字滤波器和自适应算法组成自适应滤波器。参数可调数字滤波器可以是 FIR 数字滤波器或 IIR 数字滤波器,也可以是格型数字滤波器。自适应滤波算法是滤波器系数权值更新的控制算法,通过调整滤波器的系数来实现自适应滤波器的变化特性。输入信号 $x(n)$ 通过参数可调数字滤波器后产生输出信号 $y(n)$,将其与期望信号 $d(n)$ 进行比较,形成误差信号 $e(n)$,并以此通过某种自适应算法对滤波器参数进行调整,最终使 $e(n)$ 的均方值最小。

2.1.2 自适应滤波器结构及应用

自适应滤波器的结构常见的有 FIR 结构和 IIR 结构,一般而言,IIR 滤波器存在稳定性问题,故常采用 FIR 结构。自适应 FIR 滤波器结构又可以分为三种结构类型:横向型结构(transversal structure)、对称横向型结构(symmetric transversal structure)、格型结构(lattice structure)。在自适应滤波器设计中,常用 FIR 横向型结构,如图 2.2 所示。

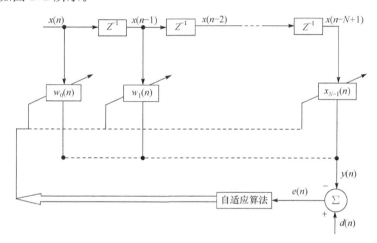

图 2.2 自适应 FIR 横向滤波器结构图

图 2.2 中,令 $w(n)$ 滤波系数矢量,$W(n)=[w_0(n),w_1(n),\cdots,w_{N-1}(n)]^{\mathrm{T}}$,滤波抽头输入信号矢量 $X(n)=[x(n),x(n-1),\cdots,x(n-N+1)]^{\mathrm{T}}$,则输出信号为

$$y(n)=X(n)\times W^{\mathrm{T}}(n) \tag{2.1}$$

即

$$y(n)=\sum_{i=0}^{N-1}x(n-i)w_i(n) \tag{2.2}$$

输出信号 $y(n)$ 与期望信号 $d(n)$ 的误差 $e(n)$ 为

$$e(n)=d(n)-y(n) \tag{2.3}$$

自适应滤波器具有在未知环境下良好运行并跟踪输入统计量随时间变化的能力,使得自适应滤波器成为信号处理和自动控制应用领域强大的设备。实际上,自适应滤波器已经成功地应用于通信、雷达、声呐、地震学和生物医学工程等领域。尽管这些应用在特性方面是千变万化的,但它们都有一个共同的基本特征:输入向量和期望响应被用来计算估计误差,该误差依次用来控制一组可调滤波器系数。可调系数取决于所采用的滤波器结构,可取抽头权值、反射系数或旋转参数等形式。自适应滤波器各种应用分为以下四种类型:

(1)辨识。提供一个在某种意义上能够最好拟合未知装置的线性模型。

（2）逆模型。提供一个逆模型，该模型可在某种意义上最好地拟合未知噪声装置。

（3）预测。对随机信号的当前值提供某种意义上的一个最佳预测。

（4）干扰消除。以某种意义上的最优化方式消除包含在基本信号中的未知干扰。

2.1.3　LMS 自适应滤波

LMS 自适应滤波算法是由 Widrow 和 Hoff 在 20 世纪中叶提出，它具有计算量小、易于实现、应用广泛等优点，但收敛速度慢，且输入信号的统计特征与收敛速度密切相关，是其主要缺点。LMS 算法是一种线性自适应滤波算法，最速下降法是 LMS 算法所采用优化方法。

自适应滤波器控制机理是误差序列 $e(n)$ 按照某种准则和算法对系数 $\{w_i\}$，$i=0,1,\cdots,N-1$ 进行调整，设法使 $y(n)$ 接近 $d(n)$，最终使目标函数 $e(n)=d(n)-y(n)$ 的均方值最小化，并且根据这个来修改权系数。误差序列的均方值又称为均方误差（mean square error，MSE），即

$$\varepsilon=\text{MSE}=E[e^2(n)]=E[(d(n)-y(n))^2] \tag{2.4}$$

由式（2.2）和式（2.4），得

$$\varepsilon=\text{MSE}=E[d^2(n)-2W^{\text{T}}(n)P+W^{\text{T}}RW(n)] \tag{2.5}$$

式中，$P=E[d(n)X(n)]$ 为 $N\times 1$ 互相关矢量，代表理想信号带 $d(n)$ 与输入矢量的相关性；$R=E[X(n)X^{\text{T}}(n)]$ 为 $N\times N$ 自相关矩阵，它是输入信号采样值间的相关性矩阵。

在均方误差达到最小时，得到最佳权系数：

$$W=[w_0,w_1,\cdots,w_{N-1}]^{\text{T}} \tag{2.6}$$

它应满足下列方程（符号"$*$"表示共轭复数）：

$$\left.\frac{\partial\varepsilon}{\partial W(n)}\right|_{W(n)=W^*}=0 \tag{2.7}$$

即

$$RW^*-P=0 \tag{2.8}$$

当自相关矩阵 R 非奇异时，R^{-1} 存在，可得到最佳频域权系数：

$$W^*=R^{-1}P \tag{2.9}$$

按照最速下降法，有以下迭代公式：

$$W(n+1)=W(n)-k\,\nabla(n) \tag{2.10}$$

式中，$W(n+1)$ 矢量是 $W(n)$ 矢量按均方误差性能平面的负斜率大小调节相应一个增量；k 为系统稳定性和迭代运算收敛速度决定的自适应步长；$\nabla(n)$ 为 n 次迭代梯度，表示为

$$\nabla(n) = \frac{\partial E[e^2(n)]}{\partial W(n)} = -2E[e(n)X(n)] \tag{2.11}$$

用瞬时量 $e(n)X(n)$ 近似替代 $E[e(n)X(n)]$，得到

$$\nabla(n) = -2e(n)X(n) \tag{2.12}$$

由式(2.10)和式(2.12)，得

$$W(n+1) = W(n) + 2ke(n)X(n) \tag{2.13}$$

由式(2.1)、式(2.3)和式(2.13)即构成 LMS 迭代算法，为方便起见，将三个公式一起重写如下：

$$y(n) = X(n) \times W^{\mathrm{T}}(n) \tag{2.14}$$

$$e(n) = d(n) - y(n) \tag{2.15}$$

$$W(n+1) = W(n) + 2ke(n)X(n) \tag{2.16}$$

式(2.14)~式(2.16)即为 LMS 自适应滤波算法的基本公式。

2.1.4　RLS 自适应滤波

RLS 自适应滤波也称为递归最小二乘自适应滤波，利用了最小二乘法的基本思想。一般而言，基于 LMS 准则的自适应滤波算法的收敛速度较慢，在调整过程的延时也较大。而 RLS 自适应滤波算法，采用在每个时刻对所有已输入信号重估的平方误差之和最小这样的准则，克服 LMS 滤波算法中的主要缺点，即 RLS 自适应滤波算法具有快速收敛的特性。最小二乘准则是以误差的平方和最小作为最佳估计的一种误差准则。

1. 定义

对于平稳输入信号，定义优化准则

$$\xi(n) = \sum_t e^2(t) = \min \tag{2.17}$$

式中，$\xi(n)$ 是误差信号的平方和；$e(t)$ 是 t 时刻的误差信号，即

$$e(t) = d(t) - y(t) = d(t) - x^{\mathrm{T}}(t)w \tag{2.18}$$

式中，$d(t)$、$x(t)$ 分别是 t 时刻的期望信号和输入信号矢量；w 是滤波器的权矢量。

式(2.18)中的 t 表示"瞬时"的概念，不同时刻 t 的输入矢量是不同的，对每一时刻的所有输入信号，都需要重新估计其误差，并使这些误差的平方和 $\xi(n)$ 最小。

对于非平稳输入信号，优化准则修正为

$$\xi(n) = \sum_t \lambda^{n-t} e^2(t) \tag{2.19}$$

式中，指数加权因子 λ 称为"遗忘因子"，$0 < \lambda < 1$。引入因子 λ 是为了更好地实现对非平稳信号的跟踪，即时刻 t 越接近 n，数据越新，加权将越重；反之，距 n 越远时刻的数据，权重越小。

2. RLS 滤波算法描述

通过调整滤波器的权矢量 w，使得在每个时刻对所有已输入的信号而言，滤波器输出的误差平方和最小。基本思想为，用最小二乘(即二乘方时间平均最小化)准则取代最小均方准则，并采用递推(按时间进行迭代)算法，来确定 FIR 滤波器的权矢量。该算法实际上是 FIR 维纳滤波器的一种递归实现，FIR 滤波器结构可参见图 2.2。

按最小二乘准则(式(2.19))，推导 RLS 算法的基本递推关系式。

根据式(2.18)和式(2.19)，得

$$\xi(n) = \sum_t \lambda^{n-t}(d(t) - x^{\mathrm{T}}(t)w)^2 \tag{2.20}$$

$\xi(n)$ 对 w 求偏导，令其为 0，得

$$\frac{\partial \xi(n)}{\partial w} = -2 \sum_{t=1}^{n} \lambda^{n-t}(d(t) - x^{\mathrm{T}}(t)w)x(t) = 0 \tag{2.21}$$

由式(2.21)可得

$$\sum_{t=1}^{n} \lambda^{n-t} d(t) x(t) = \Big[\sum_{t=1}^{n} \lambda^{n-t} x^{\mathrm{T}}(t) x(t) \Big] w \tag{2.22}$$

分别令

$$P(n) = \sum_{t=1}^{n} \lambda^{n-t} d(t) x(t) \tag{2.23}$$

$$R(n) = \sum_{t=1}^{n} \lambda^{n-t} x^{\mathrm{T}}(t) x(t) \tag{2.24}$$

可将式(2.22)化简为

$$P(n) = R(n)w \tag{2.25}$$

得

$$w = R^{-1}(n) P(n) \tag{2.26}$$

若令 $T(n) = R^{-1}(n)$，考虑到 w 实际上是 n 的函数，则式(2.26)可写为

$$w(n) = T(n) P(n) \tag{2.27}$$

将式(2.23)和式(2.24)进一步化成迭代形式，为

$$R(n) = \lambda R(n-1) + x(n) x^{\mathrm{T}}(n) \tag{2.28}$$

$$P(n) = \lambda P(n-1) + d(n) x(n) \tag{2.29}$$

由式(2.28)及 $T(n) = R^{-1}(n)$ 得

$$T(n) = [\lambda T^{-1}(n-1) + x(n) x^{\mathrm{T}}(n)]^{-1} \tag{2.30}$$

或

$$T(n) = \frac{1}{\lambda} \Big[T(n-1) + \frac{T(n-1) x(n) x^{\mathrm{T}}(n) T(n-1)}{\lambda + x^{\mathrm{T}}(n) T(n-1) x(n)} \Big] \tag{2.31}$$

式(2.31)称为矩阵迭代更新公式。

由式(2.27),得

$$w(n-1)=T(n-1)P(n-1) \tag{2.32}$$

由式(2.27)、式(2.29)、式(2.31)和式(2.32),可得到 $w(n)$ 的迭代方程如下:

$$w(n)=w(n-1)+k(n)e(n|n-1) \tag{2.33}$$

式中

$$k(n)=\frac{T(n-1)x(n)}{\lambda+x^{\mathrm{T}}(n)T(n-1)x(n)} \tag{2.34}$$

称为"增益公式",是修正加权系数。

$$e(n|n-1)=d(n)-w^{\mathrm{T}}(n-1)x(n) \tag{2.35}$$

称为"预测误差"。

利用式(2.31),式(2.34)还可写为

$$k(n)=T(n)x(n)=R^{-1}(n)x(n) \tag{2.36}$$

则 $w(n)$ 的迭代方程变为

$$w(n)=w(n-1)+R^{-1}(n)x(n)e(n|n-1) \tag{2.37}$$

式(2.37)即为 RLS 自适应滤波算法的基本公式。

3. RLS 算法的主要性质

(1) RLS 是收敛的,且不存在额外误差项。

(2) 在高信噪比情况下,RLS 收敛的速度明显快于 LMS 算法。在小信噪比情况下,RLS 收敛的速度可能与 LMS 算法等价,但仍收敛到明显小于 LMS 的最终误差。

(3) RLS 算法的运算量明显大于 LMS 算法。

2.1.5　自适应滤波的实现

1. LMS 自适应滤波算法步骤

(1) 初始化滤波器权值 $W(0)=0$。

(2) 计算滤波器输出

$$y(n)=X(n)\times W^{\mathrm{T}}(n) \quad \text{或} \quad y(n)=\sum_{i=0}^{N-1}x(n-i)w_i(n) \tag{2.38}$$

式中,N 为滤波器阶数。

(3) 误差估计

$$e(n)=d(n)-y(n)$$

(4) 用最速下降 LMS 算法更新滤波器权重 $W(n)$

$$W(n+1)=W(n)+2\mu e(n)X(n), \quad 0\leqslant n\leqslant N-1 \tag{2.39}$$

式中，μ 是用来控制稳定性和收敛速度的步长参数。为确保自适应过程的稳定性，μ 必须满足 $0 < \mu < 2/NP_{in}$，$P_{in} = E[X^2(n)]$ 为输入功率。

（5）判断误差是否满足标准，若满足标准，则停止迭代，得到最优权值系数；若不满足，则进行（6）。

（6）进行下一次迭代，即 $n \to n+1$，重复以上步骤，直至满足要求为止。

2. RLS 自适应滤波算法步骤

（1）初始化滤波器权值 $W(0) = 0$，增益矢量 $k(0) = \sigma^{-1} I$，I 为单位矩阵。

（2）计算 $T(n) = R^{-1}(n)$

$$T(n) = \frac{1}{\lambda}\left[T(n-1) + \frac{T(n-1)x(n)x^T(n)T(n-1)}{\lambda + x^T(n)T(n-1)x(n)} \right] \tag{2.40}$$

（3）更新增益矢量

$$k(n) = \frac{T(n-1)x(n)}{\lambda + x^T(n)T(n-1)x(n)} \tag{2.41}$$

（4）误差估计

$$e(n|n-1) = d(n) - w^T(n-1)x(n) \tag{2.42}$$

（5）判断误差是否满足标准，若满足标准，则停止迭代，得到最优权值系数；若不满足，则进行（6）。

（6）进行下一次迭代，即 $n \to n+1$，更新滤波器权重 $w(n)$：

$$w(n) = w(n-1) + R^{-1}(n)x(n)e(n|n-1) \tag{2.43}$$

返回步骤（2）计算，直至满足要求为止。

2.1.6　MATLAB 实验

根据以上算法步骤，分别利用 LMS 自适应滤波和 RLS 自适应滤波算法实现信号去噪，表 2.1 为各自适应滤波器的参数设置。

表 2.1　自适应滤波器参数设置

名称	N（阶数）	μ	λ	σ
LMS	10	0.035		
RLS	10		0.1	0.1

输入正弦信号，对输入信号加入随机噪声，分别利用 LMS 滤波算法和 RLS 滤波算法对加入噪声的信号进行去噪处理，得到以下实验结果（图 2.3～图 2.5）。

利用 LMS 自适应滤波器对加入噪声的输入信号进行滤波，得到以下输出信号结果（图 2.6）。

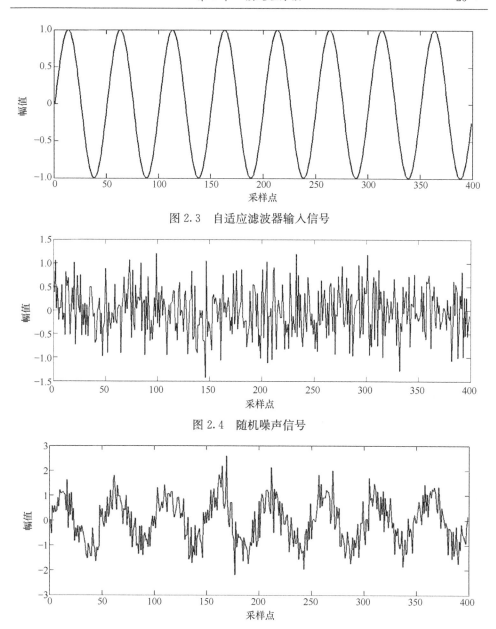

图 2.3　自适应滤波器输入信号

图 2.4　随机噪声信号

图 2.5　加入噪声后的输入信号

　　利用 RLS 自适应滤波器对加入噪声的输入信号进行滤波,得到以下输出信号结果(图 2.7)。

　　将得到的实际输出信号与理想输出信号进行误差估计,得到 LMS 自适应滤波算法与 RLS 自适应滤波算法的误差估计波形图如图 2.8 所示。

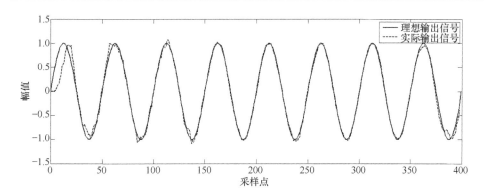

图 2.6 LMS 自适应滤波器输出信号

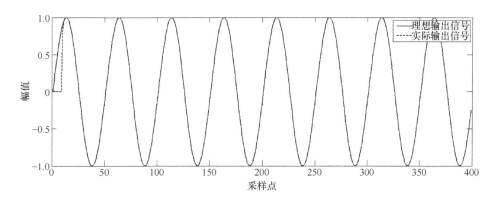

图 2.7 RLS 自适应滤波器输出信号

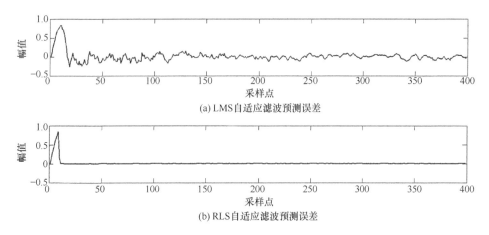

(a) LMS 自适应滤波预测误差

(b) RLS 自适应滤波预测误差

图 2.8 LMS 和 RLS 自适应滤波预测误差对比

对比图 2.6 和图 2.7 可知,LMS 自适应滤波算法对加入随机噪声的信号进行滤波,能将输入信号分离出来,但相对于 RLS 自适应滤波算法滤波得到的结果相

比,滤波效果较差,存在没有滤除的随机噪声部分较多。由图 2.8 中 LMS 和 RLS
自适应滤波预测误差对比图可看出,LMS 自适应滤波算法滤波误差相对于 RLS
自适应滤波算法滤波误差较大,得到的输出信号精度也较低。同时,由对比可看出
LMS 自适应滤波算法的收敛速度没有 RLS 自适应滤波算法收敛速度快。由此可
见,RLS 在提取信号时,收敛速度较快,得到的输出信号精度较高而且稳定性好;
而 LMS 算法收敛速度慢,输出信号精度相对较低,且不稳定。

2.2　盲 源 分 离

盲源分离(blind source separation,BSS)在信号处理领域是一个新的研究热
点,它尝试在源信号和传输系统特性均未知的情况下对混合信号进行分离。盲源
分离问题通常分为两种:一种是基于高阶统计量的盲源分离(如独立分量分析,in-
dependent component analysis,ICA)[1];另一种是基于二阶统计量的盲源分离(如
二阶盲辨识,second-order blind separation,SOBI)[2]。盲源分离主要是通过分离
或者恢复观测到的信号来获取未知的源信号的过程。它结合了统计信号处理、信
息论、人工神经网络等各个领域,且在医学信号处理、语音增强、数据挖掘、图像识
别以及雷达与通信信号处理等众多领域具有很好的应用前景[3,4]。

2.2.1　信息论的基本概念

首先介绍信息论中峭度、熵以及高阶累积量的基础知识。

1. 峭度

它是对一个随机变量非高斯性的量度,假设一个零均值的实随机信号 $x(t)$ 的
概率密度函数为 $p(x)$,它的峭度可定义成:

$$K[p(x)] = E(x^4) - 3E(x^2)^2 \tag{2.44}$$

峭度的值可以为正,也可以为负,依据其大小,可将其信号分成三类:峭度值为
负的随机变量,叫做亚高斯量;峭度值为正的随机变量,称为超高斯变量;峭度值为
0 的随机变量,叫做高斯变量。在自然界中,很多随机信号都是超高斯分布或者亚
高斯分布的。

2. 信息量

信息大小或多少的度量。设随机变量 X 的取值集合为 $\{x_1, x_2, \cdots, x_N\}$,对应
的概率测度 $\{p_1, p_2, \cdots, p_N\}$,$p_i = P[X = x_i]$,一般情况下,用概率的倒数的对数来
表示某一事件(某一符号)出现所带来的信息量,以 2 为底时,信息量的单位为比
特,每个符号 x_i 的自信息量定义如下:

$$I(x_i) = -\log_2 p(x_i) \tag{2.45}$$

符号 x_i 在条件 y_j 下的条件自信息量定义为

$$I(x_i/y_j) = -\log_2 p(x_i/y_j) \tag{2.46}$$

联合自信息量定义为

$$I(x_i y_j) = -\log_2 p(x_i) p(y_j/x_i) = I(x_i) + I(y_j/x_i)$$
$$= -\log_2 p(y_j) p(x_i/y_j) = I(y_j) + I(x_i/y_j) \tag{2.47}$$

互信息量定义为

$$I(x_i ; y_j) = I(x_i) - I(x_i/y_j) = I(y_j) - I(y_j/x_i) = I(x_i) + I(y_j) - I(x_i y_j) \tag{2.48}$$

互信息量包含以下性质：

(1) 在 X 和 Y 相互独立时，有

$$I(X|Y) = I(X) \tag{2.49}$$
$$I(Y|X) = I(Y) \tag{2.50}$$
$$I(X;Y) = I(Y;X) = 0 \tag{2.51}$$

(2) 两个事件的互信息不大于单个事件的自信息，即

$$I(x_i ; y_j) \leqslant I(x_i), \quad I(x_i ; y_j) \leqslant I(y_j) \tag{2.52}$$

3. 熵

信号中所包含的平均信息量，它是信息论创始人香农于 1948 年提出的。它是对一个随机变量所对应的不确定性的一种度量[5]。假设一个离散的随机变量 X 的 N 个取值集合为 $\{x_1, x_2, \cdots, x_N\}$，对应的取值概率为 $\{p_1, p_2, \cdots, p_N\}$，那么这些取值的信息量的平均值即称为熵。

$$H(X) = H(p_1, p_2, \cdots, p_N) = -\sum_{i=1}^{N} p_i \log_2 p_i \tag{2.53}$$

在统计学中，熵描述了系统无规律性或不确定的程度，由式(2.53)可知，它总是非负的。在给定 Y 下，X 的条件熵是

$$H(X/Y) = -\int p(x/y) \log_2 p(x/y) \mathrm{d}x \tag{2.54}$$

两个随机信号 X 和 Y 的联合熵为

$$H(XY) = H(X) + H(Y|X) = H(Y) + H(X|Y) \tag{2.55}$$

除了非负性，熵还具有如下几个性质：

(1) 可加性。统计独立源信号 X 和 Y 的联合信息熵等于无条件熵和条件熵的和。

(2) 扩展性。当源信号数值增多时，如果这些取值对应的概率很小，那么它对于其信息熵的贡献忽略不计，故有

$$\lim_{\varepsilon \to 0} H(p_1, p_2, \cdots, p_N - \varepsilon, \varepsilon) = H(p_1, p_2, \cdots, p_N) \tag{2.56}$$

(3) 条件熵不大于无条件熵。

(4) 熵的上凸性。熵函数 $H(p)$ 是概率向量 $p=[p_1,p_2,\cdots,p_N]$ 的严格凸函数，对于任意概率向量 $p=[p_1,p_2,\cdots,p_N]$ 和 $q=[p_1',p_2',\cdots,p_N']$ 以及任意 $0<\theta<1$，有

$$H[\theta_p+(1-\theta)q]\geqslant\theta H(p)+(1-\theta)H(q) \tag{2.57}$$

4. 高阶统计量

包括高阶矩和高阶累积量等。众所周知，高斯信号可由一、二阶统计量（均值和方差）确定，传统的信号处理方法会常常把信号假设为高斯分布，但是实际中，高斯信号很少，即大多信号是非高斯分布的。这时就必须依据高阶统计特性。假设随机变量 x 的概率密度函数为 $p(x)$，定义随机变量 x 的特征函数为

$$\Phi(s)=\int_{-\infty}^{+\infty}p(x)\mathrm{e}^{sx}\mathrm{d}x=E[\mathrm{e}^{sx}] \tag{2.58}$$

定义随机变量 x 的 k 阶矩为 m_k，如式（2.59）所示，是 $\Phi(s)$ 在原点的 k 阶导数，又称为第一特征函数：

$$m_k=E[x^k]=\Phi^k(0) \tag{2.59}$$

函数

$$\Psi(s)=-\ln\Phi(s)=-\ln\left[\int_{-\infty}^{+\infty}p(x)\mathrm{e}^{sx}\mathrm{d}x\right] \tag{2.60}$$

称为 x 的累积量生成函数（第二特征函数）。随机变量 x 的 k 阶累积量定义为累积量生成函数 $\Psi(s)$ 的 k 阶倒数在原点的值，如式（2.61）所示：

$$c_k=\Psi^k(0) \tag{2.61}$$

阶数增长时，上述的表达式计算会变得很复杂，尤其四阶以上的更是难以计算，之所以要用到四阶累积量，是因为在 Laplace、Gaussian 等对称分布情况时，它们的三阶累积量为零，这种情况必须采用四阶累积量才能得到处理。此外，还有在三阶累积量很小的情况下，四阶统计量相对大一些，此时也选择后者。五阶或者五阶以上的累积量太过复杂，很少用到实际中。

不能用高阶矩代替高阶累积量来处理很多应用有两方面的原因：首先，白噪声的高阶累积量是多维的脉冲函数而其频谱也是多维平坦的；其次，两个随机的独立随机过程的累积量等于两个随机过程各自累积量之和，对于高阶矩是不符合的。

5. K-L 散度

K-L 散度（Kullback-Leibler divergence）又称相对熵，是用来度量两个概率分布间的相似程度的[6]。随机变量 x 的两种概率密度函数分别是 $p(x)$ 和 $q(x)$，则它们之间的 K-L 散度可定义为：

连续的情况：

$$KL(p,q) = -\int p(x)\ln q(x)\mathrm{d}x - \left[-\int p(x)\ln p(x)\mathrm{d}x\right]$$

$$= -\int p(x)\ln\left\{\frac{q(x)}{p(x)}\right\}\mathrm{d}x \tag{2.62}$$

离散的情况：

$$KL(p,q) = -\sum p(x)\ln\frac{q(x)}{p(x)} \tag{2.63}$$

K-L 散度指的是两个概率密度函数之间的距离,其值必定大于等于零,当且仅当 $p(x)=q(x)$ 时,它的值才为零。此外,K-L 散度是非对称的,即 $KL(p,q)\neq KL(q,p)$。

盲源分离问题中,经常需要利用互信息、K-L 散度及其性质对信号的独立性进行测量。

2.2.2　常用的目标函数

盲源分离的目的是依据观测获取的混合信号,假设源信号是相互独立的,然后来恢复出独立源信号。盲源分离的核心是求解解混(分离)矩阵 W。大体思路是:选择某一种盲分离准则,确定在此准则下的目标函数,最后利用一种优化算法来搜索该目标函数的极值点[7]。

依据中心极限定理可以知道,可以用多个相互独立的随机量的和来表示随机变量,当且仅当各独立随机量有有限方差和有限均值的情况下,则无论各独立随机量是哪种分布,那么这个随机变量一定是接近高斯分布的。因此,在盲源分离时,可依据分离出来每个分量之间的非高斯性来度量其独立性。在非高斯型度量达到最大值时,表明完成了各独立分量的分离[8]。常用的目标函数如下所示。

1. 极大似然目标函数

$$J(y,W) = \ln|\det(W)| + \sum_{i=1}^{n} E\{\ln p_i(y_i,W)\} \tag{2.64}$$

式中,$|\det(W)|$ 为分离矩阵行列式;$p_i(y_i,w)$ 为 y_i 的概率密度函数。

2. 高阶累积量目标函数

$$J(y,W) = \sum_{i=0}^{n} [\mathrm{cum}_4(y_i)]^2 \tag{2.65}$$

式中,$\mathrm{cum}_4(y_i)$ 代表 y_i 的四阶累积量。

3. 最小互信息目标函数

$$J(y, W) = \ln |\det(W)| + H(x) - \sum_{i=0}^{n} H(y_i) \tag{2.66}$$

式中, $H(y_i) = -\int_y p_y(y) \ln[p_i(y_i)] \mathrm{d}y$; $p_i(\cdot)$ 代表第 i 个源信号的概率密度函数。

实际上,如果将非线性函数看做源信号的概率密度函数,即取 $g_i(\cdot) = p_i(\cdot)$,则上面两种目标函数是等价的。

4. 负熵最大化的目标函数

负熵可表示成向量 y 的信息熵和高斯分布熵间的偏差:

$$J(y, W) = H(y_{\text{Gauss}}) - H(y) \tag{2.67}$$

y_{Gauss} 代表一个与 y 拥有相同方差的高斯分布随机变量。依据负熵具有非负性和其对于 y 的任意线性变换保持不变的特点,让系统输出负熵是最大时,进而实现信号的分离。

5. 高阶矩目标函数

$$J(y, W) = \varepsilon \sum_{i=0}^{n} |y_i^4| \tag{2.68}$$

式中, $\varepsilon = \text{sgn}[\text{cum}_4(s_i)]$,因而可得累积量匹配目标函数:

$$J(y, W) = \sum_{i=0}^{n} [\text{cum}_4(y_i) - \text{cum}_4(s_i)]^2 \tag{2.69}$$

选择定好目标函数之后,盲源分离的目标即是寻找转换矩阵,使变换后的信号是源信号的最佳估量,即如何才能得到最优目标函数的解。在独立分量分析的发展过程中出现了一些较好的算法,主要包括自然梯度法、梯度法、定点迭代法、相对梯度法和牛顿法等[9]。目前的很多算法是它们的变形,或是依据先验知识得到新的目标函数来求解。

2.2.3　ICA 算法及实现流程

ICA 算法是近些年发展起来的实现盲源分离的最主要的方法之一。其在诸多领域尤其信号处理领域方面有着巨大的应用前景[10]。独立分量分析最早在 20世纪 80 年代由法国学者 Herault 等首次提出,但是那时正当神经网络研究的高峰时期,ICA 算法只在小范围内得到研究,在 20 世纪 90 年代中期,独立分量分析的研究才真正得到进一步发展并受到国内外信号处理领域的广泛关注。1994 年,Common 系统地阐述 ICA 算法的概念,并基于累积量直接构造了目标函数。1995

年 Bell 等发表的"An information-maximization approach to blind separation and blind deconvolution"论文开启了 ICA 算法研究的热潮,之后 Amari 和他的研究小组在 ICA 算法理论研究方面也做出了很多区有开创意义的研究。此外,Lee、Hy-varinen 等在 ICA 算法研究方面也做出了很大的贡献,由他们提出的 Infomax 等算法目前被 ICA 算法研究人员广泛学习和应用。

1. ICA 算法的数学模型

ICA 算法是盲源分离中基于高阶统计量的分析方法,ICA 算法要求源信号统计独立,将得到的多路混合信号通过相应的优化算法,使得分离出的信号非高斯性最大。下面是 ICA 算法的数学模型。

假设 $s(k)=[s_1(k),\cdots,s_n(k)]^T$ 是由 n 个源信号构成的 n 维矢量;$x(k)=[x_1(k),\cdots,x_m(k)]^T$ 为 m 维观测数据矢量,它的元素是各个传感器得到的输出,观测信号可描述如下:

$$x(k)=As(k) \tag{2.70}$$

式中,$m\times n$ 矩阵 A 叫做混合矩阵,它的元素代表信号的混合程度。式(2.70)的意思是 n 个源信号经过线性混合 m 得到观测数据的矢量。ICA 算法的目的即是:当源信号和混合矩阵 A 不知道时,仅依据观测数据矢量 $x(k)$ 确定分离矩阵 W,以得到变换后的输出:

$$y(k)=Wx(k) \tag{2.71}$$

$y(k)$ 即可认为是对源信号 $s(k)$ 的估量。图 2.9 为 ICA 算法的原理图。

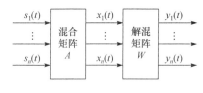

图 2.9　ICA 算法的原理图

ICA 算法分离出来的信号的顺序是不能够确定的,即是不固定的。此外,信号的幅值大小也不尽相同,关于其顺序的不确定性下面会详述。其实,在分析过程中,只需关注信号的形状。注意,在应用上述模型之前,需有以下假设为前提:

(1) 各个源信号 $s_i(k)(i=1,\cdots,n)$ 是平稳随机过程,而且是相互独立的。这是该算法最为基本的一个假设。

(2) 源信号的数目不大于观测信号的数目个数($M\leqslant N$)。大多情况时,我们假设 $M=N$。

(3) 各个源信号的混合是没有噪声的。式(2.70)和式(2.71)中都没有提及噪声的情况,因为有噪声时分离信号还是比较困难的,一般情况下排除此情况。

(4) 多个源信号中,至多只允许一个源信号是服从高斯分布的。在多个独立分量服从高斯分布的情况下,ICA 算法能准确分离出服从非高斯分布的独立分量,但是,不能把相互独立的服从高斯分布的独立分量分离开来,所以最多允许只有一个服从高斯分布的独立分量。

（5）A 是列满秩矩阵。

2. ICA 算法的不确定性

ICA 算法的不确定性包含输出信号幅度和输出顺序的不确定性两方面:

1) 信号幅度的不确定性

式（2.70）可以变化写成

$$x(k) = As(k) = AB^{-1}Bs(k) \tag{2.72}$$

式中,B 是对角阵。AB^{-1} 是另外一个混合矩阵,$Bs(k)$ 被看成是一个新的独立源矢量,它们相乘依旧可得到 $x(k)$。在解决盲源分离的问题当中,能利用的信息只有 $x(k)$。因此要判定 $x(k)$ 恢复重构后得到的信号是对 $Bs(k)$ 的估计还是对 $s(k)$ 的估计比较困难。其实,需要分析的是分离后独立源成分的波形,幅值不是很重要。可以设 $s(k)$ 方差是 1,这样幅值信息就被转移到混合矩阵当中了。

2) 输出顺序的不确定性

式（2.70）还可以变化写成

$$x(k) = As(k) = AD^{-1}Ds(k) \tag{2.73}$$

式中,D 是置换矩阵,D 的每行每列只有一个元素是 1,其他元素均为 0。相似的,AD^{-1} 是另外一个混合矩阵,$Ds(k)$ 被看成是一个新的独立源矢量,因此要判定 $s(k)$ 恢复重构后得到的信号是对 $Ds(k)$ 的估计还是对 $s(k)$ 的估计依然比较困难。但是,如果以分离开为最终的目的,可以接受最后输出顺序的不确定性,当然,顺序的不确定有很大概率会对后续的信号处理带来麻烦。

3. ICA 算法的预处理

一般情况下,对数据的预处理是十分有必要的,因为预处理可以使得数据在进行工程运算时复杂度大大简化,得到的结果也更加精确。ICA 算法对数据预处理主要包含去均值和白化两部分:

1) 去均值

去均值也可以称为中心化,可以很大程度简化计算,很多经典的智能信号处理算法都假设信号是零均值的,其式子可表示为

$$X = X - E\{X\} \tag{2.74}$$

2) 白化

白化也可以称为球化,是很多盲源分离问题中被广泛采用的一种预处理算法。是对去均值后的观测信号向量 X 施加一个线性变换 V,得到新的向量 Z,并且 Z 各个分量间互不相关,与此同时,V 的协方差矩阵为单位阵 $E(VV^{\mathrm{T}}) = I$,这时则称

新向量 V 为空间色素白色,也可称为白色。

可以利用特征值分解方法来实现白化过程,假设 V 是 X 的白化矩阵,对 X 施加线性变换,得出 $Z=VX$ 是空间白色。求 X 的协方差矩阵如下所示:

$$C_x=E\{XX^{\mathrm{T}}\} \tag{2.75}$$

通常 C_x 是一实对称矩阵。依据矩阵分析的理论,对于实对称矩阵,C_x 可以分解成

$$C_x=U\Lambda U^{\mathrm{T}} \tag{2.76}$$

式中,$\Lambda=\mathrm{diag}(\lambda_1,\cdots,\lambda_N)$ 是相对应的特征值构成的对角矩阵;U 是由 C_x 特征向量构成的正交矩阵。其中,白化矩阵的形式是

$$V=\Lambda^{-1/2}U^{\mathrm{T}} \tag{2.77}$$

则白化过程可以表示成

$$Z=VX=\Lambda^{-1/2}U^{\mathrm{T}}X \tag{2.78}$$

又可有

$$Z=VX=VAS=BS \tag{2.79}$$

因此,白化过程将混合矩阵 A 变成了一个新的正交矩阵 B,从下面的公式可以看出来:

$$E\{ZZ^{\mathrm{T}}\}=E\{BSS^{\mathrm{T}}B\}=BE\{SS^{\mathrm{T}}\}B^{\mathrm{T}}=BB^{\mathrm{T}}=I \tag{2.80}$$

新的观测向量 Z 是由互不相关且具有单位方差的各分量 Z_i 构成,因此,白化过程不影响 ICA 算法问题的本质性质。白化减少了需要估计的参数的数量。例如,原本如果要估计出 $N\times N$ 的原混合矩阵 A,则需要估计出它的 N^2 个元素,现在我们需要估计的是新的混合矩阵 B,它是正交阵,只有 $N(N-1)/2$ 个自由度(未知参数)。因为白化是一个相对简单的过程,所以对原始观测信号做白化是简化后续 ICA 算法的一个很好的方式。

4. ICA 算法的框架

综上所述,ICA 算法的算法框架包括预处理和独立分量分离两个部分。如图 2.10 所示。X 是观测信号矢量,V 是白化矩阵,W 是解混矩阵。

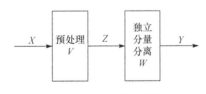

图 2.10 ICA 算法结构

图 2.10 中左边部分是预处理,包括对观测矢量的去均值和白化两个过程,依据式(2.74)~式(2.78)可以实现预处理,白化后的信号输出 $Z=VX$ 是由互不相关且具有单位方差的各分量 z_i 构成。白化处理只是去除了数据之间的相关性,未使它们相互独立,但是简化了后续的 ICA 算法,利于盲源分离。

　　图 2.10 中右边部分是完成独立分量的分离。解混矩阵 W 我们一般情况下将其初值赋为模是 1 的随机阵,调整 W 的过程即是迭代过程。$Y=WZ$ 是提取出来得到的独立分量,至少可认为它的各分量尽可能是独立的,到此分离实现并完成。

　　5. Fast ICA 算法

　　Fast ICA 算法也称为盲信号的抽取定点算法,是一种 ICA 算法的优化算法。Fast ICA 算法是一种基于定点迭代的算法,其特点是在每一步迭代中都有大量的样本数据参与运算,这种方式也叫做批处理方式,即是神经网络算法基础上进行的一种改进方法。Fast ICA 算法总趋向于最大熵方向,且利用线性变换投影追踪的方法实现对各个独立源分量的顺序提取。Fast ICA 算法在优化算法方面采用定点迭代的方法,具有非常快的收敛速度,鲁棒性也很强[11,12],能同时从多路输入信号中分离出超高斯源或者亚高斯源。

　　Fast ICA 算法的目标是使分离到的各个源分量的独立性达到最大,独立性最大时,它们的互信息可以到达最小值,互信息最小和负熵之间的关系可表示如下:

$$I(y) = J(y) - \sum_{i=1}^{N} J(y_i) + \frac{1}{2} \log_2 \frac{\prod_{i=1}^{N} E\{y_i^2\}}{\det(E\{yy^{\mathrm{T}}\})} \tag{2.81}$$

式中,$J(y_i)$ 是 y_i 的负熵,如果 y_i 不相关时,上式右边最后一项即为 0,这时上式被简化为下式:

$$I(y_i, \cdots, y_N) = J(y) - \sum_{i=1}^{N} J(y_i) \tag{2.82}$$

式中,$y = Wx$ 是输出信号;W 是解混矩阵;x 为观测信号;$J(y)$ 是一常数,线性变换是负熵不变的前提条件。最小化输出信号 y 各成分之间的互信息量 $I(y)$,等价于最大化各成分的负熵和 $\sum_{i=1}^{N} J(y_i)$,这时问题转换成:找出一较好的 W 使各自的边缘负熵达到最大,实现互信息 $I(y_i, \cdots, y_N)$ 达到最小的目标,此时找出的 W 是一个正交变换。另外,如果将算法进行小的改进,可直接处理没有经白化的信号。

　　对于 $J(y_i)$ 的计算因为涉及 y_i 的概率密度函数,所以需有一些可行的方法才能用有限的样本估计出负熵。比较传统的方法是利用随机变量的高阶累积量去估计负熵,表示为

$$J(y) \approx \frac{1}{12} K_3(y)^2 + \frac{1}{48} K_4(y)^2 \tag{2.83}$$

式中,y 具有零均值和单位方差;$K_i(y)$ 代表 y 的第 i 阶累积量。但这种传统的方法对于一些非正常样本数据非常敏感,会影响其精确度。相比之下,从最大熵原理角度,Aapo 提出的负熵近似公式会更有效:

$$J(w) \approx [E\{F(W^{\mathrm{T}}x)\} - E\{F(y_{\mathrm{Guass}})\}]^2 \tag{2.84}$$

式中，$F(\cdot)$ 是所选取的函数；y_{Guass} 是一个标准正态分布随机变量；W 代表一个投影方向，选择合适的 W，以使得到的 $J(W)$ 达到最大，即类似于设置一个方向索引使得负熵获得最大，此种提取独立分量的方式定点迭代公式如下：

$$W^* = E\{xf(W^{\mathrm{T}}x)\} - E\{f'(W^{\mathrm{T}}x)\}W$$
$$W = W^* \parallel W^* \parallel \tag{2.85}$$

式中，最先利用样本的平均值来估计期望，然后按照该式的迭代方式确定 W 中的行向量，以此来提取并得到一个独立分量。其中，需用约束条件去归一化 W。此外，注意：$f(\cdot)$ 作为非线性函数的一般形式：

$$f(y) = \begin{cases} y^{\mathrm{T}} \\ \tanh(a_1 y) \\ y\exp(-a_2 y^2/2) \end{cases} \tag{2.86}$$

式中，$1 \leqslant a_1 \leqslant 2$；$a_2 \approx 1$。

利用最大化所有分量的边缘负熵的和 $\sum\limits_{i=1}^{N} J(W_i^{\mathrm{T}}x)(i=1,\cdots,N)$，将上面的条件进行扩展得出整个分量矩阵 W，对应的约束条件变成

$$E\{(w_i^{\mathrm{T}}x)(w_j^{\mathrm{T}}x)\} = \delta_{ij} \tag{2.87}$$

为了使 W 是一正交矩阵，式(2.87)可利用类似 Gram-Schmidt 正交归一化的方法来实现。除上述所说的方法，对称解相关(symmetric decorrelation)法等方法同样可达到此目的，下式是该方法与之对应的定点迭代算法：

$$W^* = E\{f(Wx)x^{\mathrm{T}}\} - \mathrm{diag}(E\{f'(Wx)\})W$$
$$W = (W^* W^{*\mathrm{T}})^{-1/2} W^* \tag{2.88}$$

利用奇异值分解的方法可得式中的 $(W^* W^{*\mathrm{T}})^{-1/2}$。

1）一维 Fast ICA 算法

一维 Fast ICA 算法即是通过找到一个 W，使得 $W^{\mathrm{T}}x$ 非高斯性，即负熵达到最大来达到估计出一个独立分量的目标，Fast ICA 算法的基本步骤如下：

（1）对观测数据进行预处理，包含去均值处理和白化处理。

（2）给权值向量 W 赋初值。

（3）利用 Fast ICA 算法的定点准则对基本向量进行估计

$$W(k) = E\{xg(W^{\mathrm{T}}x)\} - E\{g'(W^{\mathrm{T}}x)\}W \tag{2.89}$$

（4）将 $W(k)$ 除以它的范数，即是将 $W(k)$ 进行归一化。

（5）判断 W 是否收敛，若不收敛则的话，则重新返回第（2）步。

在 Fast ICA 算法步骤中，第（5）步的判断 W 是否收敛指的是 W 的新值和旧值是不是有相同的方向，此处认为向量 W 和 $-W$ 也具有同一方向。

2）多维 Fast ICA 算法

上述提到的一维 Fast ICA 算法只可计算得到一个投影追踪方向，即只能分离得到一个独立源分量。但是在现实的很多信号处理时，很多情况下需要得出多个独立源分量，一维 Fast ICA 算法在此时便不能满足要求。而多维 Fast ICA 算法则是在此基础上用几个权矢量 $W_1, \cdots, W_n$ 的单元运行一维 Fast ICA 算法，实现在多维信号时的分离。特定的信号处理应用时，需要降低权矢量间的相关性。Fast ICA 算法的程序框图如图 2.11 所示。

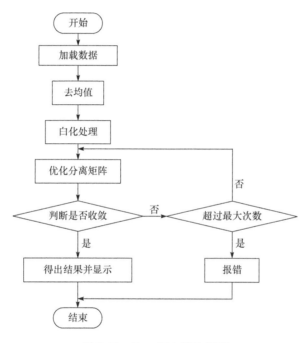

图 2.11　Fast ICA 算法框图

Fast ICA 算法是 ICA 算法的优化和扩展，其有着许多其他的独立分量分析算法不具有的优点和长处，所以其已被广泛应用于盲源分离的问题中，Fast ICA 算法具有以下的几个特点：

（1）Fast ICA 算法很大程度上提高了收敛的速度。

（2）Fast ICA 算法是并行的、分布式的，故仅需占有很少的内存空间，计算简单。

（3）很多其他的独立分量分析算法中的学习步长不容易确定，将增加算法复杂度，相比之下，Fast ICA 算法无学习步长这个参数，大大地简化了算法复杂度。

（4）Fast ICA 算法无需独立源信号概率分布的先验知识，非线性函数的选择也比较自由，鲁棒性更强。

（5）Fast ICA 算法可按不同要求实现独立分量的依次提取。

（6）Fast ICA 算法属于批处理算法，采用对确定数据块学习的方式来调整分离矩阵系数。

2.2.4　SOBI 算法及实现流程

SOBI 算法是利用对一批协方差矩阵进行联合近似对角化来实现信号的盲源分离的目的，是一种稳健的盲源分离方法。SOBI 算法采用简单的二阶统计量，利用相对较少的数据点便可以估计出源信号分量，且可以分离多个高斯噪声源。

考虑线性混合模型，对于 m 通道的混合信号，$x(t)=[x_1(t),\cdots,x_m(t)]^{\mathrm{T}}$，源信号为 $s(t)=[s_1(t),\cdots,s_n(t)]^{\mathrm{T}}$，通过下面的公式混合，矩阵 $A_{m\times n}$ 是混合矩阵，源信号被假设是相互独立的，且有 $s_j(t),j=1,\cdots,m(m\geqslant n)$

$$x(t)=As(t) \tag{2.90}$$

针对上面叙述的盲源分离模型，SOBI 算法可如下描述：

（1）计算白化矩阵 W，并且通过下式对观测数据 $x(t)$ 进行白化处理，使得 $z(t)$ 的协方差矩阵是单位阵，以去除各分量间的二阶相关性，W 是 $n\times m$ 维白化矩阵：

$$z(t)=Wx(t) \tag{2.91}$$

（2）对于固定的时延 $\tau\in\{\tau_j\,|\,j=1,2,\cdots,k\}$，计算白化数据的采样协方差矩阵：

$$R(\tau)=E[z(t+\tau)z^{\mathrm{T}}(t)]=AR_z(\tau)A^{\mathrm{T}} \tag{2.92}$$

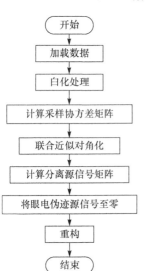

（3）对于所有的 $R(\tau_j)$，采用联合近似对角化算法，得出正交矩阵 U 满足下式：

$$U^{\mathrm{T}}R(\tau_j)U=D_j \tag{2.93}$$

式中，$\{D_j\}$ 是一组对角矩阵。

（4）计算分离源信号矩阵 $y(t)=U^{\mathrm{T}}Wx(t)$ 和分离矩阵 $A=W^*U$。

得出去相关的源信号 $y(t)$ 后，去除不要的独立源信号分量并执行重构，如下式所示：

$$x_r(t)=W^+y_r(t) \tag{2.94}$$

式中，$x_r(t)$ 为重构后的观测信号向量；$y_r(t)$ 即为将 $y(t)$ 中不需要的源信号成分置零处理后得到的新的独立源矩阵；W^+ 为分离矩阵 W 的伪逆矩阵。

SOBI 算法的去除眼电伪迹程序流程如图 2.12 所示。

图 2.12　SOBI 算法流程

参 考 文 献

［1］李云霞. 盲信号分离算法及其应用［D］. 成都：电子科技大学，2008.

［2］Belouchrani A，Meraim K，Cardoso J. Second-order blind separation of correlated sources ［C］. Proceedings of International Conference，Cyprus，1993：346-351.

［3］马建仓，牛奕龙，陈海洋. 盲信号处理［M］. 北京：国防工业出版社，2006.

［4］Bell A J，Sejnowski T J. An information maximization approach to blind separation and blind deconvolution［J］. Neural Computation，1995，7（6）：1129-1159.

［5］Lee T W，Bell A J，Orglmeister R. Blind source separation of real world signals［C］. Proceedings of IJCNN，Houston，1998：2282-2286.

［6］冯大致，保铮，张贤达. 信号盲分离问题多阶分解算法［J］. 自然科学进展，2002，12（3）：324-328.

［7］Joyce C A，Gorodnitsky I F，Kutas M. Automatic removal of eye movement and blink artifacts from EEG data using blind component separation ［J］. Psychophysiology，2004，41（2）：313-325.

［8］Zhou W，Chelidze D. Blind source separation based vibration mode identification ［J］. Mechanical Systems and Signal Processing，2007，21：3072-3087.

［9］Cardoso J F. Blind signal separation：Statistical principles［J］. Proceedings of the IEEE，1998，86（10）：2009-2025.

［10］吴秀玲. 基于独立分量分析算法的脑电诱发电位的特征提取［D］. 上海：上海交通大学，2007.

［11］Shi Z W，Tang H W，Tang Y Y. A fast fixed-point algorithm for complexity pursuit［J］. Neurocomputing，2005，64：529-536.

［12］Hyvaerinen. Fast and robust fixed-point algorithms for independent component analysis ［J］. Neural Networks，1999，10（3）：626-634.

第3章 特征提取方法

3.1 小波变换

3.1.1 简介

　　特征提取的主要任务是认识客观世界中存在的信号的本质信息,并找出规律。"横看成岭侧成峰,远近高低各不同。"从不同的角度去认识、分析信号有助于了解信号的本质特征。信号 $f(t)$ 最初是以时间(空间)的形式来表达的。除了时间以外,频率是一种表示信号特征最重要的方式。频率的表示方法是建立在傅里叶分析(Fourier analysis)基础之上的,由于傅里叶分析是一种全局的变换,要么完全在时间域,要么完全在频率域,因此无法表述信号的时频局部性质,而时频局部性质恰好是非平稳信号最基本和最关键的性质。为了分析和处理非平稳信号,在傅里叶分析理论基础上,提出并发展了一系列新的信号分析理论:短时傅里叶变换(short time Fourier transform)或加窗傅里叶变换(windowed Fourier transform)、小波变换等。

　　短时傅里叶变换是一种单一分辨率的信号分析方法,它的思想是:选择一个时频局部化的窗函数,假定分析窗函数 $g(t)$ 在一个短时间间隔内是平稳(伪平稳)的移动窗函数,使 $f(t)g(t)$ 在不同的有限时间宽度内是平稳信号,从而计算出各个不同时刻的功率谱。短时傅里叶变换使用一个固定的窗函数,窗函数一旦确定了以后,其形状就不再发生改变,短时傅里叶变换的分辨率也就确定了。如果要改变分辨率,则需要重新选择窗函数。短时傅里叶变换用来分析分段平稳信号或者近似平稳信号犹可,但是对于非平稳信号,当信号变化剧烈时,要求窗函数有较高的时间分辨率;而波形变化比较平缓的时刻,主要是低频信号,则要求窗函数有较高的频率分辨率。短时傅里叶变换不能兼顾频率与时间分辨率的需求。短时傅里叶变换窗函数受到 Heisenberg 不确定准则的限制,时频窗的面积不小于2。这也就从另一个侧面说明了短时傅里叶变换窗函数的时间与频率分辨率不能同时达到最优。

　　小波分析是近年来国际上一个非常热门的前沿研究领域,是继傅里叶分析之后的一个突破性进展,是一种有效的时频分析方法。傅里叶分析只是考虑时域和频域之间的一对一映射,它以单个变量(时间或频率)的函数表示信号,小波变换使用一个窗函数(小波函数),时频窗面积不变,但形状可改变。小波函数根据需要调整时间与频率分辨率,具有多分辨分析(multiresolution analysis)的特点,克服了短时傅里叶变换分析非平稳信号单一分辨率的困难。小波变换是一种时间-尺度分析方法,在时间、尺度两域都具有表征信号局部特征的能力,在低频部分具有较高的频率分辨率和较低的时间分辨率,在高频部分具有较高的时间分辨率和较低的频率分辨率,很适合于探测正常信号中夹带的瞬间反常现象并展示其成分。在小波分析中,人们以不同的尺度(分辨率)来观察信号,这种多尺度的观点是小波分析的基本点。小波变换被称为分析信号的显微镜。小波变换不会“一叶障目,不见泰山”,又可以做到“管中窥豹,略见一斑”。但是小波分析不能完全取代傅里叶分析,小波分析是傅里叶分析的发展。小波分析是时间-尺度分析和多分辨分析的一种新技术,它在信号分析、语音合成、图像识别、计算机视觉、数据压缩、地震勘探、大气与海洋波分析等方面的研究都取得了有科学意义和应用价值的成果。

3.1.2　傅里叶变换

　　傅里叶变换与小波变换从本质上看无非是研究如何利用简单、初等的函数近似表达复杂函数(信号)的方法和手段。1777 年以前,人们普遍采用多项式函数 $P(x)$ 来对信号 $f(x)$ 进行表征: $f(x) \approx P(x) = \sum_{n=0}^{N-1} a_n x^n$。1777 年,数学家 Euler 在研究天文学时发现某些函数可以通过余弦函数之和来表达。1807 年,法国科学家傅里叶进一步提出周期为 2π 的函数 $f(x)$ 可以表示为系列三角函数之和,即

$$f(x) \approx \frac{a_0}{2} + \sum_{k=1}^{+\infty} (a_k \cos kx + b_k \sin kx) \tag{3.1}$$

式中, $a_k = \dfrac{1}{\pi} \int_0^{2\pi} f(x) \cos kx \, dx$; $b_k = \dfrac{1}{\pi} \int_0^{2\pi} f(x) \sin kx \, dx$。

　　式(3.1)可以理解为信号 $f(x)$ 是由正弦波(含余弦与正弦函数)叠加而成,其中 a_k、b_k 为叠加的权值,表示信号在不同频率时刻的谱幅值大小。

　　显然,当信号具有对称性(偶)特征时:

$$b_k = 0, \quad f(x) \approx \frac{a_0}{2} + \sum_{k=1}^{+\infty} a_k \cos kx$$

而当信号具有反对称性(奇)特征时:

$$a_k = 0, \quad f(x) \approx \frac{a_0}{2} + \sum_{k=1}^{+\infty} b_k \sin kx$$

　　在研究热传导方程的过程中,为了简化原问题,傅里叶建议将热导方程从时间域变换到频率域,为此他提出了著名的傅里叶变换的概念。信号 $f(x)$ 的傅里叶变换定义为

$$\hat{f}(\bar{\omega}) = \int_{\mathbf{R}} f(x) e^{-jx\bar{\omega}} dx, \quad j = \sqrt{-1} \tag{3.2}$$

　　傅里叶变换建立了信号时域与频域之间的关系,频率是信号的物理本质之一。随着计算机技术的发展与完善,科学与工程中的所有计算问题跟计算机已经密不可分,计算机计算的一个典型特征是离散化。而式(3.2)定义的傅里叶变换本质上是一个积分计算,体现为连续化特征,同时在实际应用中信号都是通过离散化采样得到的。为了通过离散化来采样信息以及有效地利用计算机实现傅里叶变换的计算,需要对式(3.2)实现高效、高精度的离散化。为此,需要导出离散傅里叶变换(DFT)的概念。

　　为简单计算,设 $f(x)$ 为 $[-\pi, \pi]$ 上的有限信号,则 $f(x)$ 的傅里叶变换可简化为

$$\hat{f}(\bar{\omega}) = \int_{-\pi}^{\pi} f(x) e^{-jx\bar{\omega}} dx \tag{3.3}$$

　　再假设采用等间距采样,其采样点数为 N,输入时域信号为 f_k,要求输出频率信号为 $\hat{f}_k$。为了利用采样点 f_k 得到尽可能符合式(3.2)的输出值 $\hat{f}_k$,DFT 的思想是根据 f_k 拟合出 $f(x)$ 的最佳逼近多项式 $S(x)$,然后在式(3.2)中利用 $S(x)$ 代替 $f(x)$,从而得到 $\hat{f}_k$。计算 DFT 的快速傅里叶变换(FFT)将计算量从 $O(n^2)$ 下降至 $O(n\log n)$,推进了 FFT 更深层、更广泛的研究与应用。关于 DFT 的实现及 FFT 具体计算可以参见其他相关文献。

3.1.3　短时傅里叶变换

　　尽管傅里叶变换及其离散形式 DFT 已经成为信号处理,尤其是时频分析中最常用的工具,但是,傅里叶变换存在信号的时域与频域信息不能同时局部化的问题。例如,从定义式(3.2)可以看到,对于任一给定频率,根据傅里叶变换不能看出该频率发生的时间与信号的周期,即傅里叶变换在频率上不能局部化。同时,在傅里叶变换将信号从时域上变换到频域上时,实质上是将信息 $f(x)e^{-jx\bar{\omega}}$ 在整个时间轴上的叠加,其中 $e^{-jx\bar{\omega}}$ 起到频限的作用,因此,傅里叶变换不能够观察信号在某一时间段内的频域信息。而另一方面,在信号处理,尤其是非平稳信号处理过程中,如音乐、地震信号等,人们经常需要对信号的局部频率以及该频率发生的时间段有所了解。由于标准傅里叶变换只在频域有局部分析的能力,而在时域内不存在局部分析的能力,故 Gabor 于 1946 年引入短时傅里叶变换。短时傅里叶变换的基本思想是:把信号划分成许多小的时间间隔,用傅里叶变换分析每个时间间隔,以便确定该时间间隔存在的频率。图 3.1(a)、图 3.1(b)为短时傅里叶变换对信号分析示意图。

　　假设对信号 $f(x)$ 在时间 $x=\tau$ 附近内的频率感兴趣,显然一个最简洁的方法是仅取式(3.2)中定义的傅里叶变换在某个时间段 I_τ 内的值,即定义

$$\hat{f}(\bar{\omega}, \tau) = \frac{1}{|I_\tau|} \int_{I_\tau} f(x) e^{-jx\bar{\omega}} dx \tag{3.4}$$

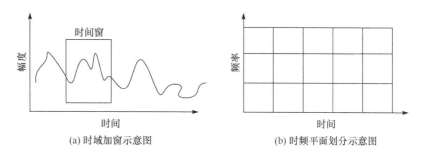

(a) 时域加窗示意图　　　　　　　　(b) 时频平面划分示意图

图 3.1　短时傅里叶变换示意图

式中,$|I_\tau|$表示区域I_τ的长度。如果定义方波函数$g_\tau(x)$为

$$g_\tau(x) = \begin{cases} \dfrac{1}{|I_\tau|}, & x \in I_\tau \\ 0, & \text{其他} \end{cases} \tag{3.5}$$

则式(3.4)又可以表示为

$$\hat{f}(\bar{\omega}, \tau) = \int_{\mathbf{R}} f(x) g_\tau(x) \mathrm{e}^{-\mathrm{j}x\bar{\omega}} \mathrm{d}x \tag{3.6}$$

式中,$\mathbf{R}$表示整个实轴。为了分析信号$f(x)$在时刻τ的局部频域信息,式(3.5)实质上是对函数$f(x)$加上窗口函数$g_\tau(x)$。显然,窗口的长度$|I_\tau|$越小,则越能够反映出信号的局部频域信息。短时傅里叶变换的时间-频率窗口宽度对于所观察的所有频率的谱具有不变特性,这一点不适应于非平稳信号的高频与低频部分的特性分析。事实上,对于高频信息,信号变化剧烈,时间周期相对变小,时间窗口应该变窄一些;而对于低频信息,信号变化平稳,时间周期相对较大,时间窗口应相应设计得宽一些。因此有必要引入新的具有理想时间-频率窗口特性的新型窗口函数。时频窗口具有可调的性质,要求在高频部分具有较好的时间分辨率特性,而在低频部分具有较好的频率分辨率特性。

3.1.4　连续小波变换

1. 定义

短时傅里叶变换得到的时频分析窗口具有固定的大小。对于非平稳信号而言,需要时频窗口具有可调的性质,即要求在高频部分具有较好的时间分辨率特性,而在低频部分具有较好的频率分辨率特性。为此特引入窗口函数$\psi_{a,b}(t) = \dfrac{1}{\sqrt{|a|}} \psi\left(\dfrac{t-b}{a}\right)$,并定义变换

$$W_\psi f(a, b) = \frac{1}{\sqrt{|a|}} \int_{-\infty}^{+\infty} f(t) \psi^*\left(\frac{t-b}{a}\right) \mathrm{d}t \tag{3.7}$$

式中，$a \in \mathbf{R}$ 且 $a \neq 0$。式(3.7)定义了连续小波变换，a 为尺度因子，表示与频率相关的伸缩，b 为时间平移因子。很显然，并非所有函数都能保证式(3.7)中表示的变换对于所有 $f \in L^2(\mathbf{R})$ 均有意义；另外，在实际应用尤其是信号处理以及图像处理的应用中，变换只是一种简化问题、处理问题的有效手段，最终目的需要回到原问题的求解，因此，还要保证连续小波变换存在逆变换。同时，作为窗口函数，为了保证时间窗口与频率窗口具有快速衰减特性，经常要求函数 $\psi(x)$ 具有如下性质：

$$|\psi(x)| \leqslant C(1+|x|)^{-1-\varepsilon}, \qquad |\hat{\psi}(\omega)| \leqslant C(1+|\omega|)^{-1-\varepsilon} \tag{3.8}$$

式中，C 为与 x、$\bar{\omega}$ 无关的常数，$\varepsilon > 0$。

2. 计算过程

(1) 选定一个小波，并与处在分析时段部分的信号相比较。

(2) 计算该时刻的连续小波变换系数 C。如图 3.2 所示，C 表示了该小波与处在分析时段内的信号波形相似程度。C 越大，表示两者的波形相似程度越高。小波变换系数依赖于所选择的小波。因此，为了检测某些特定波形的信号，应该选择波形相近的小波进行分析。

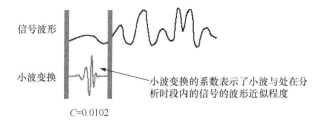

图 3.2　计算小波变换系数示意图

(3) 如图 3.3 所示，调整参数 b，调整信号的分析时间段，向右平移小波，重复步骤(1)和(2)，直到分析时段已经覆盖了信号的整个支撑区间。

(4) 调整参数 a，尺度伸缩，重复步骤(1)～(3)。

(5) 重复步骤(1)～(4)，计算完所有的尺度的连续小波变换系数，如图 3.4 所示。

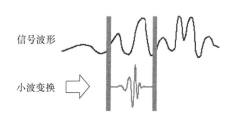

图 3.3　不同分析时段下的小波变换系数计算

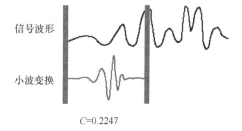

图 3.4　不同尺度下的小波变换系数计算

由小波变换的定义式(3.7),有

$$W_f(a,b) = \langle f(t), \psi_{a,b}(t) \rangle = \int_{-\infty}^{\infty} f(t), \psi_{a,b}^*(t) \mathrm{d}t$$

$$= \int_{-\infty}^{\infty} f(t) \frac{1}{\sqrt{a}} \psi^* \left(\frac{t-b}{a} \right) \mathrm{d}t, \quad a > 0, f \in L^2(\mathbf{R}) \qquad (3.9)$$

式中, $\psi_{a,b}(t) = \dfrac{1}{\sqrt{a}} \psi \left(\dfrac{t-b}{a} \right)$。

设 $f(t) = f(k\Delta t), t \in (k, k+1)$,则

$$W_f(a,b) = \sum_k \int_k^{k+1} f(t) \mid a \mid^{-1/2} \psi^* \left(\frac{t-b}{a} \right) \mathrm{d}t$$

$$= \sum_k \int_k^{k+1} f(k) \mid a \mid^{-1/2} \psi^* \left(\frac{t-b}{a} \right) \mathrm{d}t$$

$$= \mid a \mid^{-1/2} \sum_k f(k) \left[\int_{-\infty}^{k+1} \psi^* \left(\frac{t-b}{a} \right) \mathrm{d}t - \int_{-\infty}^{k} \psi^* \left[\frac{t-b}{a} \right] \mathrm{d}t \right] \qquad (3.10)$$

式(3.10)可以通过以上五步来实现,也可以用快速卷积运算来完成。在 MATLAB 小波变换工具箱中,连续小波变换就是按照式(3.10)进行的。实际的信号都是有限带宽的,而某一尺度下的小波相当于带通滤波器,此带通滤波器在频域必须与所分析的信号存在重叠。在工程中,我们近似地将小波频谱中能量最多的频率值作为小波的中心频率,选择合适的尺度使中心频率始终在被分析的信号带宽之内。

3. 常用小波基函数

小波基函数决定了小波变换的效率和效果。小波基函数可以灵活选择,并且可以根据所面对的问题构造基函数。下面列举了几个常用的小波基函数:

1) Haar 小波

$$\psi_{\mathrm{H}}(t) = \begin{cases} 1, & 0 \leqslant t < \dfrac{1}{2} \\ -1, & \dfrac{1}{2} \leqslant t \leqslant 1 \\ 0, & \text{其他} \end{cases} \qquad (3.11)$$

Haar 小波是所有已知小波中最简单的。

2) 墨西哥草帽小波

墨西哥草帽小波是高斯函数的二阶导数,即

$$\psi(t) = \frac{2}{\sqrt{3}} \pi^{-1/4} (1-t^2) \mathrm{e}^{-t^2/2} \qquad (3.12)$$

由于波形与墨西哥草帽(Mexican hat)抛面轮廓线相似而得名,如图 3.5 所示。它

在视觉信息加工研究和边缘检测方面获得了较多的应用,因而也称为 Marr 小波。

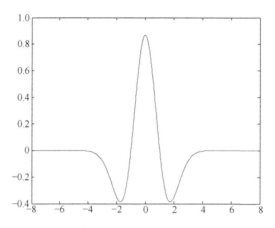

图 3.5　墨西哥草帽小波波形图

3) Morlet 实小波

$$\psi_0(t) = \pi^{-1/4} \cos(5t) e^{-t^2/2} \tag{3.13}$$

4) Morlet 复值小波

Morlet 小波是最常用到的复值小波,其定义为式(3.14),波形如图 3.6 所示:

$$\psi_0(t) = (\pi f_B)^{0.5} e^{j2\pi f_c t} e^{-t^2/f_B} \tag{3.14}$$

式(3.14)的傅里叶变换为

$$\psi_0(f) = e^{\frac{-(f-f_0)^2}{f_B}} \tag{3.15}$$

通常,$\omega_0 \geqslant 5$,$\omega_0 = 5$ 的情况用得最多。以上式中,f_B 为带宽,f_c 为中心频率。

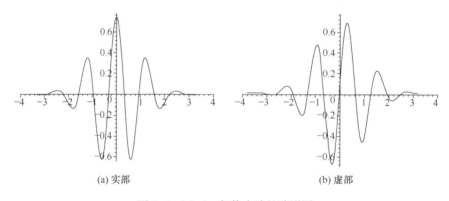

(a) 实部　　　　　　　　　　　　　　　(b) 虚部

图 3.6　Morlet 复值小波的波形图

5) 复高斯小波

复高斯小波由复高斯函数的 n 阶导数构成,定义如下:

$$\psi(t) = C_n \frac{\mathrm{d}^n}{\mathrm{d}x} (\mathrm{e}^{-\mathrm{j}x} \mathrm{e}^{x^2}) \tag{3.16}$$

常数 C_n 用来保持小波函数的能量归一化特性。

6）复香农小波

$$\psi(t) = f_B^{0.5} \sin\left(\frac{f_B t}{m}\right)^m \exp(2\mathrm{j}\pi f_c t) \tag{3.17}$$

式中，f_B 为带宽；f_c 为中心频率；m 为正整数。

4. 小波基函数的选择

1）复值与实值小波的选择

复值小波作分析不仅可以得到幅度信息，也可以得到相位信息，所以复值小波适合于分析计算信号的正常特性。而实值小波最好用来做峰值或者不连续性的检测。

2）连续小波的有效支撑区域的选择

连续小波基函数都在有效支撑区域之外快速衰减。有效支撑区域越长，频率分辨率越好；有效支撑区域越短，时间分辨率越好。

3）小波形状的选择

如果进行时频分析，则要选择光滑的连续小波，因为时域越光滑的基函数，在频域的局部化特性越好。如果进行信号检测，则应尽量选择与信号波形相近似的小波。

3.1.5　离散小波变换

对于连续小波而言，尺度 a、时间 t 和与时间有关的偏移量 b 都是连续的。如果利用计算机计算，就必须对它们进行离散化处理，得到离散小波变换。由于大量的计算都要由计算机来进行，而且由于连续小波变换中存在信息表述的冗余性（redundancy）。冗余性包括：①由连续小波变换恢复原信号的重构公式不唯一；②小波函数存在许多可能的选择（如非正交、半正交、双正交和正交小波等）。从数值计算和数据压缩的角度看，我们总希望尽量减少连续小波变换的冗余度。因此就像在傅里叶变换和 WFT 中一样，要对时间-频率（尺度）相平面进行采样。在小波变换中，随着尺度的改变采样率也可改变。在低频段，采样率可减低以节省大量计算时间。

需要强调指出的是，离散化都是针对连续的尺度参数 a 和连续平移参数 b 的。在连续小波基函数 $\psi_{a,b}(t) = \frac{1}{\sqrt{|a|}} \psi\left(\frac{t-b}{a}\right)$ $(a \neq 0, b \in \mathbf{R})$ 中：

（1）尺度参数离散化。$a = a_0^j, a_0 > 0, j \in \mathbf{Z}$。

（2）平移参数离散化。平移参数的离散化依赖于尺度参数的离散化，$b=ka_0^j b_0$，其中 $b_0 > 0$，$k \in \mathbf{Z}$。在 $a = 2^j$ 时，沿 b 轴的响应采样间隔是 $2^j b_0$，在 $a_0 = 2$ 情况下，j 增加 1，则尺度 a 增加一倍，对应的频率减小一半。此时采样率可降低一半而不导致引起信息的丢失。则连续小波基函数变为如下离散小波函数：

$$a_0^{-j/2} \psi(a_0^{-j}(t - ka_0^j b_0)), \quad j = 0, \pm 1, \pm 2, \cdots; k = 0, \pm 1, \pm 2, \cdots$$

在实际计算中，常取 $a_0 = \dfrac{1}{2}$，$b_0 = 1$，记 $\psi_{j,k}(t) = 2^{-j/2} \psi(2^j t - k)$，称 $\psi_{j,k}(t)$ 为离散小波函数。信号 $f(t)$ 的离散小波变换和逆变换定义为

$$C_{j,k}(f, \psi_{j,k}) = 2^{-j/2} \sum_{n=-\infty}^{\infty} f(t)\bar{\psi}(2^{-j}t - k), \quad j, k \in \mathbf{Z} \tag{3.18}$$

$$f(t) = \sum_{j=-\infty}^{\infty} \sum_{k=\infty}^{\infty} C_{j,k}\psi_{j,k}(t) = \sum_{j=-\infty}^{\infty} f_j(t), \quad j, k \in \mathbf{Z} \tag{3.19}$$

式中，$C_{j,k}$ 为离散小波系数；$\psi_{j,k}(t) = 2^{-j/2}\psi(2^{-j/2}t - k)$ 也称为小波序列；$\psi(t)$ 是满足一定条件的小波基函数；j、k 分别代表频率分辨率和时间平移量；$f_j(t)$ 表示信号 $f(t)$ 在某一尺度 (2^j) 的分量。对信号 $f(t)$ 可以利用 Mallat 算法进行有限层分解，得到

$$f(t) = f_L^A(n) + \sum_{j=1}^{L} f_j^D(n) = A_L + \sum_{j=1}^{L} D_j = A_1 + D_1 = A_2 + D_2 + D_1 = \cdots$$

$$\tag{3.20}$$

式中，L 为分解层数；A_L 为低通逼近分量；D_j 为不同尺度下细节分量；$A_L = f_L^A(n)$；$D_j = f_j^D(n)$。信号的整个频带划分为一个个子频带，设信号 $f(t)$ 的采样率为 f_s，则 $A_L, D_L, D_{L-1}, \cdots, D_1$ 各分量所对应的子频带依次为：$[0, f_s/2^{L+1}]$，$[f_s/2^{L+1}, f_s/2^L]$，$[f_s/2^L, f_s/2^{L-1}]$，$\cdots$，$[f_s/2^2, f_s/2]$，对应的逼近系数及各层小波系数为 $cA_L, cD_L cD_{L-1}, \cdots, cD_1$。设信号 $f(t)$ 经过采样以后的信号为 $f(n)$，$f(n)$ 可看做尺度 $j = 0$ 时的近似值，即 $A_0(n) = f(n)$。以三级分解为例，如图 3.7 所示。离散信号经尺度 $j = 1, 2, 3$ 的小波分解，得到逼近系数 cA_3 和小波系数 cD_3、cD_2、cD_1。

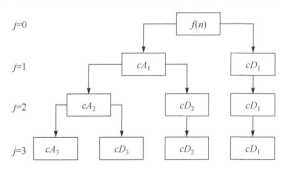

图 3.7　信号的三级小波分解

3.2　小波包变换

小波包变换（wavelet packet decompsition，WPD）可以看成是小波变换的推广，小波变换是小波包变换的特例。在小波分析中，原始信号被分解为逼近部分和细节部分。逼近部分再分解为另一层的逼近和细节，这样的过程重复进行，直到设定的分解层。然而，在小波包分解 WPD 中，细节部分也进行相同的分解。因而，WPD 是在多分辨率分析基础上构成的一种更精细的正交分解方法，它根据被分析信号本身的特点，自适应地选择频带，确定信号在不同频段的分辨率，并在二维时间尺度平面上描述信号，具有任意多尺度的特点。避免了小波变换固定时频分解的缺陷，从而使信号得到更精确的表达，更能反映信号的本质和特征。

在多分辨率分析中，正交尺度函数 $\varphi(t)$ 和小波函数 $\psi(t)$ 满足二尺度方程：

$$\varphi(t) = \sqrt{2} \sum_k h(k) \varphi(2t-k) \tag{3.21}$$

$$\psi(t) = \sqrt{2} \sum_k g(k) \varphi(2t-k) \tag{3.22}$$

记 $w_0(t) = \varphi(t), w_1(t) = \psi(t)$ 将二尺度方程改写为如下递推形式：

$$w_{2n}(t) = \sqrt{2} \sum_k h(k) w_n(2t-k) \tag{3.23}$$

$$w_{2n+1}(t) = \sqrt{2} \sum_k g(k) w_n(2t-k) \tag{3.24}$$

式中，$h(k)$、$g(k)$ 是多分辨率分析中的滤波器系数。$h(k)$ 对应低通滤波器，$g(k)$ 对应高通滤波器。以上定义的函数集合 $\{w_n(t)\}_{n \in \mathbf{Z}}$ 称为正交尺度函数 $\varphi(t)$ 的正交小波包。小波包空间由 $\psi(t)$ 的伸缩平移系张成，每个空间都由比它大 1 的两个子空间的直角构成。故对式（3.23）和式（3.24）的下标 n 正交分解，有

$$U_j^n = U_{j+1}^{2n} + U_{j+1}^{2n+1}, \quad j \in \mathbf{Z}, n \in \mathbf{Z}^+ \tag{3.25}$$

式中，U_j^n 表示 j 尺度的第 n 个小波包子空间；U_{j+1}^{2n} 和 U_{j+1}^{2n+1} 是 U_j^n 的子空间；U_{j+1}^{2n} 对应 $w_{2n}(t)$，U_{j+1}^{2n+1} 对应 $w_{2n+1}(t)$。在多分辨率分析中，可以按照不同的尺度因子 j 把 Hilbert 空间 $L^2(\mathbf{R})$ 分解成所有小波子空间 $W_j (j \in \mathbf{Z})$ 的正交和，即

$$L^2(\mathbf{R}) = \bigoplus_{j \in \mathbf{Z}} W_j \tag{3.26}$$

记 $W_j^n = U_j^n$ 小波包空间分解为

$$W_j^n = U_j^n = U_{j+1}^{2n} + U_{j+1}^{2n+1}, \quad j \in \mathbf{Z}, n \in \mathbf{Z}^+ \tag{3.27}$$

将式（3.27）递推下去，得小波包分解的一般表达式为

$$\begin{cases} W_j = U_{j+1}^2 \oplus U_{j+1}^3 \\ W_j = U_{j+2}^4 \oplus U_{j+2}^5 \oplus U_{j+2}^6 \oplus U_{j+2}^7 \\ \quad \vdots \\ W_j = U_{j+k}^{2^k} \oplus U_{j+k}^{2^k+1} \oplus \cdots \oplus U_{j+k}^{2^{k+1}+1} \end{cases} \tag{3.28}$$

接着,就可以得到小波包分析的分解算法和重构算法。

设 $g_j^n(t) \in U_j^n$,则可表示为如下公式,其中 $d_l^{j,n}$ 表示小波分解系数:

$$g_j^n(t) = \sum_l d_l^{j,n} w_n(2^j t - l) \tag{3.29}$$

那么由小波分解算法可得

$$d_l^{j,2n} = \sum_k a_{k-2l} d_k^{j+1,n}$$
$$d_l^{j,2n+1} = \sum_k b_{k-2l} d_k^{j+1,n} \tag{3.30}$$

由小波包重构算法可得

$$d_l^{j+1,n} = \sum_k (h_{l-2k} d_k^{j,2n} + g_{l-2k} d_k^{j,2n+1}) \tag{3.31}$$

如果假设 $f(t)$ 是 $L^2(\mathbf{R})$ 空间的函数,当尺度足够小,常常直接用 $f(t)$ 的采样序列 $f(k)$ 来近似表示对应 U_0^0 空间的系数 $d_0^0(k)$,那么利用上述小波包分解算法得到第 j 层的第 k 个小波包分解系数为

$$d_j^n(k) = \sum_m h_0(m-2k) d_{j-1}^{n/2}(m), \quad n \text{ 为偶数}$$
$$d_j^n(k) = \sum_m h_1(m-2k) d_{j-1}^{n-1/2}(m), \quad n \text{ 为奇数} \tag{3.32}$$

式中,$h_1(k) = (-1)^{1-k} h_0(1-k)$。

那么若信号 $f(k)$ 的采样频率为 f_s,信号经过 j 层 WPD 分解后,第 j 层的各个子带 $S_l(j,n)(n=1,2,\cdots,2^j-1)$ 对应的频率窗口为

$$\left\{ \left[0, \frac{f_s}{2^{j+1}}\right]; \left[\frac{f_s}{2^{j+1}}, \frac{2f_s}{2^{j+1}}\right]; \left[\frac{2f_s}{2^{j+1}}, \frac{3f_s}{2^{j+1}}\right]; \cdots; \left[\frac{(2^j-1)f_s}{2^{j+1}}, \frac{f_s}{2}\right] \right\} \tag{3.33}$$

3.3 小波变换及小波包变换特征表示

小波变换是一种线性变换,计算速度快,适合于在线分析。它的变焦距特性,容易将类别间差距最大的部分突出表示,从而将不同类之间的差异"放大",有助于提高识别正确率。它提供了从另一角度对信号进行观察的可能,使得所得到的系数用来描述信号时更加优越。

目前小波变换结果的特征表示形式主要有以下几种:

(1) 直接以部分小波系数作为特征。信号经小波分解后,可以在不同的尺度上得到一系列的小波变换系数,这些系数完备地描述了信号的特征,因而可以用作分类的特征子集。一般认为,如果信号的波形较为规则,则采用小波系数可以取得较好的分类效果,否则,小波变换结果的离散性将相当大,从而导致分类能力大大降低。另外,考虑到小波变换所得到的系数非常多,如果都作为特征,势必严重降

低分类器的性能,而且很不适合实时应用的场合,因此必须进行降维。一种常用的策略是对不同类别间的小波系数差异进行比较,并按照某种类分类指标进行排序,然后选择那些具有最大类分离能力的系数组成一个合适的特征向量,作为分类器的输入。这种技术其理论意义清晰,是进行特征表示的基础。但通过这种方法构造的特征向量的抗噪声能力较差。

(2) 以小波系数的统计信息作为特征。根据某种类分离指标选择特征子集是一个极其繁冗的工作过程,需要大量的运算,而且分类效果未必会很好,虽然单个特征确实是按类分离能力进行排序的,但前面若干个的组合并不意味着这样会获得最大的类分离能力(如特征间可能相关)。因此,工程上常用的方法是分别计算各个尺度下小波系数的某些统计特征,例如:

$$\text{平均值：} \text{AVG}_j = \frac{1}{2^j} \sum_k C_{j,k} \tag{3.34}$$

$$\text{绝对平均值：} \text{AVG}_j = \frac{1}{2^j} \sum_k |C_{j,k}| \tag{3.35}$$

$$\text{Willison 幅值数：} \text{WAMP}_j = \frac{1}{k} \sum_k \text{sgn} |C_{j,k} - C_{j,k+1}| \tag{3.36}$$

$$\text{过零数：} \text{ZC}_j = \sum_k \text{sgn}((-C_{j,k} - \theta_j)(C_{j,k+1} - \theta_j)) \tag{3.37}$$

$$\text{分频带平均频率：} F_j = \frac{\sum\limits_k F_{j,k} P_{j,k}}{\sum\limits_k F_{j,k}} \tag{3.38}$$

式中,$F_{j,k}$ 为功率谱对应的频率。这种方法计算简单,构造的特征维数低,存储及运算量小,速度快,因此受到了广泛应用。

(3) 分尺度平均能量特征。这也是一种统计特征,以各尺度下的细节系数的平方和与趋势系数的平方和作为特征参数:

$$E_j = \frac{1}{2^j} \sum_k C_{j,k}^2 \tag{3.39}$$

这种方法本质上与傅里叶变换的频谱分析类似,但它可以通过提取仅对实际分类有作用的部分尺度空间的能量,因而比单纯的傅里叶变换的能谱特征分类更加高效和灵活,而且计算简单,构造得到的特征向量维数低,存储及运算量小、速度快,因而得到了广泛应用,如 Learned 等用这种方法成功地进行了水下哺乳动物的声音识别[1]。这种方法的缺陷在于没有充分利用小波变换在时域上的局部分析能力,没有提供能量集中频段成分的时域信息。应该说明的是,由于信号分解后在各个尺度空间中的能量分布一般会有很大差异,所以采用这种方法时通常要做归一化处理。

(4) 以小波系数的变换结果作特征。这种方法与上述的特征选择方法不同，它通过对小波变换所得到的系数矩阵进行线性(如主成分分析(PCA)方法或奇异值分解)或非线性变换(如独立 PCA、投影跟踪等)技术，从而将小波系数所形成的高维空间缩小到一个合适大小的低维空间中。变换系数可以作为新的特征矢量供给分类器作为输入向量。由于这种方法不仅有效地降低了输入维数，而且有助于降低噪声对模式特征的影响，因而在分类中得到了广泛的应用，效果也比较好。但它的缺点在于没有充分利用小波变换在时域上的局部分析能力，不能提供能量集中频段成分的时域信息。

(5) 以信号的展开系数作特征。任何一个信号，都可以按照某种基函数系数(如三角函数、余弦函数、小波函数、小波包基)进行展开，此时信号可以表示为基函数的线性加权和，权值就是信号的展开系数。如果采用傅里叶展开，那么信号通常需要在整个基上展开，因此，展开系数有无穷多个，而如此众多的展开系数是不适合作为信号特征的。然而，如果根据信号的特性合适地选择基函数，就可能通过有限的系数对基函数加权来充分实现信号的近似。因而使得采用小波系数作为信号特征表示成为可能。这种方法的关键在于寻找合适的算法，以便于在线计算展开系数。因为很多情况下仅仅做离线分析是不行的。

(6) 以小波变换的模极大值作特征。Mallat 证明，如果已知各个尺度下的模极大值(包括位置下标)，就可利用投影迭代法恢复各尺度的子波变换值，从而完全实现原信号的重建。这表明，利用各个尺度下的极大值及下标作特征具有信息不丢失的优点，因而有望取得较高的识别能力。但由于每一尺度空间都要记录多个极大值，选择通常要由粗选到精选逐步完成，且特征向量中同时包含时间平移参数和幅值参数，所以算法复杂，运算量和存储量都较大。因此在实际应用中常常以每级尺度下的最大值和下标位置作为信号特征。这种方法已经成功地应用于心电信号的识别中。Hazarika 还将其推广到每级尺度下取两个最大的值，以提高这种方法对信号特征的表征能力[2]。

(7) 利用聚类或矢量量化提高表示能力。仅仅对每级尺度下的系数做统计分析，在某些情况下可能不足以表达不同类别间的差异，在这种情况下，就应该扩大特征向量的维数。一种方法是对不同频带下的小波变换系数做聚类分析，以每个聚类的中心或能量作为特征表示。不同尺度下的聚类数目可以不同。另一种与此类似的方式是分频带矢量量化技术，它与分频带聚类一样，都可以获得信号的时频信息，当然计算量也增大了[3]。

(8) 根据信号特征与分类目标灵活处理。信号分解后，未必一定要利用所有频带的信息，如高频带往往反映的是噪声信号。另外，许多与分类任务相关的信息可能仅仅在某个频带上比较明显。在这种情况下，可以根据实际分析所得到的先验信息，选择最能体现分类特征要求的频带，再在这些频带上进行特征的提取。也可以将含有信号特征的频带进行重组,构成新的信号进行特征提取。这种方式相当于抛弃了原始信号中与分类信息无关的成分,因而有望获得更高的分类精度。

3.4 希尔伯特-黄变换

3.4.1 HHT 简介

传统的信号处理方法,如傅里叶变换是一种纯频域的分析方法,若想得到时域信息,就得不到频域信息,反之亦然。小波变换是一种通过可伸缩和平移的小波对信号进行变换,从而达到时频局部化分析的目的。但这种变换实际上没有完全摆脱傅里叶变换的局限。它是一种窗口可调的傅里叶变换,其窗内的信号必须是平稳的。另外,小波变换时非适应性的,小波基一旦选定,在整个信号分析过程中就只能使用这一个小波基了。

现实生活中,绝大多数信号是非线性非平稳信号,其明显特征是存在着时变频率,因此采用瞬时频率(instantaneous frequency,IF)来描述这些信号的时变特性是一种理想的方法。希尔伯特-黄变换(Hilbert Huang transform,HHT)正是基于这个思想而产生的。

1998 年,美国学者 Huang[4] 提出了 HHT。该方法适应于非线性非平稳信号分析,HHT 本质上是对信号进行平稳化处理,具体实现过程分为经验模式分解(empirical mode decomposition,EMD)和 Hilbert 变换(Hilbert transform,HT)两部分。利用 EMD 将信号中真实存在的不同尺度波动或趋势逐级分解出来,产生一系列具有不同特征尺度的内蕴模式函数(intrinsic mode function,IMF)。分解得到的 IMF 分量具有很好的 HT 特性,经 HT 后能够计算出 IF 来表征原信号的频率含量,从而可以较为精细地辨别一些内嵌性的结构特征。

HHT 局部性能良好,具有自适应性和较高的时频分辨率,特别适合非线性非平稳信号的时频分析。HHT 自提出以来已经得到了深入的研究[5~7],并在生物医学信号、地震信号、语音识别、噪声处理及在振动工程领域中的故障检测、参数识别等方面具有广泛的应用[8~10]。

3.4.2 HHT 原理及实现

HHT 的基本原理是利用 EMD 将原始信号分解成一系列 IMF 的组合,然后对每个 IMF 利用解析信号相位求导定义,通过 HT 计算出有意义的 IF 及瞬时幅值,从而获得信号的 Hilbert 时频谱。下面分别介绍 HHT 的两个实现过程。

1. EMD 原理

EMD 是一种新的时间序列处理方法。该方法是纯数据驱动的操作式运算,其本质是通过信号本身的特征时间尺度辨别内蕴振荡模式,对信号进行分解。EMD 的目的是使信号成为 IF 有意义的单分量信号,具有自适应性、正交性、完备性及 IMF 分量的调制特性等突出特点。

在 EMD 操作过程中,IMF 分量直接从信号本身得到。直观上,IMF 具有相同数目的极值点和过零点,其波形与一个标准正弦信号通过调幅与调频得到的新信号相似。IMF 必须满足两个条件:

(1) 在整个数据集上,过零点个数和极值点个数相等或至多相差一个;

(2) 局部极大值形成的包络线和局部极小值形成的包络线的平均值为零。

IMF 反映了信号内部的波动性,在它的每个周期上,仅仅包含一个振动模态,不存在多个振动模态混叠的现象。从本质上说,EMD 是一个“筛”的过程,如图 3.8 所示。对待分解信号 $x(t)$,具体分解过程描述如下:

(1) 确定 $x(t)$ 的所有极值点。

(2) 用三次样条曲线分别对极小值点和极大值点进行拟合,得到下包络曲线 $e_{\min}(t)$ 和上包络曲线 $e_{\max}(t)$。

(3) 计算平均包络曲线

$$m(t) = \frac{e_{\min}(t) + e_{\max}(t)}{2} \tag{3.40}$$

(4) 提取 IMF 成分

$$h(t) = x(t) - m(t) \tag{3.41}$$

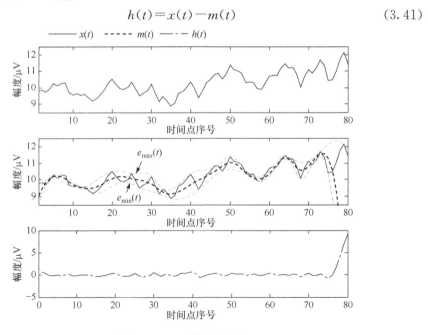

图 3.8　EMD“筛”的过程

（5）若 $h(t)$ 不满足某种停止准则，$h(t)$ 将取代 $x(t)$ 并从步骤（1）开始迭代，直至 l 次迭代后符合该停止准则，迭代结束；相反，$h(t)$ 将作为一个 IMF 分量 $c(t)$，得剩余信号

$$r(t)=x(t)-h(t) \tag{3.42}$$

Huang 提出了仿柯西收敛准则，通过限制标准差（SD）的大小来实现，SD 通过两个连续的处理结果计算得出：

$$SD = \frac{\sum\limits_{t=0}^{T} |h_{l-1}(t)-h_l(t)|^2}{\sum\limits_{t=0}^{T} h_{l-1}^2(t)} \tag{3.43}$$

式中，T 为离散信号序列的总时间长度，SD 一般取 $0.2 \sim 0.3$，这个条件控制了"筛"的次数，使得到的分量保留了原始数据中幅度调制的信息。

Rilling 等[11] 给出了改进的筛分停止准则，令

$$\delta(t)=\frac{|e_{max}(t)+e_{min}(t)|}{|e_{max}(t)-e_{min}(t)|} \tag{3.44}$$

并设定三个门限值 θ_1、θ_2、α，筛分停止条件为：条件一是满足 $\delta(t)<\theta_1$ 的时间点数与全部持续时间之比不小于 $1-\alpha$，即

$$\frac{\#\{t \in D | \delta(t)<\theta_1\}}{\#\{t \in D\}} \geqslant 1-\alpha \tag{3.45}$$

式中，D 是信号持续范围；$\#A$ 表示集合 A 中元素的个数，通常取 $\theta_1=0.05$，$\alpha=0.05$；条件二是对每个时刻 t 有：$\delta(t)<\theta_2$，$\theta_2=10\theta_1$。

与 Huang 的停止准则相比，$\delta(t)$ 更能反映 IMF 的均值特性，且两个条件相互补充，使得信号只能在某些局部出现较大的波动，从而保证了整体均值为零。在 EMD 算法的实现中常采用 Rilling 准则。

（6）对 $r(t)$ 重复步骤（1）～（5），直到 $r(t)$ 小于某一给定值或成为一个单调函数，迭代结束。

这样，原始信号 $x(t)$ 可表示为

$$x(t)=\sum_{i=1}^{n} c_i(t)+r_n(t) \tag{3.46}$$

式中，$c_i(t)$ 表示第 i 次筛选出的 IMF；$r_n(t)$ 表示最终的剩余信号。每个 IMF 包含一个振动模式，也包含了信号从高频到低频的不同频率成分；剩余信号表示了信号的中心趋势。

2. HT 原理

得到信号的 IMF 分量后，根据式（3.46）对所有的 IMF 进行 HT：

$$y_i(t) = \frac{1}{\pi} P \int_{-\infty}^{+\infty} \frac{c_i(\tau)}{t-\tau} \mathrm{d}\tau \qquad (3.47)$$

式中，P 为柯西主值，$i=1,\cdots,n$。经过 HT 后，IMF 能够产生作为时间函数的 IF，从而可以较为精细地辨别一些内嵌性的结构特征。这样就可以得到随时间变化的瞬时幅度(instantaneous amplitude, IA) $a_i(t)$，瞬时相位(instantaneous phase, IP) $\varphi_i(t)$ 和 IF $\omega_i(t)$：

$$a_i(t) = \sqrt{y_i(t)^2 + c_i(t)^2} \qquad (3.48)$$

$$\varphi_i(t) = \arctan\left(\frac{y_i(t)}{c_i(t)}\right) \qquad (3.49)$$

$$\omega_i(t) = \frac{\mathrm{d}\varphi_i(t)}{\mathrm{d}t} \qquad (3.50)$$

如此，$x(t)$ 可表示成

$$x(t) = \sum_{i=1}^{n} a_i(t) \exp\left(\mathrm{j}\int \omega_i(t)\mathrm{d}t\right) \qquad (3.51)$$

式中将幅度表示成了关于时间和 IF 的函数，幅度的这种时频分布表示称为 Hilbert-Huang 幅度谱 $H(\omega,t)$，简称 Hilbert 谱。Hilbert 谱无论在时间域还是频率域都具有良好的分辨率，并且三维的分布更易于反映出信号的内在的本质特征。

定义了 Hilbert 谱之后，对频率进行积分，便可得到瞬时能量(instantaneous energy, IE)：

$$\mathrm{IE}(t) = \int_{\omega_1}^{\omega_2} H^2(\omega,t)\mathrm{d}\omega \qquad (3.52)$$

IE 表示单位时间内的能量分布，代表着整个数据段能量概率分布的累加，反映了能量随时间的波动。

3. HHT 实现流程

为了使 HHT 的实现过程更清楚明了，给出 HHT 的实现流程图，如图 3.9 所示。可以看出，HHT 的实现过程分为两大步骤。一是 EMD，为迭代过程，得到信号的一系列 IMF 分量；二是对每个 IMF 分量进行 HT，求解 Hilbert 谱。

3.4.3　HHT 方法的优越性

(1) HHT 方法是一种全新的信号分析方法，能够描绘出信号的时频谱图、边际谱、能量谱等，是一种更具有适应性的时频局域化分析方法。而传统的信号处理方法，如傅里叶变换是一种纯时域的分析方法，它用频率从零到无穷大的各复正弦分量的叠加来拟合原函数 $f(t)$ 在每个时刻的值，也即用 $F(\omega)$ 在有限频域上的信

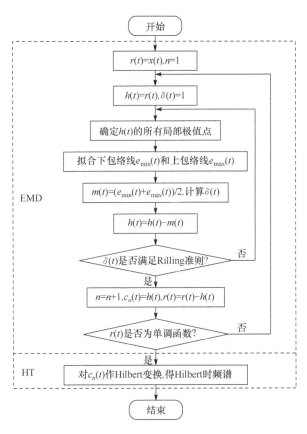

图 3.9 HHT 实现流程图

息不足以确定在很小范围内的函数 $f(t)$，特别是非平稳信号在时间轴上的任何突变，其频谱将散布在整个频率轴上。所以，这种分析方法适用于确定性的平稳信号，而在非线性、非平稳过程的处理上，傅里叶变换将只作为一种数学变化手段。而且，非平稳信号的统计特性与时间有关，对非平稳信号的处理需要进行时频分析，希望得到时域和频域中非平稳信号的全貌和局域化结果。但在傅里叶变换中，若想得到信号的时域信息，就得不到频域信息，反之亦然。后来出现的小波变换通过一种可伸缩和平移的基小波对信号变换，从而达到时域局域化分析的目的，但这种变化实际上并没有完全摆脱傅里叶变换的局限，它是一种窗口可调的傅里叶变换，其窗内的信号必须是平稳的。

（2）HHT 局部性能良好而且是自适应的，对平稳信号和非平稳信号都能进行分析。它没有固定的先验基底，分解完全基于数据本身进行。固有模态函数是基于序列数据的时间特征尺度得出的不同的数据有不同的固有模态函数，每个固有模态函数可以认为是信号中固有的一个模态，所以通过 Hilbert 变换得到的瞬时频率具有清晰的物理意义,能够表达信号的局部特征。而傅里叶变换是以余弦函数为基底进行信号分解的,这样难免产生许多实际上并不存在的虚假分量。小波变换是选定适当的小波基,再对信号进行分解的,且小波基一旦选定,在整个信号分析过程中就只能用这个基。另外,小波变换的解释也不直观,用小波变换时,为了确定某一信号的局部变化,即使这一局部变化只是发生在低频范围内,也必须从高频范围内开始去寻找这一结果,频率越高,小波变换的局域化性能就越好。

（3）HHT 中信号幅值和频率都是时间函数,IMF 表示了广义的傅里叶扩展,可变的幅值和瞬时频率不仅强化了信号信息还使之适用于非平稳信号。通过IMF 可以清楚地区分调幅和调频,这样就打破了傅里叶变换中固有幅值和固有频率的限制,允许分解出的 IMF 的幅值随时间变化,使信号分析更加灵活方便。同时,由于 Hilbert 变化通过微分法来定义瞬时频率,因此不需要大量的信号点来定义振动。

（4）Hilbert 谱把各 IMF 分量的幅值以灰度的形式表示在频率-时间图上,其中幅值以点的灰度表示:点越亮,幅值越大;点越暗,幅值越小。Hilbert 谱三维灰度图的形式对各分量的瞬时频率和瞬时振幅都进行了比较确切的刻画,比传统的频谱图更直观清晰。

（5）很多信号不是围绕水平位置振动的,这就需要从测量数据中去掉这个背景场,使之成为水平直线附近的振动。EMD 方法就可以有效地提取出数据序列的均值,消除序列的趋势项,把复杂的数据分解成若干线性、平稳的模态,且不改变原数据的物理特性。而小波变换和傅里叶变换,它们的基底都是以水平轴为平衡位置的波动现象。

3.5　功率谱分析

功率谱是一个随机信号自相关函数的 Fourier 变换。设随机信号 $x(n)$,定义自相关函数:

$$c(\tau) = E[x(n)x(n+\tau)] \tag{3.53}$$

功率谱是自相关序列的 Fourier 变换,定义为

$$P_{xx}(f) = \sum_{\tau=-\infty}^{\infty} c(\tau) \mathrm{e}^{-\mathrm{j}2\pi f\tau} \tag{3.54}$$

功率谱具有明显的物理意义:在以 f 为中心的单位频谱宽度内,信号的频率分量对功率的贡献。功率谱估计的方法很多,可分为两大类:经典功率谱和现代功率谱。本书选择经典功率谱中改进的 Welch 法,该方法将数据分成若干段,允许每一段数据有部分重叠,是一种广为应用的加权交叠平均法,估计出的谱是渐近无偏的。

参 考 文 献

［1］ Learned R E,Willsky A S. A wavelet packet approach to transient signal classification［J］. Applied and Computational Harmaric Analysis,1995,2(2):256-278.

［2］ HazarikaN,Chen J Z,Tsoi A C. Classification of EEG signals using the wavelet transform ［C］. IEEE DSP,New York,1997:89-92.

［3］ 张晓文,杨煜普,许晓鸣. 基于小波变换的特征构造与选择［J］. 计算机工程与应用,2013,(19):25-28.

［4］ Huang N E. A new view of nonlinear waves:The Hilbert spectrum ［J］. Annual Review of Fluid Mechanics,1999,31:417-457.

［5］ 谭善文. 多分辨希尔伯特-黄变换方法的研究［D］. 重庆:重庆大学,2001.

［6］ 邓拥军,王伟,钱成春. EMD 方法及 Hilbert 变换中的边界问题的处理［J］. 科学通报,2001,46(7):257-263.

［7］ 谭善文,秦树人,汤宝平. Hilbert-Huang 变换的滤波特性及其应用［J］. 重庆大学学报,2004,27(2):9-12.

［8］ 毛炜,荣洪,耿军平,等. 一种基于改进 Hilbert-Huang 变换的非平稳信号时频分析法及其应用［J］. 上海交通大学学报,2008,40(5):724-729.

［9］ Yang J N,Lei Y,Pan S,et al. System identification of linear structures based on Hilbert-Huang spectral analysis ［J］. Earthquake Engineering and Structural Dynamics,2003,32(9):1443-1467.

［10］ Veltcheva A D. Wave and group transformation by a Hilbert spectrum ［J］. Coastal Engineering Journal,2002,44(4):283-300.

［11］ Rilling G,Flandrin P,Goncalves P. On empirical mode decomposition and its algorithms ［C］. IEEE-EURASIP Workshop on Nonlinear Signal and Image Processing, Grado,2003:8-11.

第4章 分 类 方 法

4.1 贝叶斯分类

4.1.1 贝叶斯定理

贝叶斯公式如下:

$$P(B|A) = \frac{P(A|B)P(B)}{P(A)} \tag{4.1}$$

式中,$P(A|B)$表示事件B发生的前提下,事件A发生的概率;$P(A)$表示事件A发生的概率;$P(B)$表示事件B发生的概率[1]。则可以求得事件A发生的前提下,事件B发生的概率$P(B|A)$。

4.1.2 基本概念及贝叶斯决策理论

贝叶斯分类中常用的基本概念如下。

1. 先验概率

预先已知的或可以估计的样本属于某种类型的概率。是根据历史资料或主观判断,未经实验证实所确定的概率。如根据大量统计,我国理工科大学男女生比例大约为 8:2,则在这类学校一个学生是男生的先验概率为 0.8,而为女生的先验概率是 0.2。

2. 类条件概率密度

在已知某类别的特征 $P(\omega_i)$ 空间中,出现特征值 X 的概率密度函数,如 $P(x|\omega_i)$ 指 ω_i 样品属性 X 的概率密度分布函数,也称为联合概率。同一类事物的各个特征都有一定的变化范围,概率密度分布函数就是在这些变化范围内分布的函数表示,这种函数可以是一些著名的普遍运用的函数形式,如正态分布,也可能是更复杂的无法用分析式表示的函数。这种分布密度只对同一类事物而言,与其他类事物没有关系。例如,男女生比例是男生与女生这两类事物之间的关系,而男生高度的分布则与女生的分布无关。为了强调是同一类事物内部,因此这种分布密度函数往往表示成条件概率的形式。

3. 后验概率

在特征向量 X 出现条件下(呈现状态 X 时),该样本 X 分属各种类别的概率

$P(\omega_i|x)$。它描述一个具体事物属于某种类别的概率。后验概率与先验概率也不同,后验概率涉及一个具体事物,而先验概率是泛指一类事物。

贝叶斯决策理论是用概率统计的方法研究随机模式的决策问题,它是根据先验概率、类分布密度函数以及后验概率这些量来实现分类决策的方法。贝叶斯决策理论方法是统计模式识别中的一个基本方法。用这种方法进行分类时要满足以下两个条件:各类别总体的概率分布是已知的;要决策的类别数是一定的。在贝叶斯决策理论中,常用的两种决策方法:基于最小错误率的贝叶斯决策和基于最小风险的贝叶斯决策。

4.1.3 基于最小错误率的贝叶斯决策

1. 理论描述

已知共有 C 类物体,待识别物体属于这 C 类中的一个类别,对这 C 类不同的物理对象,以及各类在这 d 维特征空间的统计分布,具体说来是各类别 $\omega_i=1$,$2,\cdots,C$ 的先验概率 $P(\omega_i)$ 及类条件概率密度函数 $P(x|\omega_i)$ 已知的条件下,如何对某一样本按其特征向量分类的问题。

由于属于不同类的待识别对象存在着呈现相同观察值的可能,即所观察到的某一样本的特征向量为 X,而在 C 类中又有不止一类可能呈现这一 X 值,这种可能性可用 $P(\omega_i|x)$ 表示。如何作出合理的判决就是贝叶斯决策理论所要讨论的问题。

一般说来,C 类不同的物体应该具有各不相同的属性,在 d 维特征空间,各自有不同的分布。当某一特征向量值 X 只为某一类物体所特有,则有

$$P(\omega_k|x)=\begin{cases}1, & k=i \\ 0, & k\neq i\end{cases} \tag{4.2}$$

对于某类物体只有一个特有的特征时,通常决策是容易的。而对于一类事物具有多个特征时,可能其中某一个特征是两个事物共有的,此时,在进行决策时就可能会出现决策错误的可能性。而解决这一问题的方法可以采用使错误率为最小的决策方法[2],这种方法称为基于最小错误率的贝叶斯决策理论。

2. 具体决策方法

基于最小错误概率的贝叶斯决策理论是按后验概率的大小作判决的。对于两类问题,设某一事物 X 可能属于事物$\{\omega_1,\omega_2\}$中的某一个,利用最小错误率的贝叶斯决策,首先得到事物 X 概率分布 $P(x)$、第 i 类事物的先验概率 $P(\omega_i)$ 以及联合概率 $P(x|\omega_i)$,其中,$i=1,2$,根据贝叶斯公式,计算后验概率 $P(\omega_i|x)$,如果

$$P(\omega_i|x)=\max_{j=1,2}\{P(\omega_j|x)\} \tag{4.3}$$

则 $X \in \omega_i, i=1,2$。

如果用先验概率及联合概率表示,有

$$P(x|\omega_i)P(\omega_i)=\max_{j=1,2}P(x|\omega_j)P(\omega_j) \tag{4.4}$$

则 $X \in \omega_i, i=1,2$。

如果用比值的方式表示,有

$$l(x)=\frac{P(x|\omega_1)}{P(x|\omega_2)}>\frac{P(\omega_2)}{P(\omega_1)} \tag{4.5}$$

则 $X \in \omega_1$,否则 $X \in \omega_2$。

如果用对数形式表示,有

$$h(x)=-\ln(l(x))=-\ln(P(x|\omega_1))+\ln(P(x|\omega_2))>\ln\frac{P(\omega_1)}{P(\omega_2)} \tag{4.6}$$

则 $X \in \omega_1$,否则 $X \in \omega_2$。上式中 $l(x)$ 称为似然比,$\frac{P(\omega_1)}{P(\omega_2)}$ 称为似然比阈值。$h(x)$ 是似然比写成相应的负对数形式。与比值相比较,对数形式计算更为方便。

以上为两类别的决策方法,对于 $C(C>2)$ 类别的决策,很容易得到

$$P(\omega_i|x)=\max_{j=1,2,\cdots,C}P(\omega_j|x) \tag{4.7}$$

此时,$X \in \omega_i, i=1,2,\cdots,C$。

如果利用先验概率及联合概率表示,有

$$P(x|\omega_i)P(\omega_i)=\max_{j=1,2,\cdots,C}P(x|\omega_j)P(\omega_j) \tag{4.8}$$

则 $X \in \omega_i, i=1,2,\cdots,C$。

4.1.4　基于最小风险的贝叶斯决策

1. 基本思想

对事物进行分类或做某种决策,都有可能产生错误,不同性质的错误就会带来各种不同程度的损失,因而作决策是要冒风险的。考虑到决策后果(风险)的决策是风险决策。如进行股票交易要冒风险,投资、确定建设项目、规划等都要冒风险,在衡量了可能遇到的风险后所作决策称为风险决策。基于最小错误率的贝叶斯决策方法,在分类时所作的判决(决策)单纯取决于观测值 X 对各类的后验概率的最大值,因而也就无法估计作出错误决策所带来的损失。对于 $C(C>1)$ 类问题,最小风险决策将作出判决的依据从单纯考虑后验概率最大值,改为对该观测值 X 条件下各状态后验概率求加权和的方式,表示成

$$R_i(x)=\sum_{j=1}^{C}\lambda_j^{(i)}P(\omega_j|x) \tag{4.9}$$

式中,$\lambda_j^{(i)}$ 表示观测样本 X 实属类别 j,而被判为状态 i 时所造成的损失;R_i 表示了

观测值 X 被判为 i 类时损失的均值。

如果我们希望尽可能避免将某状态 ω_j 错判为状态 ω_i,则可将相应 $\lambda_j^{(i)}$ 的值选择得大些,以表明损失的严重性。加权和 R_i 用来衡量观测样本 X 被判为状态 ω_i 所需承担的风险。

对于观测样本 X 的判决为何类,可以依据利用所有 $R_i(i=1,2,\cdots,C)$ 中的最小值,利用最小风险的基本思想进行判定。

如对于两类问题,X 可能属于 ω_1 和 ω_2,将 X 判为 ω_1 类的风险为

$$R_1(x)=\lambda_1^{(1)}P(\omega_1|x)+\lambda_2^{(1)}P(\omega_2|x) \tag{4.10}$$

将 X 判为 ω_2 的风险为

$$R_2(x)=\lambda_1^{(2)}P(\omega_1|x)+\lambda_2^{(2)}P(\omega_2|x) \tag{4.11}$$

若 $R_1(x)<R_2(x)$,即将 X 判决为 ω_1 的风险小于判决为 ω_2 的风险,此时,应以最小风险为原则,将 X 判决为 ω_1 类;反之,则将 X 判决为 ω_2 类。这就是基于最小风险的贝叶斯决策的基本思想。

2. 基本概念定义

(1) 自然状态与状态空间。自然状态 $\omega_i(i=1,2,\cdots,C)$ 指待识别对象的类别,而状态空间 Ω 是由所有自然状态所组成的空间,$\Omega=\{\omega_1,\omega_2,\cdots,\omega_C\}$。

(2) 决策与决策空间。在决策论中,对分类问题所作的判决,称之为决策,由所有决策组成的空间称为决策空间。定义决策空间 $A=\{\alpha_1,\alpha_2,\cdots,\alpha_n\}$,其中 $\alpha_i(i=1,2,\cdots,n)$ 为决策。

(3) 损失函数。定义损失函数 $\lambda(\alpha_i|\omega_i)$(或写成 $\lambda(\alpha_i,\omega_i)$),也即前面所引用的 $\lambda_j^{(i)}$。它表示对自然状态 ω_j,作出决策 α_i 时所造成的损失。

(4) 条件风险。定义为观测值 X 在作出决策 $\alpha_i(i=1,2,\cdots,n)$ 条件下的期望损失,用 $R(\alpha_i|x)$ 表示:

$$R(\alpha_i|x)=\sum_{j=1}^{C}\lambda(\alpha_i,\omega_j)P(\omega_j|x) \tag{4.12}$$

3. 决策规则

如果

$$R(\alpha_k|x)=\min_{i=1,2,\cdots,C}R(\alpha_i|x) \tag{4.13}$$

则 $\alpha=\alpha_k$ 表示对 X 作出决策 α_k 时,所产生的风险最小。

4. 计算步骤

(1) 已知 $P(\omega_i)$、$P(x|\omega_i)$,其中 $i=1,2,\cdots,C$,在给出待识别的 X 的情况下,根据贝叶斯公式计算出后验概率:

$$P(\omega_i|x) = \frac{P(x|\omega_i)P(\omega_i)}{\sum\limits_{j=1}^{C} P(x|\omega_i)P(\omega_i)} \tag{4.14}$$

（2）利用计算出的后验概率及决策表，按式（4.14）计算出采取决策 $\alpha_i(i=1, 2,\cdots,n)$ 的条件风险：

$$R(\alpha_i|x) = \sum_{i=1}^{C} \lambda(\alpha_i,\omega_j)P(\omega_j|x) \tag{4.15}$$

（3）对计算出来的 C 个条件风险值 $R(\alpha_i|x)$，$i=1,2,\cdots,C$ 进行比较，找出使条件风险最小的决策 α_k，即

$$R(\alpha_k|x) = \min_{i=1,2,\cdots,C} R(\alpha_i|x) \tag{4.16}$$

则 α_k 就是最小风险贝叶斯决策。

4.1.5　基于最小错误率和基于最小风险贝叶斯决策之间的关系

基于最小错误率的决策是基于最小风险决策的一个特例。

设损失函数为

$$\lambda(\alpha_i|\omega_j) = \begin{cases} 0, & i=j \\ 1, & i\neq j \end{cases} \quad i,j=1,2,\cdots,C \tag{4.17}$$

式中，假定对 C 类只有 C 个决策，即不考虑"拒绝"等其他情况，式（4.17）表明，当做出正确决策（即 $i=j$ 时）没有损失，而对于任何错误决策，其损失均为 1。这样定义的损失函数成为 0-1 损失函数。

根据式（4.15）定义的条件风险为[3]

$$R(\alpha_i|x) = \sum_i^{C} \lambda(\alpha_i,\omega_j)P(\omega_j|x) = \sum_{j=1,j\neq i}^{C} P(\omega_j|X) \tag{4.18}$$

由式（4.18）可看出，基于最小错误率的贝叶斯决策就是 0-1 损失函数条件下的基于最小风险的贝叶斯决策。

4.1.6　贝叶斯分类器的设计

1. 基本步骤

（1）确定判别函数。
（2）确定决策面方程。
（3）确定决策规则。

2. 两类别问题贝叶斯分类器设计

图 4.1 为两类别分类器设计框图。

图 4.1 两类别问题的分类器设计框图

两类别问题按最小错误率做决策：

$$P(\omega_1 \mid X) > P(\omega_2 \mid X) \Rightarrow X \in \omega_1$$

设计分类器规则：

(1) 判别函数。$g_i(x) = P(\omega_i \mid x), i = 1, 2$。

(2) 决策面方程。$g_1(x) = g_2(x)$。

(3) 决策规则。如果 $g_i(x) > g_j(x)(i, j = 1, 2)$ 且 i 不等于 j，则 $X \in \omega_i$。

3. 多类别问题贝叶斯分类器设计

图 4.2 为多类别分类器设计框图。

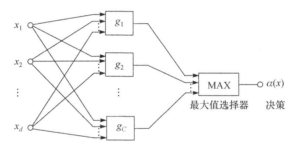

图 4.2 多类别问题的分类器设计框图

设计分类器规则。

(1) 判别函数。$g_i(x) = P(\omega_i \mid x)(i = 1, 2, \cdots, C)$。

(2) 决策面方程。$g_i(x) = g_j(x)(i, j = 1, 2, \cdots, C, i \neq j)$。

(3) 决策规则。如果 $g_i(x) = \max\limits_j g_j(X)(i, j = 1, 2, \cdots, C)$，则 $X \in \omega_i$。

4.2 线 性 分 类

4.2.1 线性判别函数

利用线性判别函数将特征空间划分为若干个决策区域，然后根据待识别样本位于的决策区域来进行判类[4]。

1. 两类模式分类

对于两类问题，决策规则

$$g'(x) = g_1(x) - g_2(x) \begin{cases} >0 \to \omega_1 \\ =0 \to \text{或拒绝,或分到任一类等特殊处理} \\ <0 \to \omega_2 \end{cases} \quad (4.19)$$

判别函数 $g(x)=0$ 定义了一个超平面,称为决策面,即分界面,它把特征空间分成了三部分:

$$g(x) \begin{cases} >0 \to \text{正半空间} \\ =0 \to \text{超平面} \\ <0 \to \text{负半空间} \end{cases} \quad (4.20)$$

利用判别函数进行模式分类时,当待识别样 X 到来时:

若 $g(x)>0$ 时,判决 X 为 ω_1 类

若 $g(x)<0$ 时,判决 X 为 ω_2 类

如图 4.3 所示,利用判别函数将样本 ω_1 和 ω_2 分开。对于某些两类模式,用直线已不能将两类模式分开,分界线为二次曲线,其分类结果如图 4.4 所示。

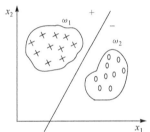 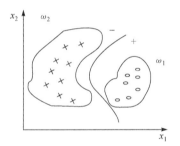

图 4.3　两类模式线性分类　　　　　图 4.4　两类模式二次曲线分类

对于图 4.4 所示的分类判决曲线,其判别函数可表示为

$$g(x) = w_1 x_1^2 + w_2 x_2^2 + w_3 x_1 x_2 + w_4 x_1 + w_5 x_1 + w_0 \quad (4.21)$$

此时分界面仍具有如下性质:

若 $g(x)>0$ 时,判决 X 为 ω_1 类

若 $g(x)<0$ 时,判决 X 为 ω_2 类

2. 线性判别函数

d 维特征空间中,若判别函数具有如下形式:

$$g(X) = w_1 x_1 + w_2 x_2 + \cdots + w_d x_d + w_0 = W^T X + w_0 \quad (4.22)$$

式中

$$X = [x_1, x_2, \cdots, x_n]^T \quad (4.23)$$

$$W = [w_1, w_2, \cdots, w_n]^T \quad (4.24)$$

W 称为权向量，w_0 称为阈值。则称满足上述定义的函数 $g(X)$ 为线性判别函数。由线性判别函数决定的判别面（决策面）方程为

$$W^T X + w_0 = 0 \tag{4.25}$$

不同的空间维度将定义不同的决策面，一般而言，决策面分为以下几种：

$$\text{决策面}\begin{cases} \text{一维：点} \\ \text{二维：直线} \\ \text{三维：平面} \\ \text{高维：超平面} \end{cases}$$

若令

$$Y = [1, x_1 x_2, \cdots, x_d]^T_{d+1维} \tag{4.26}$$

$$A = [w_0, w_1, w_2, \cdots, w_d]^T_{d+1维} \tag{4.27}$$

则线性判别函数可写为 $g(Y) = A^T Y$，此时决策面为过原点的超平面。

3. 多类情况下的线性判别函数

对于多类情况的分类，可以将多类问题化为多个二类问题，利用线性判别函数进行分类。多类模式分类，可分为三种情况。

（1）每个模式类均可用一个单独的线性判别界与其余模式类分开，如图 4.5 所示。

在这种情况下，分类共需 C 个判别函数，且具有如下性质：

$$g_i(X) = W_i^T X + w_0 \tag{4.28}$$

$$\begin{cases} g_i(X) > 0, & X \in \omega_i, i = 1, 2, \cdots, C \\ g_i(X) < 0, & X \notin \omega_i, i = 1, 2, \cdots, C \end{cases} \tag{4.29}$$

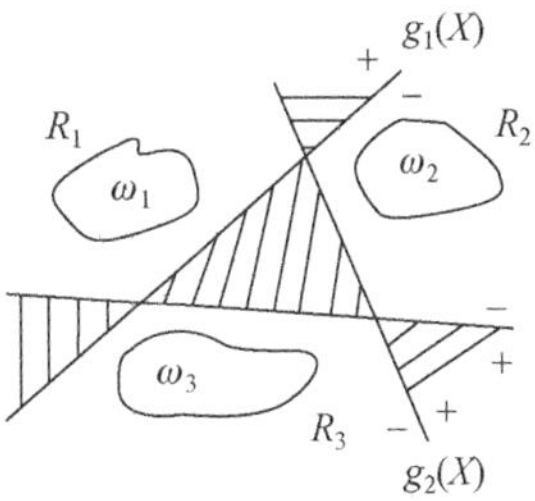

图 4.5 多类别模式分类情况（1）

当待识别样本到来时，若 $g_i(X) > 0$，且 $g_j(X) < 0$ 对所有的 $j, j \neq i$，则判决 $X \in \omega_i$。

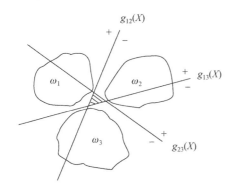

图 4.6 多类别模式分类情况（2）

该方法实质上是在特征空间中划分出 C 个区域，并根据待识别样本落入的区域来决定属于哪一类模式。但这种分类情况，将出现分类失效区或不定区，即存在多于一个的判别函数大于 0，或所有的判别函数都小于 0。失效区或不定区如图 4.5 中阴影部分所示。

（2）线性判别界只能将模式类两两分开，如图 4.6 所示。

当待识别样本 X 到来时，若对所有的

j,均有

$$g_{ij}(X)>0, \quad j=1,2,\cdots,C, j\neq i \tag{4.30}$$

则判决 $X\in\omega_i$。在这种情况下,仍然存在不定区,如图 4.6 中阴影部分所示。对不定区待识别样本,可以采用拒识策略。

（3）不考虑二类问题的线性判别函数,采用 C 个线性判别函数将 C 个模式分开,如图 4.7 所示。

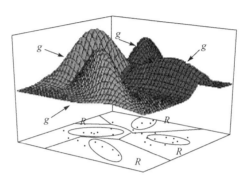

图 4.7　多类别模式分类情况(3)

判别函数为

$$g_i(X)=W_i^T X+w_{i0}, \quad i=1,2,\cdots,C \tag{4.31}$$

识别准则为:对所有的 $i\neq j$,若 $g_i(X)>g_j(X)$,则判决 $X\in\omega_i$。

在这种情况下,实际上是将特征空间划分为 $R_1,R_2,\cdots,R_C$ 共 C 个判别区域,当模式在 R_i 中时,$g_i(X)$ 具有最大的函数值。在这种情况下,不存在不定区。

4.2.2　线性分类器的学习算法

1. 线性分类器基础

线性判别函数一般具有如下一般形式:

$$g(X)=W^T X+w_0 \tag{4.32}$$

将其扩展到增广特征空间,令

$$Y=[1,x_1 x_2,\cdots,x_d]_{d+1维}^T \tag{4.33}$$

$$A=[w_0,w_1,w_2,\cdots,w_d]_{d+1维}^T \tag{4.34}$$

则线性判别函数可写为

$$g(Y)=A^T Y \tag{4.35}$$

判别面 $A^T Y=0$ 为过原点的超平面,根据判别函数的性质,对于二类问题有:

若 $g(Y)=A^T Y>0$,则 $Y\in\omega_1$ 类

若 $g(Y)=A^T Y<0$,则 $Y\in\omega_2$ 类

为了使所有学习样本均大于 0,令所有 ω_2 类样本:

$$Y = -Y \qquad (4.36)$$

则二类分类问题变为：由 N 个学习样本，找到权向量 A，使得对所有的学习样本有

$$A^{\mathrm{T}} Y_i > 0, \quad i = 1, 2, \cdots, N \qquad (4.37)$$

满足上述条件的向量 A 称为解向量，解向量并不唯一，即解为一个区域。如图 4.8 所示线性判别函数分类得到的解向量。

显然，若存在解向量 A 使得二类样本分类正确，则样本是线性可分的。

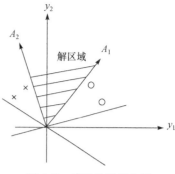

图 4.8　线性分类解向量

2. 感知准则梯降法

由上述可知，要对样本进行线性分类，则需要求解向量 A，即根据学习样本求解不等式组：

$$A^{\mathrm{T}} Y_i > 0, \quad i = 1, 2, \cdots, N \qquad (4.38)$$

要求解向量 A，直接求解不等式是比较困难的，可将求 A 的问题转化为标量准则函数求极值的问题，即定义一个标量函数 $J(A)$，它具有如下的性质：$J(A)$ 的值越小，判别面的分割质量越高。求标量函数对矢量的极值问题，可用优化方法中的梯度下降法来解决。标量函数 $J(A)$ 关于矢量 A 的梯度是一个向量，即

$$\nabla J(A) = \begin{bmatrix} \dfrac{\partial}{\partial a_1} \\ \dfrac{\partial}{\partial a_2} \\ \vdots \\ \dfrac{\partial}{\partial a_{d+1}} \end{bmatrix} J(A) \qquad (4.39)$$

$$A = \begin{bmatrix} a_1 \\ a_2 \\ \vdots \\ a_{d+1} \end{bmatrix} \qquad (4.40)$$

$\nabla J(A)$ 的方向是 $J(A)$ 在向量 A 处增加最快的方向，反之，负梯度 $-\nabla J(A)$ 是 $J(A)$ 在向量 A 处减小得最快的方向。$\nabla J(A)$ 的值的大小 $\| \nabla J(A) \|$ 表示 $J(A)$ 在 A 处变化率的大小，梯度等于 0 的点即是函数 $J(A)$ 的极值点。

定义感知准则函数为

$$J_P(A) = \sum_{Y \in Y_e(A)} (-A^{\mathrm{T}} Y) \qquad (4.41)$$

其含义是选择了解向量 A 后,被错分类的样本到判别面的距离之和。可见 $J_P(A)$ 满足 $J_P(A) \geqslant 0$,其存在极小值 0,此时无错分类样本。$J_P(A)$ 达到极小值时的解向量 A 即是欲求的解向量。

感知准则函数的梯度:

$$\nabla J_P(A) = \sum_{Y \in Y_e(A)} (-Y) \tag{4.42}$$

得到迭代公式

$$A_{k+1} = A_k + \rho \sum_{Y \in Y_e(A_k)} Y \tag{4.43}$$

根据迭代公式,求解向量 A:

(1) 令 $k = 1$,任意选取初始解向量 A_k。

(2) 遍历所有样本,计算 $A_k^{\mathrm{T}} Y$。

(3) 找出选择 A_k 后被错分类的样本(即 $A_k^{\mathrm{T}} Y < 0$ 的样本)。

(4) 令 $A_{k+1} = A_k + \rho \sum\limits_{Y \in Y_e(A)} Y$。

(5) 若 $A_{k+1} \approx A_k$,则停止,得到解向量 A。

(6) 否则,令 $k = k+1$,重复(3),直到结束。

3. 最小平方误差算法

原理:将求线性判别函数的不等式问题转化为求解等式的问题,即将不等式

$$A^{\mathrm{T}} Y_i > 0, \quad i = 1, 2, \cdots, N \tag{4.44}$$

变为

$$A^{\mathrm{T}} Y_i = b_i, \quad i = 1, 2, \cdots, n \tag{4.45}$$

式中,b_i 为任意指定的正常数。

定义 $n \times (d+1)$ 矩阵,其第 i 行是学习样本 Y_i 的各元素,即

$$\bar{Y} = \begin{bmatrix} y_{11} & y_{12} & \cdots & y_{1(d+1)} \\ y_{21} & y_{22} & \cdots & y_{2(d+1)} \\ \vdots & \vdots & & \vdots \\ y_{n1} & y_{n2} & \cdots & y_{n(d+1)} \end{bmatrix} \tag{4.46}$$

令

$$b = [b_1, b_2, \cdots, b_n]^{\mathrm{T}} \tag{4.47}$$

n 为学习样本总数,则式(4.45)等价于:

$$\bar{Y} A = b \tag{4.48}$$

假如 $\bar{Y}$ 是非奇异矩阵,则可直接计算解向量 $A = \bar{Y}^{-1} b$,但通常情况下,$\bar{Y}$ 的行数常大于列数,即 $\bar{Y} A = b$ 是方程式数目大于未知数数目的矛盾方程,无精确解。

此时可考虑寻找解向量 A,使 $\bar{Y} A$ 与 b 之间的误差极小化。

定义误差向量

$$e = \overline{Y}A - b \tag{4.49}$$

将平方误差定义为准则函数：

$$\| e \|^2 = \| \overline{Y}A - b \|^2 \tag{4.50}$$

即

$$J_s(A) = \| \overline{Y}A - b \|^2 \tag{4.51}$$

式(4.51)即为平方误差函数。

$J_s(A)$ 具有极小值 0，此时 A 即为 $\overline{Y}A = b$ 的解。

求解平方误差函数 $J_s(A)$ 的极值通常有两种方法：伪逆法和梯度下降法。

1）伪逆法求解 $J_s(A)$ 极值

由

$$J_s(A) = \| \overline{Y}A - b \|^2 = (\overline{Y}A - b)^{\mathrm{T}}(\overline{Y}A - b) \tag{4.52}$$

则梯度

$$\nabla_s J(A) = 2\overline{Y}^{\mathrm{T}}(\overline{Y}A - b) \tag{4.53}$$

令

$$\nabla_s J(A) = 0 \tag{4.54}$$

即

$$2\overline{Y}^{\mathrm{T}}(\overline{Y}A - b) = 0 \tag{4.55}$$

可得

$$\overline{Y}^{\mathrm{T}}\overline{Y}A = \overline{Y}^{\mathrm{T}}b \tag{4.56}$$

解得最佳解向量为

$$A = (\overline{Y}^{\mathrm{T}}\overline{Y})^{-1}\overline{Y}^{\mathrm{T}}b = \overline{Y}^{+}b \tag{4.57}$$

式中，$\overline{Y}^{+}$ 称为 $\overline{Y}$ 的伪逆矩阵。

2）梯度下降法求解 $J_s(A)$ 极值

由于 $\nabla_s J(A) = 2\overline{Y}^{\mathrm{T}}(\overline{Y}A - b)$，则得到迭代公式为

$$A_{k+1} = A_k - \rho_k \overline{Y}^{\mathrm{T}}(\overline{Y}A_k - b) \tag{4.58}$$

算法过程同感知准则函数求解向量 A 的梯度下降法步骤。

4. Fisher 线性分类函数

Fisher 线性分类基本思想为：在 d 维特征空间中，将所有样本投影到一条过原点的直线上，将维数压缩到 1 维。其目的是为了找到一个最优的投影方向，使投影后的样本最易于分类。如图 4.9 所示 Fisher 线性分类函数。

设给定两类学习样本集 $X(1)$ 和 $X(2)$，共 n 个学习样本，其中 ω_1 类样本 n_1 个，ω_2 类样本 n_2 个。现将任意学习样本 X_i 与权向量 W 作内积：

$$Y_i = W^{\mathrm{T}}X_i \tag{4.59}$$

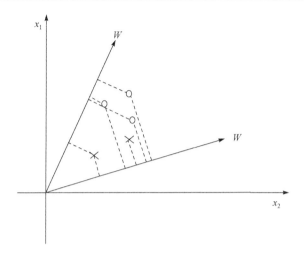

图 4.9　Fisher 线性分类函数

得到的 Y_i 即是 X_i 在 W 方向上投影后的样本。如图 4.10 所示。

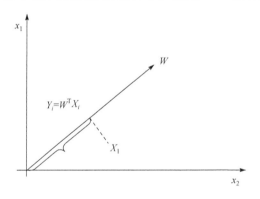

图 4.10　X_i 在 W 方向上的投影

定义两类样本投影前的均值分别为

$$M_1 = \frac{1}{n_1} \sum_{X \in X(1)} X \tag{4.60}$$

$$M_2 = \frac{1}{n_2} \sum_{X \in X(2)} X \tag{4.61}$$

两类样本投影后的均值分别为

$$\widetilde{M}_1 = \frac{1}{n_1} \sum_{Y \in Y(1)} Y = \frac{1}{n_1} \sum_{X \in X(1)} W^T X = W^T M_1 \tag{4.62}$$

$$\widetilde{M}_2 = \frac{1}{n_2} \sum_{Y \in Y(2)} Y = \frac{1}{n_2} \sum_{X \in X(2)} W^T X = W^T M_2 \tag{4.63}$$

定义类间离散度为

$$\| \widetilde{M}_1 - \widetilde{M}_2 \|^2 = \| W^T(M_1 - M_2) \|^2 \tag{4.64}$$

类间离散度反映了两类样本投影后的距离。

定义类内离散度为

$$\overline{S}_1^2 = \sum_{Y \in Y(1)} \| Y - \widetilde{M}_1 \|^2 = \sum_{X \in X(1)} \| W^T X - W^T M_1 \|^2$$
$$= \sum_{X \in X(1)} W^T(X - M_1)(X - M_1)^T W \tag{4.65}$$

$$\overline{S}_2^2 = \sum_{Y \in Y(2)} \| Y - \widetilde{M}_2 \|^2 = \sum_{X \in X(1)} \| W^T X - W^T M_2 \|^2$$
$$= \sum_{X \in X(1)} W^T(X - M_2)(X - M_2)^T W \tag{4.66}$$

类内离散度为投影后样本的方差。

定义 Fisher 线性函数为

$$Y = W^T X \tag{4.67}$$

求最佳解向量 W 使准则函数 $J(W)$ 取最大值：

$$J(W) = \frac{类间离散度}{类内离散度} = \frac{\| \widetilde{M}_1 - \widetilde{M}_2 \|^2}{\widetilde{S}_1^2 + \widetilde{S}_2^2} = \frac{WS_B W}{WS_w W} \tag{4.68}$$

式中

$$S_B = (M_1 - M_2)(M_1 - M_2)^T \tag{4.69}$$

$$S_w = \sum_{X \in X(1)} (X - M_1)(X - M_1)^T + \sum_{X \in X(2)} (X - M_2)(X - M_2)^T \tag{4.70}$$

求解 $J(W)$ 最大值,可用 Lagrange 乘数法求解,得到最佳解向量 W 为

$$W = S_w^{-1}(M_1 - M_2) \tag{4.71}$$

式(4.71)即为准则函数 $J(W)$ 的极大值解。

4.3 神经网络分类

4.3.1 概述

人工神经网络(artificial neural networks,ANN)是模仿脑细胞结构和功能、脑神经结构以及思维处理问题等脑功能,对人脑或自然神经网络的若干基本特性的抽象和模拟,进行分布式并行信息处理的算法数学模型,这种网络依靠系统的复杂程序,通过调整内部大量节点之间相互连接的关系,从而达到处理信息的目的。

人工神经网络的运行机理可简要描述为:将一个描述生物神经网络运行机理和工作过程抽象和简化为数学-物理模型,表达成为一个以其中的人工神经元为节点、以神经元之间的连接关系为路径权值的有向图,再由硬件或软件程序实现该有向图的运行,其运行结果体现生物神经系统的某些特殊能力。人工神经网络还具有自学习和自适应的能力,可以通过依靠提供的一批相互对应的输入-输出数

据,分析掌握两者之间潜在的规律,用新的输入数据来推算输出结果,这种学习分析的过程被称为"训练"。

4.3.2　组成

人工神经网络是由大量处理单元经广泛互连而组成的人工网络,用来模拟脑神经系统的结构和功能,而这些处理单元我们把它称作人工神经元。人工神经网络可看成是以人工神经元为节点,用有向加权弧连接起来的有向图。在此有向图中,人工神经元就是对生物神经元的模拟,而有向弧则是轴突-突触-树突对的模拟,有向弧的权值表示相互连接的两个人工神经元间相互作用的强弱,如图 4.11所示。

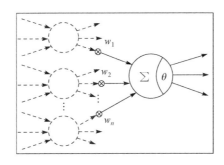

图 4.11　人工神经网络的组成

4.3.3　神经元原理与模型

1. 生物神经元的结构

神经细胞是构成神经系统的基本单元,称之为生物神经元,简称为神经元。神经元主要由三部分构成:①细胞体;②轴突;③树突。其结构如图 4.12 所示。

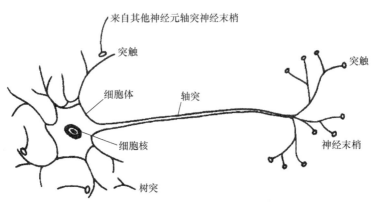

图 4.12　生物神经元结构

突触是神经元之间相互连接的接口部分,即一个神经元的神经末梢与另一个神经元的树突相接触的交界面,位于神经元的神经末梢尾端。突触也是轴突的终端。

2. 人工神经元模型

人工神经元模型具有三种基本元素:突触、加法器、激活函数,其模型图如图 4.13 所示。

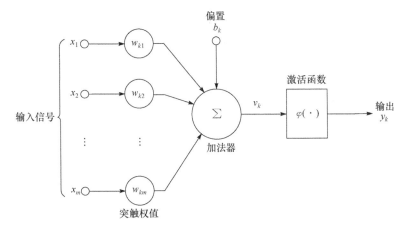

图 4.13　人工神经元模型

对于图 4.13 的人工神经元模型,可以用如下三个方程描述:

$$u_k = \sum_{j=1}^{m} w_{kj} x_j \tag{4.72}$$

$$v_k = u_k + b_k \tag{4.73}$$

$$y_k = \varphi(v_k) \tag{4.74}$$

以上各式中,w_{kj} 表示连接到神经元 k 的突触 j 上的输入信号的突触权值;x_j 为输入信号;u_k 为加法器输出;y_k 为输出信号;b_k 为偏置项,根据偏置项的正负可以控制激活函数的输入,从而调节输出。

3. 激活函数

在人工神经网络中,激活函数可以用来诱导神经网络的输出。在构造人工神经网络时,常用以下三种激活函数:

1) 阈值函数

$$\varphi(v) = \begin{cases} 1, & v \geqslant 0 \\ 0, & v < 0 \end{cases} \tag{4.75}$$

阈值函数又称为 Heaviside 函数,波形如图 4.14 所示。

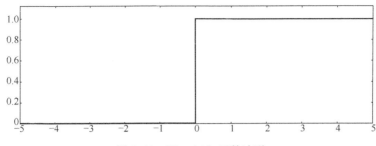

图 4.14　Heaviside 函数波形

2）Sigmoid 函数

$$\varphi(v)=\frac{1}{1+\mathrm{e}^{-v}} \tag{4.76}$$

Sigmoid 函数 $\varphi(v)$ 是一种"S 形"函数,是一个严格递增的函数,$\varphi(v)$ 取值范围为 $[0,1]$,它是在构造人工神经网络中最常用的激活函数,其函数波形如图 4.15 所示。

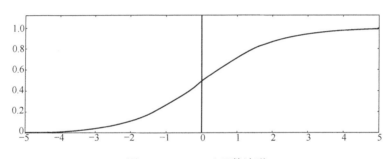

图 4.15　Sigmoid 函数波形

3）双曲正切函数（tanh 函数）

$$\varphi(v)=\frac{\mathrm{e}^{v}-\mathrm{e}^{v}}{\mathrm{e}^{v}+\mathrm{e}^{v}} \tag{4.77}$$

tanh 函数 $\varphi(v)$ 是一种特殊的"S 形"函数,取值范围为 $[-1,1]$,其函数波形如图 4.16 所示。

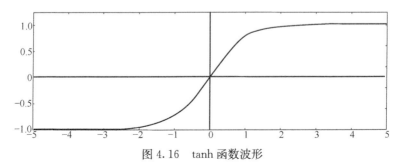

图 4.16　tanh 函数波形

4.3.4 感知器

感知器模型由美国心理学家 Rosenblatt 于 1958 年提出,目的是为研究大脑的存储、学习和认知过程。感知器模型的提出,将神经网络的研究从纯理论探讨引向了在工程上的实现,它是用于线性可分模式分类最简单的神经网络模型。

1. 单层感知器基本原理

Rosenblatt 提出的感知器模型是一个只有单层计算单元的前向神经网络,称为单层感知器,其结构图如图 4.17 所示。

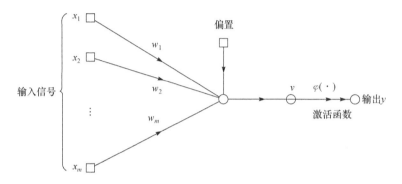

图 4.17 单层感知器结构

图 4.17 中,输入信号作用于突触上到达求和节点进行线性组合,与外部偏置共同作用,再经过激活函数得到输出结果。这里的激活函数 $\varphi(\cdot)$ 可以看做一个限幅器,当限幅器输入为正时,输出为 $+1$,反之,则输出为 -1。这样就实现了两类目标物体的分类。由图 4.17 的结构图可得到,限幅器输入可表示为

$$v = \sum_{i=1}^{m} w_i x_i + b \tag{4.78}$$

单层感知器进行模式分类时,根据 v 的正负,从而判断输出的类别。由此,可得到单层感知器进行模式识别的判决超平面 $v=0$,即

$$\sum_{i=1}^{m} w_i x_i + b = 0 \tag{4.79}$$

对于只有两个输入的判别边界是直线,如下式所示:

$$w_1 x_1 + w_2 x_2 + b = 0 \tag{4.80}$$

该判别边界可以将目标物体分为两类,即 l_1 类和 l_2 类,如图 4.18 所示。

2. 单层感知器学习算法思想及算法步骤

基于迭代的思想,单层感知器学习通常是采用误差校正学习规则的学习算法。

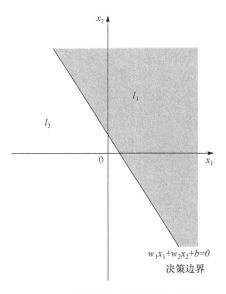

图 4.18　单层感知器两类模式分类

可以将偏差作为神经元突触权值向量的第一个分量加到权值向量中。输入向量和权值向量可分别写成如下的形式：

$$X(n) = [1, x_1(n), x_2(n), \cdots, x_m(n)]^{\mathrm{T}} \qquad (4.81)$$

$$W(n) = [b(n), w_1(n), w_2(n), \cdots, w_m(n)]^{\mathrm{T}} \qquad (4.82)$$

令式(4.82)等于零，可得到在多维空间的单层感知器的判别超平面。算法具体步骤如下：

(1) 变量和参量定义。$f(\cdot)$ 为激活函数，$y(n)$ 为网络实际输出，$d(n)$ 为期望输出，η 为学习速率，n 为迭代次数，N 为最大迭代次数，e 为实际输出与期望输出的误差，ε 为理想误差阈值。

(2) 初始化。令权值向量 $W(0)$ 的各个分量为一个较小的随机非零值，置 $n = 0$。

(3) 输入一组样本 $X(n) = [1, x_1(n), x_2(n), \cdots, x_m(n)]$，并给出该样本的期望输出 $d(n)$。

(4) 计算实际输出

$$y(n) = f\left(\sum_{i=0}^{m} w_i(n) x_i(n)\right) \qquad (4.83)$$

(5) 计算实际输出与期望输出的误差

$$e(n) = d(n) - y(n) \qquad (4.84)$$

(6) 判断终止条件，若

$$e(n) \leqslant \varepsilon \qquad (4.85)$$

或

$$n=N-1 \tag{4.86}$$

则迭代终止,否则利用下式更新权值:

$$w(n+1)=w(n)+\eta e(n)x(n) \tag{4.87}$$

$$n=n+1 \tag{4.88}$$

继续步骤(4),进行下一次迭代。

3. 单层感知器的缺点

单层感知器所解决的问题都是线性可分的问题,而对于线性不可分问题,单层感知器无法进行解决。如"异或"(XOR)问题,XOR 问题为线性不可分问题,XOR 运算定义如下:

$$y(x_1,x_2)=\begin{cases}0, & x_1=x_2 \\ 1, & \text{其他}\end{cases} \tag{4.89}$$

单层感知器无法解决 XOR 问题。

4. 多层感知器概述

与单层感知器比较,多层感知器则是在单层感知器的输出层和输出层之间加入了一层或多层处理单元,即隐藏层,就构成了多层感知器,如图 4.19 所示。单层感知器所解决的问题仅局限于线性可分的模式分类问题,而对于线性不可分情况,如 XOR 问题,单层感知器则无法解决。对于多层感知器来说,多层感知器克服了单层感知器的许多缺点,原来一些单层感知器无法解决的问题,在多层感知器中就可以解决。最典型的是利用多层感知器解决 XOR 问题,所用到的方法是反向传播算法。

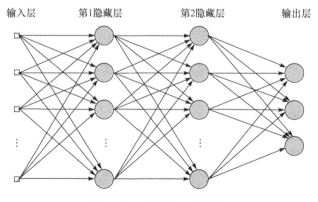

图 4.19　多层感知器结构

5. 多层感知器训练方法

训练多层感知器最常用的一种方法是反向传播算法(backpropagation algorithm,B-P 算法)。B-P 算法是一种用于前向多层网络的反向传播学习算法,其基本思想是:通过对组成前向多层网络的各人工神经元之间的连接权值进行不断的修改,从而使该前向多层网络能够将输入它的信息变换成所期望的输出信息。在修改各人工神经元的连接权值时,所依据的是该网络的实际输出与其期望的输出之差,将这一差值反向一层一层的传播,通过误差大小来决定接权值的修改。

1) B-P 算法原理

B-P 算法的学习目的是对网络的连接权值进行调整,使得调整后的网络对任一输入都能得到所期望的输出,B-P 算法的学习过程由前向传播和反向传播组成。

前向传播用于对前向网络进行计算。即对某一输入信息,经过在网络中一层一层的传播,直至到达输出层,求出它的输出结果。

反向传播用于逐层传递误差。通过比较实际输出与期望输出的误差,逐层反向传播,并修改神经元间的连接权值,以使网络对输入信息经过计算后所得到的输出能达到期望的误差要求。

2) B-P 算法步骤

以只含一层隐藏层的神经网络为例,设输入层有 n 个神经元,隐藏层有 p 个神经元,输出层有 q 个神经元。

(1) 变量定义。

输入向量:$X=(x_1,x_2,\cdots,x_n)$

隐藏层输入向量:$hi=(hi_1,hi_2,\cdots,hi_p)$

隐藏层输出向量:$ho=(ho_1,ho_2,\cdots,ho_p)$

输出层输入向量:$yi=(yi_1,yi_2,\cdots,yi_q)$

输出层输出向量:$yo=(yo_1,yo_2,\cdots,yo_q)$

期望输出向量:$d_o=(d_1,d_2,\cdots,d_q)$

输入层与中间层的连接权值:w_{ih}

隐藏层与输出层的连接权值:w_{ho}

隐藏层各神经元的阈值:b_h

输出层各神经元的阈值:b_o

样本数据个数:$k=1,2,\cdots,m$

激活函数:$f(\cdot)$

误差函数:

$$e = \frac{1}{2}\sum_{o=1}^{q}(d_o(k)-yo_o(k))^2 \qquad (4.90)$$

（2）网络初始化。

给各连接权值分别赋一个区间 $(-1,1)$ 内的随机数，设定误差函数 e，给定计算精度值 ε 和最大学习次数 M。

（3）随机选取第 k 个输入样本及对应期望输出

$$X(k)=(x_1(k),x_2(k),\cdots,x_n(k)) \tag{4.91}$$

$$d_o(k)=(d_1(k),d_2(k),\cdots,d_q(k)) \tag{4.92}$$

（前向传播）

（4）计算隐藏层各神经元的输入和输出

$$hi_h(k)=\sum_{i=1}^{n}w_{ih}x_i(k)-b_h,\quad h=1,2,\cdots,p \tag{4.93}$$

$$ho_h(k)=f(hi_h(k)),\quad h=1,2,\cdots,p \tag{4.94}$$

$$yi_o(k)=\sum_{h=1}^{p}w_{ho}ho_h(k)-b_o,\quad o=1,2,\cdots,q \tag{4.95}$$

$$yo_o(k)=f(yi_o(k)),\quad o=1,2,\cdots,q \tag{4.96}$$

（反向传播）

（5）利用网络期望输出和实际输出，计算误差函数对输出层的各神经元的偏导数 $\delta_0(k)$ 误差函数对输出层各神经元的偏导数为

$$\frac{\partial e}{\partial yi_o}=\frac{\partial\left[\dfrac{1}{2}\sum\limits_{o=1}^{q}(d_o(k)-yo_o(k))\right]^2}{\partial yi_o} \tag{4.97}$$

得

$$\frac{\partial e}{\partial yi_o}=-(d_o(k)-yo_o(k))yo'_o(k) \tag{4.98}$$

即

$$\frac{\partial e}{\partial yi_o}=-(d_o(k)-yo_o(k))f'(yi_o(k))\stackrel{\text{def}}{=\!=}-\delta_o(k) \tag{4.99}$$

（6）利用隐藏层到输出层的连接权值、输出层的 $\delta_0(k)$ 和隐藏层的输出计算误差函数对隐藏层各神经元的偏导数 $\delta_h(k)$。

误差函数对隐藏层各神经元的偏导数为

$$\frac{\partial e}{\partial hi_h(k)}=\frac{\partial e}{\partial ho_h(k)}\frac{\partial ho_h(k)}{\partial hi_h(k)} \tag{4.100}$$

式中

$$\frac{\partial e}{\partial ho_h(k)}=\frac{\partial\left[\dfrac{1}{2}\sum\limits_{o=1}^{q}(d_o(k)-yo_o(k))^2\right]}{\partial ho_h(k)} \tag{4.101}$$

$$yo_o(k) = f(yi_o(k)) = f\left(\sum_{h=1}^{p} w_{ho} ho_h(k) - b_o\right) \tag{4.102}$$

由式(4.101)及式(4.102)可得

$$\frac{\partial e}{\partial ho_h(k)} = -\sum_{o=1}^{q} (d_o(k) - yo_o(k)) f'(yi_o(k)) w_{ho} \tag{4.103}$$

将式(4.99)代入式(4.103)得

$$\frac{\partial e}{\partial ho_h(k)} = -\left(\sum_{o=1}^{q} \delta_o(k) w_{ho}\right) \tag{4.104}$$

而

$$\frac{\partial ho_h(k)}{\partial hi_h(k)} = f'(hi_h(k)) \tag{4.105}$$

式(4.100)可改写为

$$\frac{\partial e}{\partial hi_h(k)} = \frac{\partial e}{\partial ho_h(k)} \frac{\partial ho_h(k)}{\partial hi_h(k)} \overset{\text{def}}{=} -\delta_h(k) \tag{4.106}$$

（更新连接权值）

（7）利用输出层各神经元的 $\delta_0(k)$ 和隐藏层各神经元的输出来修正连接权值 $w_{h0}(k)$

由于

$$\frac{\partial e}{\partial w_{ho}} = \frac{\partial e}{\partial yi_o} \frac{\partial yi_o}{\partial w_{ho}} \tag{4.107}$$

式中

$$\frac{\partial yi_o(k)}{\partial w_{ho}} = \frac{\partial\left(\sum\limits_{h}^{p} w_{ho} ho_h(k) - b_o\right)}{\partial w_{ho}} = ho_h(k) \tag{4.108}$$

因此得

$$\frac{\partial e}{\partial w_{ho}} = \frac{\partial e}{\partial yi_o} \frac{\partial yi_o}{\partial w_{ho}} = -\delta_o(k) ho_h(k) \tag{4.109}$$

连接权值 w_{h0} 的修正项为

$$\Delta w_{ho}(k) = -\eta \frac{\partial e}{\partial w_{ho}} = \eta \delta_o(k) ho_h(k) \tag{4.110}$$

得到连接权值 w_{h0} 的更新公式为

$$w_{ho}^{N+1} = w_{ho}^{N} + \eta \delta_o(k) ho_h(k) \tag{4.111}$$

式中，η 为学习速率。

（8）利用隐藏层各神经元的 $\delta_h(k)$ 和输入层各神经元的输入修正连接权值 $w_{jh}(k)$

$$\frac{\partial e}{\partial w_{jh}} = \frac{\partial e}{\partial hi_h(k)} \frac{\partial hi_h(k)}{\partial w_{jh}} \tag{4.112}$$

式中

$$\frac{\partial hi_h(k)}{\partial w_{jh}} = \frac{\partial\left(\sum_{i=1}^{n} w_{jh} x_i(k) - b_h\right)}{\partial w_{jh}} = x_i(k) \tag{4.113}$$

将式(4.106)和式(4.113)代入式(4.112),得

$$\frac{\partial e}{\partial w_{jh}} = -\delta_h(k) x_i(k) \tag{4.114}$$

连接权值 w_{jh} 的修正项为

$$\Delta w_{jh}(k) = -\eta \frac{\partial e}{\partial w_{jh}} = \eta \delta_h(k) x_i(k) \tag{4.115}$$

得到连接权值 w_{jh} 的更新公式为

$$w_{jh}^{N+1} = w_{jh}^{N} + \eta \delta_h(k) x_i(k) \tag{4.116}$$

式中,η 为学习速率。

(算法终止条件判断)

(9) 计算全局误差

$$E = \frac{1}{2m} \sum_{k=1}^{m} \sum_{o=1}^{q} (d_o(k) - y_o(k))^2 \tag{4.117}$$

(10) 判断算法结束条件。

当误差达到预设精度或学习次数大于设定的最大次数,则算法结束。否则,选取下一个学习样本及对应的期望输出,返回到步骤(4),进入下一次迭代。

3) 算法优缺点

B-P 算法是多层感知机学习的一个重要的算法之一,一般来说,它具有以下几个优点:

(1) 非线性映射能力。B-P 神经网络实质上实现了一个从输入到输出的映射功能,数学理论证明三层的神经网络就能够以任意精度逼近任何非线性连续函数。这使得其特别适合于求解内部机制复杂的问题,即 B-P 神经网络具有较强的非线性映射能力[5]。

(2) 自学习和自适应能力。B-P 神经网络在训练时,能够通过学习自动提取输出、输出数据间的"合理规则",并自适应的将学习内容记忆于网络的权值中。即 B-P 神经网络具有高度自学习和自适应的能力。

(3) 泛化能力。所谓泛化能力是指在设计模式分类器时,即要考虑网络在保证对所需分类对象进行正确分类,还要关心网络在经过训练后,能否对未见过的模式或有噪声污染的模式,进行正确的分类。也即 B-P 神经网络具有将学习成果应

用于新知识的能力。

（4）容错能力。B-P 神经网络在其局部的或者部分的神经元受到破坏后对全局的训练结果不会造成很大的影响，也就是说即使系统在受到局部损伤时还是可以正常工作的。即 B-P 神经网络具有一定的容错能力。

B-P 算法除了拥有以上几个优点外，同时也存在一些缺点：

（1）收敛速度慢。由于 B-P 神经网络算法本质上为梯度下降法，它所要优化的目标函数非常复杂，因此，这将导致 B-P 算法的效率降低，即出现收敛速度慢的问题。

（2）局部极小问题。从数学角度看，传统的 B-P 神经网络为一种局部搜索的优化方法，它要解决的是一个复杂非线性化问题，网络的权值是通过沿局部改善的方向逐渐进行调整的，这样会使算法陷入局部极值，权值收敛到局部极小点。从表面上看，误差符合要求，但这时所得到的极小值解并不一定是问题的真正解。因此，B-P 算法收敛到局部极小值的问题也影响到最终的训练。

（3）神经网络结构选择不一。B-P 神经网络结构的选择至今尚无一种统一而完整的理论指导，一般只能由经验选定。网络结构选择过大，训练中效率不高，可能出现过拟合现象，造成网络性能低，容错性下降；若选择过小，则又可能会造成网络不收敛。而网络的结构直接影响网络的逼近能力及推广性质，因此，应用中如何选择合适的网络结构是一个重要的问题。

（4）旧样本遗忘现象。B-P 神经网络在训练新样本时，对于之前训练过的旧样本，并没有很好的记忆功能，导致出现训练新本而遗忘旧样本的现象出现。

4）改进方法[6]

由于 B-P 神经网络存在的一些缺点，导致神经网络的学习不能达到良好的效果，因此，可以利用一些改进的方法来调整 B-P 神经网络，以达到良好的学习效果。对于 B-P 神经网络的改进方法，目前有效的改进方法有以下几种：

（1）增加动量项。为了加快算法收敛速度，改进收敛特征，并使值变化平滑，可在权值调整公式中增加一动态修正量，利用附加的动量项可以平滑梯度方向的剧烈变化，同时，附加动量的作用可能使 B-P 算法在收敛时滑过一些局部极小值，而达到全局极小值。

（2）自适应调整学习速率。学习速率也称为学习步长，学习步长对收敛速度有较大的影响，直接影响训练时间和训练精度。在 B-P 神经网络的学习过程中，若学习步长取值较小，则收敛速度很慢；若取值过大，迭代过程中可能会出现振荡以致发散。因此，为了能保证学习速度尽可能快，同时也要保证收敛精度，应自适应调节学习步长。其基本原则是：检查权值是否真正降低了误差函数，若确实如此，则说明所选学习步长过小，可以适当增大学习步长；若不是这样，而产生了过调，那么应该减少学习步长的大小。

（3）动量-自适应学习速率调整算法。当采用前述的动量法时，B-P 算法可以找到全局最优解，而当采用自适应学习速率时，B-P 算法可以提高收敛速率，从而缩短训练时间，将两种方法结合起来，可以用来训练神经网络，该方法就称为动量-自适应学习速率调整算法。

4.4　支持向量机

4.4.1　概述

支持向量机（support vector machine，SVM）是 20 世纪 90 年代中期发展起来的基于统计学习理论的一种机器学习方法[7]，通过寻求结构化风险来提高学习机泛化能力，实现经验风险和置信范围的最小化[8]，从而达到在统计样本量较少的情况下，亦能获得良好统计规律的目的。通俗来讲，它是一种二类分类模型，其基本模型定义为特征空间上的间隔最大的线性分类器，即支持向量机的学习策略便是间隔最大化，最终可转化为一个凸二次规划问题的求解。

4.4.2　线性分类器

1. Logisic 回归

Logistic 回归目的是从特征学习出一个 0/1 分类模型，而这个模型是将特征的线性组合作为自变量，由于自变量的取值范围是负无穷到正无穷，因此，使用 Logistic 函数（或称作 sigmoid 函数）将自变量映射到 $(0,1)$ 上，映射后的值被认为是属于 $y=1$ 的概率。

定义

$$h_\theta(x) = g(\theta^T x) = \frac{1}{1+e^{-\theta^T x}} \tag{4.118}$$

式中，函数 g 即为 Logistic 函数；x 是 n 维特征向量。令 $z=\theta^T x$，则

$$g(z) = \frac{1}{1+e^{-z}} \tag{4.119}$$

式（4.119）函数图像如图 4.20 所示，将无穷映射到 $(0,1)$。

对于二类（0/1）问题，要判别某一新类属于哪一类时，可根据

$$P(y=1|x;\theta) = h_\theta(x) \tag{4.120}$$

$$P(y=1|x;\theta) = 1 - h_\theta(x) \tag{4.121}$$

当 $h_\theta(x)$ 大于 0.5，则判定该类为 1 类，反之属于 0 类。

2. 线性分类原理

给定一些数据点，它们分别属于两个不同的类，现在要找到一个线性分类器把

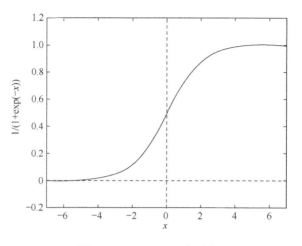

图 4.20　Logistic 函数图形

这些数据分成两类。如果用 x 表示数据点,用 y 表示类别(y 可以取 1 或者 -1,分别代表两个不同的类),一个线性分类器的学习目标便是要在 n 维的数据空间中找到一个超平面(hyper plane),这个超平面的方程可以表示为

$$w^T x + b = 0 \qquad\qquad (4.122)$$

根据前一小节中介绍的 Logistic 回归,将 Logistic 回归中的结果标签 $y=0$ 和 $y=1$ 替换为 $y=-1$ 和 $y=1$,然后将 $\theta^T x = \theta_0 + \theta_1 x_1 + \theta_2 x_2 + \cdots + \theta_n x_n (x_0 = 1)$ 中的 θ_0 替换为 b,$\theta_1 x_1 + \theta_2 x_2 + \cdots + \theta_n x_n$ 替换为 $w^T x$,则有

$$\theta^T x = w^T x + b \qquad\qquad (4.123)$$

由此可见,线性分类函数与 Logistic 回归函数相似,仅分类标签由 $y=0$ 变为了 $y=-1$。而事实上,线性分类器的分类标准起源于 Logistic 回归。

对于线性分类函数,我们可以设函数 $h_{w,b}(x) = g(w^T x + b) = g(z)$,则将其简单映射到 $y=-1$ 和 $y=1$ 上,关系如下:

$$g(z) = \begin{cases} 1, & z \geq 0 \\ -1, & z < 0 \end{cases} \qquad\qquad (4.124)$$

3. 线性分类示例

假设有一个二维平面,平面上有两种不同的数据,分别用〇和×表示。因为这些数据是线性可分的,所以可以用一条直线将这两类数据分开,这条直线就相当于一个超平面,超平面一边的数据点所对应的 y 全是 1,而另一边所对应的 y 全是 -1,如图 4.21 所示。

这个超平面可用 $f(x) = w^T x + b$ 表示,当 $f(x)$ 等于 0 的时候,x 便是位于超平面上的点,而 $f(x)$ 大于 0 的点对应 $y=1$ 的数据点,$f(x)$ 小于 0 的点对应 $y=$

-1的点,如图 4.22 所示。

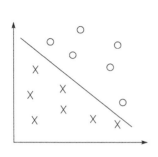

图 4.21　线性分类器示例

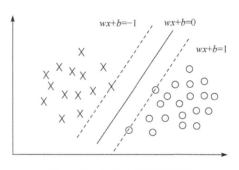

图 4.22　支持向量分类示例

由上例二类分类问题可了解到,进行分类最主要的任务是找到一个能区分两类的超平面。从直观上而言,这个超平面应该是最适合分开两类数据的直线。换言之,找出能使两边的数据间隔最大的一条直线,即为最优超平面。寻找最大间隔超平面即为支持向量机分类的核心思想。

4. 最大间隔分类器

1) 函数间隔与几何间隔

在超平面 $w^{\mathrm{T}}x+b=0$ 确定的情况下,$|w^{\mathrm{T}}x+b|$ 能够表示点 x 距离超平面的远近,而通过观察 $w^{\mathrm{T}}x+b$ 的符号与类标记 y 的符号是否一致可判断分类是否正确,所以,可以用 $y(w^{\mathrm{T}}x+b)$ 的正负性来判定或表示分类的正确性。

定义函数间隔(用 $\hat{\gamma}$ 表示)为

$$\hat{\gamma}=y(w^{\mathrm{T}}x+b)=yf(x) \tag{4.125}$$

几何间隔定义为点到超平面的距离。假定对于一个点 x,令其垂直投影到超平面上的对应点为 x_0,w 是垂直于超平面的一个向量,为样本 x 到分类间隔的距离,如图 4.23 所示。

有 $x=x_0+\gamma\dfrac{w}{\|w\|}$,其中 $\|\cdot\|$ 表示范数。又由于 x_0 是超平面上的点,满足 $f(x_0)=0$,代入超平面方程 $w^{\mathrm{T}}x+b=0$,得

$$\gamma=\frac{w^{\mathrm{T}}x+b}{\|w\|}=\frac{f(x)}{\|w\|} \tag{4.126}$$

为使几何间隔(用 $\tilde{\gamma}$ 表示)始终为正,令 γ 乘上对应的类别 y,得

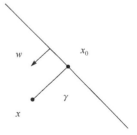

图 4.23　几何间隔图示

$$\tilde{\gamma} = y\gamma = \frac{\hat{\gamma}}{\|w\|} \qquad (4.127)$$

从上述函数间隔和几何间隔的定义可以看出:几何间隔就是函数间隔除以 $\|w\|$,且函数间隔 $y(w^{\mathrm{T}}x+b)=yf(x)$ 实际上就是 $|f(x)|$,只是人为定义的一个间隔度量,而几何间隔 $|f(x)|/\|w\|$ 才是直观上的点到超平面的距离。

2) 最大间隔分类器定义

由之前的介绍中了解到,设计良好的分类器需要寻找一个最大间隔超平面。这里,设计最大间隔分类器即寻找一个使几何间隔最大的超平面,由此,最大间隔分类器的目标函数可定义为

$$\max \tilde{\gamma} \qquad (4.128)$$

同时,需要满足

$$y_i(w^{\mathrm{T}}x_i+b) \geqslant \hat{\gamma}, \quad i=1,\cdots,n \qquad (4.129)$$

由 $\tilde{\gamma}=y\gamma=\dfrac{\hat{\gamma}}{\|w\|}$ 知,令 $\hat{\gamma}=1$,则 $\tilde{\gamma}=\dfrac{1}{\|w\|}$,且 $y_i(w^{\mathrm{T}}x_i+b)\geqslant 1$,从而上述目标函数转化成

$$\max \frac{1}{\|w\|}, \quad \text{s. t. } y_i(w^{\mathrm{T}}x_i+b) \geqslant 1, \quad i=1,\cdots,n \qquad (4.130)$$

由此,求解最大间隔超平面的过程即转化为求解目标函数(4.130)的过程,最大几何间隔即为 $\max \dfrac{1}{\|w\|}$。

4.4.3　非线性分类器

1. 原始问题化对偶问题求解

根据式(4.130),求解 $\dfrac{1}{\|w\|}$ 最大值,可化为求解 $\dfrac{1}{2}\|w\|^2$ 最小值,即式(4.130)可等价于下式:

$$\min \frac{1}{2}\|w\|^2, \quad \text{s. t. } y_i(w^{\mathrm{T}}x_i+b) \geqslant 1, \quad i=1,\cdots,n \qquad (4.131)$$

由式(4.131)可看出目标函数为二次函数,约束条件是线性的,所以它是一个凸二次规划问题。可以通过拉格朗日对偶性变换到对偶变量的优化问题,即通过求解与原问题等价的对偶问题得到原始问题的最优解,这就是线性可分条件下支持向量机的对偶算法,这样做的优点在于:一是对偶问题往往更容易求解;二是可以自然地引入核函数,进而推广到非线性分类问题。

引入拉格朗日乘子,定义拉格朗日函数

$$L(w,b,\alpha) = \frac{1}{2} \| w \|^2 - \sum_{i=1}^{n} \alpha_i [y_i(w^{\mathrm{T}} x_i + b) - 1] \tag{4.132}$$

令

$$\theta(w) = \max_{\alpha_i \geqslant 0} L(w,b,\alpha) \tag{4.133}$$

当所有约束条件都满足时,则有 $\theta(w) = \frac{1}{2} \| w \|^2$。根据式(4.131),最小化 $\frac{1}{2} \| w \|^2$,即最小化 $\theta(w)$,则目标函数可改写为

$$\min_{w,b} \theta(w) = \min_{w,b} \max_{\alpha_i \geqslant 0} L(w,b,\alpha) = p^* \tag{4.134}$$

式中,p^* 即为问题的最优解,为了求解方便,不妨将求解最大最小次序颠倒,即

$$\max_{\alpha_i \geqslant 0} \min_{w,b} L(w,b,\alpha) = d^* \tag{4.135}$$

交换后,新问题是原始问题的对偶问题,这个新问题的最优值用 d^* 来表示,且 $d^* \leqslant p^*$,在满足 KKT(Karush-Kuhn-Tucker)最优化条件下二者相等,这时可通过求解对偶问题来间接地求解原始问题(原始问题通过满足 KKT 条件,转化成了对偶问题)。

求解原始问题的对偶问题,需要经过三个步骤:①求 L 最小化条件下 w 和 b;②对 α 求极大;③利用 SMO 算法求解对偶问题中的拉格朗日乘子。

对偶问题求解步骤如下:

(1) 分别令 L 对 w 和 b 的导数为零,即

$$\frac{\partial L}{\partial w} = 0 \rightarrow w = \sum_{i=1}^{n} \alpha_i y_i x_i \tag{4.136}$$

$$\frac{\partial L}{\partial b} = 0 \rightarrow \sum_{i=1}^{n} \alpha_i y_i = 0 \tag{4.137}$$

分别将式(4.136)、式(4.137)代入式(4.132),得

$$L(w,b,\alpha) = \sum_{i=1}^{n} \alpha_i - \frac{1}{2} \sum_{i,j=1}^{n} \alpha_i \alpha_j y_i y_j x_i^{\mathrm{T}} x_j \tag{4.138}$$

由式(4.138)可看出,拉格朗日函数已变为关于单变量 α 的函数。

(2) 式(4.138)对 α 求极大,即求解以下目标函数:

$$\max_{\alpha} \left\{ \sum_{i=1}^{n} \alpha_i - \frac{1}{2} \sum_{i,j=1}^{n} \alpha_i \alpha_j y_i y_j x_i^{\mathrm{T}} x_j \right\}$$
$$\text{s. t.} \quad \alpha_i \geqslant 0, \quad i = 1, \cdots, n \tag{4.139}$$
$$\sum_{i=1}^{n} \alpha_i y_i = 0$$

求出 α_i 后,根据

$$w^* = \sum_{i=1}^{n} \alpha_i y_i x_i \tag{4.140}$$

$$b^* = -\frac{\max\limits_{i} w^{*\mathrm{T}} x_i \big|_{y_i=-1} + \min\limits_{i} w^{*\mathrm{T}} x_i \big|_{y_i=1}}{2} \tag{4.141}$$

即可求出 w 和 b，最终得出分离超平面和分类决策函数。

（3）在求得 $L(w,b,\alpha)$ 关于 w 和 b 最小化，以及对 α 的极大之后，最后一步便是利用 SMO 算法求解对偶问题中的拉格朗日乘子。

2. 核函数功能

很多情况下，我们需要分类的数据都是线性不可分数据，这时，一种解决方法是，选择一个核函数（Kernel）K，将原始数据映射到高维空间，使原始数据线性不可分问题变为在高维空间线性可分的问题。如图 4.24 所示，线性不可分数据经核函数映射后，变为线性可分。

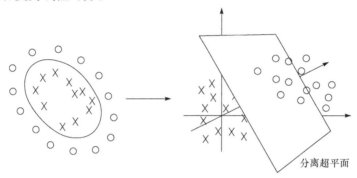

图 4.24　核函数映射分类

设原始数据原来的分类函数为

$$f(x) = w^{\mathrm{T}} x + b \tag{4.142}$$

使用核函数后，原始特征空间 x 映射为 $\phi(x)$，即 $x \rightarrow \phi(x)$，则经核函数映射后的分类函数为

$$f(x) = w^{\mathrm{T}} \phi(x) + b \tag{4.143}$$

事实上，得到的式（4.143）是比较低效的，这是由于映射 ϕ 不容易找到。考虑到

$$f(x) = w^{\mathrm{T}} x + b = \left(\sum_{i=1}^{n} \alpha_i y_i x_i \right)^{\mathrm{T}} x + b = \sum_{i=1}^{n} \alpha_i y_i \langle x_i, x \rangle + b \tag{4.144}$$

式中，$\langle x_i, x \rangle$ 表示内积，$\langle x_i, x \rangle = x_i^{\mathrm{T}} x$。设核函数为 $K(x_i, x)$，则经核函数映射后，得到的分类函数为

$$f(x) = \sum_{i=1}^{n} \alpha_i y_i K(x_i, x) + b \tag{4.145}$$

其中 α 可由如下对偶问题计算而得：

$$\max_\alpha\left\{\sum_{i=1}^n\alpha_i-\frac{1}{2}\sum_{i,j=1}^n\alpha_i\alpha_jy_iy_jK(x_i,x)\right\}$$

$$\mathrm{s.t.}\quad\alpha_i\geqslant0,\quad i=1,\cdots,n \tag{4.146}$$

$$\sum_{i=1}^n\alpha_iy_i=0$$

这样就避开了直接在高维空间中进行计算,而结果却是等价的。核函数实际上是事先在低维空间进行运算,而将实质的分类效果表现在高维空间上,即避免了直接在高维空间中进行计算。

3. 几个常用的核函数

根据问题和数据的不同,选择不同的核函数。

1)多项式核

$$K(x_1,x_2)=(\langle x_1,x_2\rangle+R)^d \tag{4.147}$$

对应的映射后空间维度为 C_{n+d}^d,其中 n 是原始空间的维度。

2)高斯核

$$K(x_1,x_2)=\exp\left(\frac{-\parallel x_1-x_2\parallel^2}{2\sigma^2}\right) \tag{4.148}$$

高斯核具有相当高的灵活性,通过调整参数 σ,使得原始数据能较好地映射到高维空间。同时,高斯核也是使用最广泛的核函数之一,如图 4.25 所示,利用高斯核将低维空间线性不可分数据映射到高维空间。

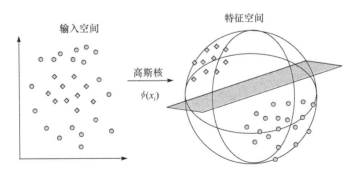

图 4.25　高斯核函数低维空间映射到高维空间示意图

3)线性核

$$K(x_1,x_2)=\langle x_1,x_2\rangle \tag{4.149}$$

实际上就是原始空间中的内积。

4. 离群点处理方法

在某些线性不可分的样本数据中,可能存在一些偏离正常位置的数据点,这些点称之为离群点,也可称为噪点。这些离群点可能会对分类造成很大的影响,如使得分类超平面的移动,造成分类效果降低。如图 4.26 所示,由于样本数据中存在一个离群点(图 4.26(b)),导致分类超平面的移动。

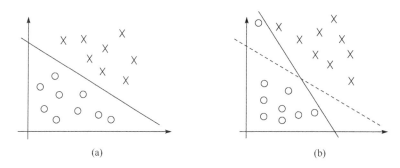

图 4.26　样本数据中的离群点对分类的影响

由图 4.26(b)中可见,由于存在一个离群点,导致原先分类良好的超平面移动,直接影响到最终的分类结果。为了处理这样的离群点,将约束条件变为

$$y_i(w^{\mathrm{T}}x_i+b)\geqslant 1-\xi_i, \quad i=1,\cdots,n \tag{4.150}$$

$$\xi_i\geqslant 0, \quad i=1,\cdots,n \tag{4.151}$$

式中,ξ_i 称为松弛变量,对应数据点 x_i 允许偏离函数间距的量。加上松弛变量后,目标函数应变为

$$\min \frac{1}{2}\parallel w\parallel^2 + C\sum_{i=1}^{n}\xi_i \tag{4.152}$$

式中,C 是离群点的权重,称为处罚因子。C 越大表明离群点对目标函数影响越大,即越希望去除离群点。

重新构造拉格朗日函数如下:

$$L(w,b,\alpha,\gamma)=\frac{1}{2}\parallel w\parallel^2+C\sum_{i=1}^{n}\xi_i-\sum_{i=1}^{n}\alpha_i[y_i(w^{\mathrm{T}}x_i+b)-1+\xi_i]-\sum_{i=1}^{n}\gamma_i\xi_i \tag{4.153}$$

这里的 α、γ 均为拉格朗日乘子。同样,根据 4.4.3 节中对偶问题求解步骤,有

分别令 L 对 w、b 和 ξ 的导数为零:

$$\frac{\partial L}{\partial w}=0\to w=\sum_{i=1}^{n}\alpha_i y_i x_i \tag{4.154}$$

$$\frac{\partial L}{\partial b}=0\to \sum_{i=1}^{n}\alpha_i y_i=0 \tag{4.155}$$

$$\frac{\partial L}{\partial \xi} = 0 \rightarrow C - \alpha_i - \gamma_i = 0, \quad i = 1, \cdots, n \tag{4.156}$$

分别将式(4.154)～式(4.156)代入式(4.153),得

$$L(w, b, \alpha) = \sum_{i=1}^{n} \alpha_i - \frac{1}{2} \sum_{i,j=1}^{n} \alpha_i \alpha_j y_i y_j x_i^{\mathrm{T}} x_j \tag{4.157}$$

求解以下目标函数:

$$\max_{\alpha} \left\{ \sum_{i=1}^{n} \alpha_i - \frac{1}{2} \sum_{i,j=1}^{n} \alpha_i \alpha_j y_i y_j x_i^{\mathrm{T}} x_j \right\}$$
$$\text{s. t.} \quad 0 \leqslant \alpha_i \leqslant C, i = 1, \cdots, n \tag{4.158}$$
$$\sum_{i=1}^{n} \alpha_i y_i = 0$$

参 考 文 献

[1] 张连问,郭海鹏. 贝叶斯网引论[M]. 北京:科学出版社,2006.

[2] 边肇祺,张学工. 模式识别(第二版)[M]. 北京:清华大学出版社,2006.

[3] Duda R O, Hart P E, Stork D G. Pattern Classification. 2nd Ed. [M]. Beijing: Machine Press, 2003.

[4] Trevor H, Robert T, Jerome F. The Elements of Statistical Learning: Data Mining, Inference, and Prediction. 2nd Ed. [M]. New York: Springer Series in Statistics, 2009.

[5] Robet K, Jure Z. Application of a feed-forward artifical neural network as a mapping device [J]. Journal of Chemical Information and Computer Science, 1997; 37, 985-989.

[6] Xiao H Y, Guo A C. Efficient backpropagation learning using optimal learning rate and momentum[J]. Neural Network, 1997, 10(3): 517-527.

[7] Cristianini N, Taylor J S. 支持向量机导论[M]. 李国正,王猛,曾华军,译. 北京:电子工业出版社,2004.

[8] 张学工. 关于统计学习理论与支持向量机[J]. 自动化学报,2000,26(1):32-41.

第5章 基于贝叶斯决策的细胞及性别和鱼类识别

5.1 贝叶斯决策描述

1. 贝叶斯决策理论

贝叶斯决策(Bayesian decision)就是在不完全情报下,对部分未知的状态用主观概率估计,然后用贝叶斯公式对发生概率进行修正,最后再利用期望值和修正概率做出最优决策[1]。

贝叶斯决策属于风险型决策[2],决策者虽不能控制客观因素的变化,但却掌握其变化的可能状况及各状况的分布概率,并利用期望值即未来可能出现的平均状况作为决策准则。

贝叶斯决策理论方法是统计模型决策中的一个基本方法,其基本思想是:①根据已知类条件概率密度参数表达式和先验概率;②利用贝叶斯公式转换成后验概率;③依据后验概率大小进行决策分类。应用贝叶斯决策的前提条件是:①已知各类别总体的概率分布;②已知决策分类的类别数。

2. 贝叶斯决策的重要公式[3]

(1) 先验概率:$P(\omega_i)$,表示第 ω_i 类的先验概率。

(2) 后验概率:$P(\omega_i|x)$,表示样本 x 属于第 ω_i 类的后验概率。

(3) 类条件概率:$P(x|\omega_i)$,表示 ω_i 类属性值为 x 的概率。

(4) 贝叶斯公式:$P(\omega_i|x)=\dfrac{P(x|\omega_i)P(\omega_i)}{P(x)}$,后验概率与先验概率及类条件概率的关系。

3. 贝叶斯决策的判决准则

两类问题最小错误率判别准则:

$$\begin{cases} 如果\ P(\omega_1|x)>P(\omega_2|x), & x\in\omega_1 \\ 如果\ P(\omega_1|x)<P(\omega_2|x), & x\in\omega_2 \end{cases}$$

观察到特征 x 时作出判别的错误率:

$$P(\text{error}|x)=\begin{cases} P(\omega_1|x), & 判定为\ \omega_2 \\ P(\omega_2|x), & 判定为\ \omega_1 \end{cases}$$

4. 贝叶斯决策实现的简单步骤

（1）先验概率的计算。

（2）条件概率的计算。

（3）对训练样本进行训练，求出正态分布的参数（常假设样本服从正态分布）。

（4）最后对待训练样本进行分类。

5.2　基于贝叶斯决策的细胞识别

5.2.1　细胞识别问题描述

假设每个要识别的细胞已作过预处理，并抽取出了 d 个特征描述量，用一个 d 维的特征向量 x 表示，识别的目的是要依据该 x 向量将细胞划分为正常细胞或者异常细胞。用 ω_1 表示是正常细胞，而 ω_2 则属于异常细胞。

类别的状态是一个随机变量，而某种状态出现的概率是可以估计的。概率的估计包含两层含义，一是由统计资料表明，正常细胞与异常细胞在统计意义上的比例，这称为先验概率 $P(\omega_1)$ 及 $P(\omega_2)$，另一种则分别表示所检查细胞呈现出的不同属性的概率密度函数 $P(x|\omega_1)$ 和 $P(x|\omega_2)$。显然，在一般情况下正常细胞占比例大，即 $P(\omega_1)>P(\omega_2)$，因此如果我们不对具体的细胞化验值作仔细观察，作出该细胞是正常细胞的判决，在统计的意义上来说，也就是平均意义上说，错判可能性比判为异常细胞时小。但是仅按先验概率来决策，就会把所有细胞都划归为正常细胞，并没有达到将正常细胞与异常细胞区分开的目的。这表明由先验概率所提供的信息太少。

为此，我们还必须利用对细胞作病理分析所观测到的信息，也就是所抽取到的 d 维观测向量。为简单起见，我们假定只用其一个特征进行分类，即 $d=1$，并已知这两类的类条件概率密度函数分布，如图 5.1 所示，其中 $P(x|\omega_1)$ 是正常细胞的属性分布，$P(x|\omega_2)$ 是异常细胞的属性分布。那么，当观测向量为 x 值时，它属于各类的概率又是多少呢？为此我们可以利用贝叶斯公式，来计算这种条件概率，称之为状态的后验概率 $P(\omega_i|x)$。

类条件概率密度函数 $P(\omega_i|x)$ 是指 ω_i 条件下在一个连续的函数空间出现 x 的概率密度，在这里指第 ω_i 类样本的属性 x 是如何分布的。根据贝叶斯法则，在得到一个待识别量的观测状态 x 后，可以通过先验概率 $P(\omega_i)$ 及类别条件概率密度函数 $P(x|\omega_i)$，计算得出在呈现状态 x 时，该样本分属各类别的概率，即后验概率，如图 5.2 所示。显然这个概率值可以作为识别对象判属的依据。基于最小错误概率的贝叶斯决策理论就是按后验概率的大小作判决的。

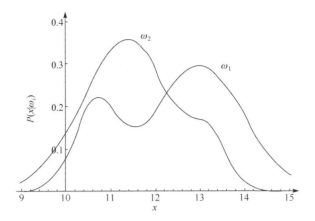

图 5.1　正常细胞与异常细胞的类条件概率密度分布

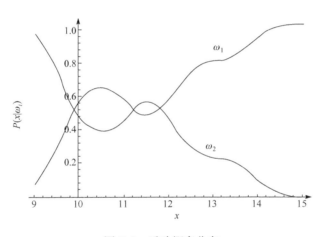

图 5.2　后验概率分布

5.2.2　基于最小错误准则的细胞识别

假设在某地区切片细胞中正常(ω_1)和异常(ω_2)两类的先验概率分别为 $P(\omega_1)=0.9,P(\omega_2)=0.1$。现有一待识别细胞呈现出状态 x,由其类条件概率密度分布曲线查得 $P(x|\omega_1)=0.2,P(x|\omega_2)=0.4$,试对细胞 x 进行分类。

解　利用贝叶斯公式,分别计算出状态为 x 时 ω_1 与 ω_2 的后验概率

$$P(\omega_1|x)=\frac{P(x|\omega_1)P(\omega_1)}{\displaystyle\sum_{j=1}^{c}P(x|\omega_j)P(\omega_j)}=\frac{0.2\times0.9}{0.2\times0.9+0.4\times0.1}=0.818 \qquad (5.1)$$

$$P(\omega_2|x)=1-P(\omega_1|x)=0.182 \qquad (5.2)$$

按照最小错误概率准则的贝叶斯决策理论,有

$$P(\omega_1|x)=0.818>P(\omega_2|x)=0.0182$$

因此判定该细胞为正常细胞比较合理。从这个例子可以看出,尽管类别 ω_2 呈现出状态 x 的条件概率要高于 $P(\omega_1)$ 类呈现此状态的概率,但是考虑到 $P(\omega_1)$ 远大于 $P(\omega_2)$,因此状态 x 属于类别 ω_1 的可能性远比属于类别 ω_2 的可能性大。将该细胞判为正常在统计的意义上讲出错率要小得多。

5.2.3　基于最小风险的细胞识别

上面我们讨论了使错误率最小的贝叶斯决策规则。然而当接触到实际问题时,可以发现使错误率最小并不一定是一个普遍适用的最佳选择。例如,在上面讨论过的细胞分类的例子中,把正常细胞错分为癌细胞,或相反方向的错误,其严重性是截然不同的。把正常细胞误判为异常细胞固然会给人带来不必要的痛苦,但若将癌细胞误判为正常细胞,则会使患者因失去及早治疗的机会而遭受极大的损失。由此可见,根据不同性质的错误会引起不同程度的损失这一考虑出发,有时宁肯扩大一些总的错误率,也要使总的损失减少。这会引进一个与损失有关联的,更为广泛的概念——风险。在作出决策时,要考虑所承担的风险。基于最小风险的贝叶斯决策规则正是为了体现这一点而产生的。

例如,见到一个病理切片 x,要确定其中有没有癌细胞(用 ω_1 表示正常,ω_2 表示异常),则 $P(\omega_1|x)$ 与 $P(\omega_2|x)$ 分别表示了两种可能性的大小。如果 x 确实是癌细胞(ω_2),但被判作正常(ω_1),则会有损失,这种损失用 $\lambda_2^{(1)}$ 表示,X 确实是正常(ω_1),却被判定为异常(ω_2),则损失表示成 $\lambda_1^{(2)}$。类似的,还可以定义 $\lambda_2^{(1)}$ 与 $\lambda_1^{(2)}$,这是指正确判断下所产生的损失(如在股票市场中下跌时是否出售的决策)。那么把 x 判作 ω_1 引进的损失应该与 $\lambda_2^{(1)}$ 以及 $\lambda_1^{(2)}$ 都有关,哪一个占主要成分,则取决于 $P(\omega_1|x)$ 与 $P(\omega_2|x)$。因此变成了一个加权和

$$R_1(x)=\lambda_1^{(1)}P(\omega_1|x)+\lambda_2^{(1)}P(\omega_2|x) \tag{5.3}$$

同样将 x 判为 ω_2 的风险就成为

$$R_2(x)=\lambda_1^{(2)}P(\omega_1|x)+\lambda_2^{(2)}P(\omega_2|x) \tag{5.4}$$

此时作出哪一种决策就要看是 $R_1(x)$ 小还是 $R_2(x)$ 小了,这就是基于最小风险的贝叶斯决策的基本出发点。对于实际问题,最小风险贝叶斯决策可按下列步骤进行:

(1) 在已知 $P(\omega_i)$、$P(x|\omega_i)(i=1,\cdots,C)$ 及给出待识别的 x 的情况下,根据贝叶斯公式计算出后验概率:

$$P(\omega_i|x)=\frac{P(x|\omega_i)P(\omega_i)}{\sum\limits_{j=1}^{C}P(x|\omega_i)},\quad j=1,\cdots,C \tag{5.5}$$

(2) 利用式(5.5)计算出的后验概率及决策表,再计算出采取 $a_i(i=1,2,\cdots,$

C)的条件风险

$$R(a_i|x) = \sum \lambda(a_i, \omega_j) P(\omega_j|x), \quad i = 1, 2, \cdots, C \tag{5.6}$$

(1)和(2)中得到的 C 个条件风险值 $R(a_i|x)(i=1,2,\cdots,C)$进行比较,找出使条件风险最小的决策 a_k,则 a_k 就是最小风险贝叶斯决策。

在上例条件的基础上,已知 $\lambda_{11}=0$(λ_{11} 表示 $\lambda(a_1|\omega_1)$ 的简写),$\lambda_{12}=6$,$\lambda_{21}=1$,$\lambda_{22}=0$,按最小风险贝叶斯决策进行分类。

解　已知条件为

$$P(\omega_1)=0.9, \quad P(\omega_2)=0.1$$
$$P(x|\omega_1)=0.2, \quad P(x|\omega_2)=0.4$$
$$\lambda_{11}=0, \quad \lambda_{12}=6, \quad \lambda_{21}=1, \quad \lambda_{22}=0$$

根据式(5.1)及式(5.2)的计算结果可知后验概率为

$$P(\omega_1|x)=0.818, \quad P(\omega_2|x)=0.182$$

再按式(5.6)计算出条件风险

$$R(a_1|x) = \sum_{j=1}^{2} \lambda_{1j} P(\omega_j|x) = \lambda_{12} P(\omega_2|x) = 1.092$$

$$R(a_2|x) = \sum_{j=1}^{2} \lambda_{2j} P(\omega_j|x) = \lambda_{21} P(\omega_2|x) = 0.818$$

由于 $R(a_1|x) > R(a_2|x)$,即决策为 ω_2 的条件风险小于决策为 ω_1 的条件风险,因此应采取决策行动 a_2,即判待识别的细胞 x 为 ω_2 类——异常细胞。将本例与前例相对比,其分类结果正好相反,这是因为影响决策结果的因素又多了一个"损失"。由于两类错误决策所造成的损失相差很悬殊,因此"损失"在这里起了主导作用。

5.3　基于贝叶斯决策的性别识别

5.3.1　性别识别问题描述及算法步骤

已知一部分男女生的性别、身高、体重数据,如何在只有身高和体重数据的情况下来判断新样本的性别属性? 这可以利用两类问题最小错误率判别准则,用基于最小错误率的贝叶斯决策来解决。

根据最小错误率的贝叶斯公式:

$$P(\omega_i|x) = \frac{P(x|\omega_i)P(\omega_i)}{P(x)} \tag{5.7}$$

利用贝叶斯决策理论进行性别分类的步骤如下:

(1) 先验概率的计算。这里是指整个统计样本中男性及女性所占的比例。

(2) 条件概率的计算。在这里以身高和体重作为两个特征值,假设知道它们是服从于正态分布。

（3）对训练样本进行训练，求出正态分布的参数。

（4）最后对待测试样本进行分类。

以下用 MATLAB 的实现过程来具体说明实现识别的具体步骤：

（1）输入待训练数据。待训练的男性身高和体重数据以及待训练的女性身高和体重数据，分别存放在两个文本文件中，男性数据放在 MALE. txt 文件中，女性数据放在 FEMALE. txt 文件中。数据训练时可设定男性或女性标识，如设定 1 表示男性，2 表示女性。

（2）输入待测试数据。待测试的男性或女性身高和体重数据，存放在文件中，假定文件名为 TEST. txt。

（3）设定先验概率。这是某一群人中男女性别的比例，例如，可将男性和女性的先验概率分别设置为 0.5、0.5。不同的先验概率对实验结果会产生影响。

（4）分别计算输入的男性数据和女性数据的平均值、协方差。

（5）对输入的待测试数据，一组一组分别进行测试，计算判决为男性的后验概率 g_m 和判决为女性的后验概率 g_f。

（6）进行最小错误率判决：如果 $g_m > g_f$，那么判定为男性，否则判定为女性。

5.3.2　性别识别结果

分别输入 50 组男性和女性的身高、体重数据，作为训练集。输入 300 组数据作为测试集，其中 50 组女性数据，250 组男性数据。

文本文件中部分数据样本如下：

MALE. txt

175 68

176 73

187 70

172 70

174 69

FEMALE. txt

171 53

168 57

160 58

161 45

153 51

TEST. txt

173 67　1

185　100　1
165　65　　1
160　46　　2
165　49　　2

选择不同的先验概率分别做两组实验：

第一组实验：设定男性先验概率为 0.5，女性先验概率为 0.5。显示结果如图 5.3 所示。

　　男性错误分类(男性错分为女性)数：31

　　女性错误分类(女性错分为男性)数：1

　　错误率：(31＋1)/300＝10.67%

图 5.3 中，横坐标为身高，纵坐标为体重。

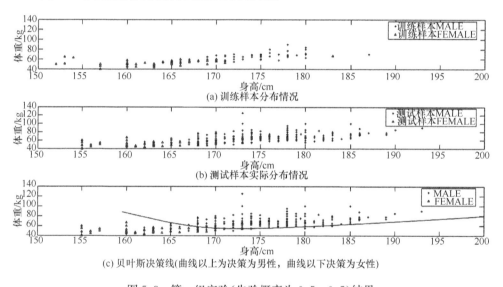

(a) 训练样本分布情况

(b) 测试样本实际分布情况

(c) 贝叶斯决策线(曲线以上为决策为男性，曲线以下决策为女性)

图 5.3　第一组实验(先验概率为 0.5∶0.5)结果

　　"训练样本分布情况"为输入的训练数据在坐标中的离散分布；"测试样本实际分布情况"为输入的测试样本数据在坐标中的离散分布；"贝叶斯决策线"为对测试样本进行贝叶斯分类后，得到的曲线，曲线以上决策为男性，曲线以下决策为女性。

　　第二组实验：设定男性先验概率为 0.75，女性先验概率为 0.25。显示结果如图 5.4 所示。

　　男性错误分类(男性错分为女性)数：8

　　女性错误分类(女性错分为男性)数：6

　　错误率：(8＋6)/300＝4.67%

由实验结果可见，利用贝叶斯决策理论，能够很自然地根据训练样本，建立决

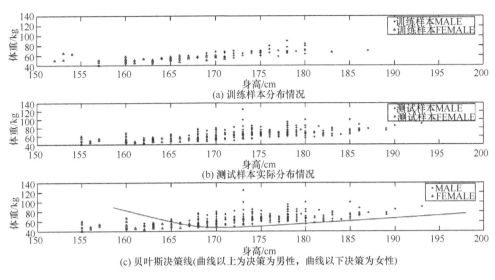

(a) 训练样本分布情况

(b) 测试样本实际分布情况

(c) 贝叶斯决策线(曲线以上为决策为男性，曲线以下决策为女性)

图 5.4　第二组实验(先验概率为 0.75：0.25)结果

策边界,其优点是理论基础扎实,算法适用面广。但是,选择合适的先验概率是运用的前提条件,先验概率选择合适,通过贝叶斯决策会得到较好分类结果,反之,则会影响分类结果。

5.4　基于贝叶斯决策的鱼类识别

5.4.1　鱼类识别问题描述及算法步骤

已知生产线上有两种鱼:鲈鱼和鲑鱼,现在需要把这两种鱼自动分开。可以利用两类问题最小错误率判别准则,用基于最小错误率的贝叶斯决策来解决。

利用贝叶斯决策理论进行性别分类的步骤如下:

(1) 先验概率的计算。这里是指整个统计样本中鲈鱼和鲑鱼所占的比例。

(2) 条件概率的计算。在这里以鱼的长度和亮度作为两个特征值,假设知道它们是服从于正态分布。

(3) 对训练样本进行训练,求出正态分布的参数。

(4) 最后对待测试样本进行分类,判断它们是鲈鱼或鲑鱼。

以下用 MATLAB 的实现过程来具体说明实现识别的具体步骤:

(1) 输入待训练数据。待训练的鲈鱼的亮度和长度数据以及待训练的鲑鱼的亮度和长度数据,分别存放在两个文本文件中,假定鲈鱼数据放在 seabass.txt 文件中,鲑鱼数据放在 salmon.txt 文件中。

(2) 待测试的鲈鱼或鲑鱼的亮度和长度数据,存放在文件中,假定文件名为

test. txt。对于实验者来说,实验者可以根据某条鱼的亮度和长度知道是鲈鱼还是鲑鱼,数据测试时可设定鲈鱼和鲑鱼标识,如设定 1 表示鲈鱼,2 表示鲑鱼。

（3）设定先验概率。即某条鱼为鲈鱼或鲑鱼的概率,可将鲈鱼和鲑鱼的先验概率分别设置为 0.5、0.5。

（4）分别计算输入的鲈鱼数据和鲑鱼数据的平均值、协方差。

（5）对输入的待测试数据,一组一组分别进行测试,计算判决为鲈鱼的后验概率 g_{sea} 和判决为鲑鱼的后验概率 g_{sal}。

（6）进行最小错误率判决。如果 $g_{sea} > g_{sal}$,那么判定为鲈鱼,否则判定为鲑鱼。

5.4.2　鱼类识别结果

文本文件中部分数据如下,其中第一列表示特征中亮度值,第二列表示特征中长度值:

seabass. txt
8.2 19.5
8.4 19.9
5.3 22
7　20.8
6.7 19.6
salmon. txt
4.4 17.5
5.3 16.5
2　14.8
1.6 16.2
3.9 19.6
test. txt
7.9 17.2 1
4.9 21.7 1
5.9 19.6 1
2.9 15.4 2
1.7 19.5 2
4　16.1 2

分别输入 100 组鲈鱼和鲑鱼的亮度、长度数据,作为训练集。输入 400 组数据作为测试集,其中 200 组鲈鱼数据,200 组鲑鱼数据。

设定鲈鱼先验概率为 0.5,鲑鱼先验概率为 0.5,得到以下实验结果:

　　鲈鱼错误分类(鲑鱼判决为鲈鱼):3

　　鲑鱼错误分类(鲈鱼判决为鲑鱼):8

　　错误率:(3+8/400)=2.75%

实验结果如图5.5所示。

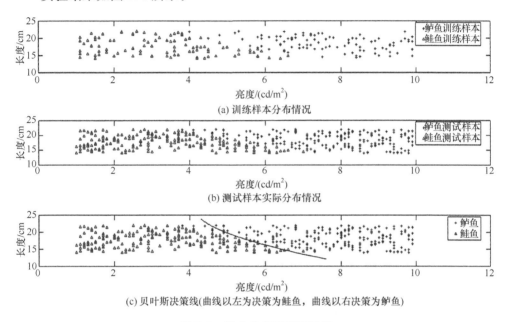

(a) 训练样本分布情况

(b) 测试样本实际分布情况

(c) 贝叶斯决策线(曲线以左为决策为鲑鱼,曲线以右决策为鲈鱼)

图5.5　样本分布及识别结果

　　图5.5中,横坐标为亮度,纵坐标为长度。"训练样本分布情况"为输入的训练数据在坐标中的离散分布;"测试样本实际分布情况"为输入的测试样本数据在坐标中的离散分布;"贝叶斯决策线"为对测试样本进行贝叶斯分类后,得到的曲线,曲线以左决策为鲑鱼,曲线以右决策为鲈鱼。

参 考 文 献

[1] 边肇祺,张学工. 模式识别(第二版)[M]. 北京:清华大学出版社,2006.

[2] James O B. 统计决策论及贝叶斯分析(第二版)[M]. 贾乃光,译. 北京:中国统计出版社,1998.

[3] 张连问,郭海鹏. 贝叶斯网引论[M]. 北京:科学出版社,2006.

第6章 基于语音的说话人识别

6.1 说话人识别简介

说话人识别又称为话者识别,它和语音识别技术很相似,都是在提取原始语音信号中某些特征参数的基础上,建立相应的参考模板或模型,然后按照一定的判决规则进行识别。通过对说话人语音信号的分析处理,自动确认别人是否在所记录的话者集合中,以及进一步确认说话人是谁。对于说话人识别,根据说话人识别的目标,可分为说话人辨认和说话人确认[1,2]:

(1) 说话人辨认。根据给出的一段语音,判断是已知的 N 个人中的哪个人说的,所要解决的是"你是谁"的问题,如果这个人一定包含在这 N 个人中,则称为"闭集",否则,称为"开集",为"一对一"。前者为"多对一",后者为"一对一"。即闭集要与集合中的每个说话人进行一一匹配,找出集合中唯一一个相近的话者。开集只需要对某个特定人的模型或模板进行匹配,判断是否是同一个人。

(2) 说话人确认。根据给出的一段语音,判断是否是某个特定人说的,所要解决的是"你是否是你所声明的那个人"的问题。根据说话人识别系统的工作模式,可将其分为与文本有关和与文本无关的两种。文本有关的说话人识别技术,要求说话人的发音的关键词和关键句子作为训练文本,识别时按照相同内容发音。文本无关的说话人识别技术,不论是在训练时还是在识别时都不规定说话内容,识别对象是自由的语音信号。

相对于其他识别系统(指纹、DNA 或图像)而言,说话人识别系统具有方便可靠、设备简单、费用低和快速的特点,具有广阔的应用前景。说话人识别技术可以或已经应用于以下一些场合:

(1) 个人身份辨别。这是最广泛的一类应用,用于进入系统的控制以保护重要的资源。它可以用在语音邮件、电子交易、安全保卫等场合。说话人可通过电话或计算机界面,以语音方式使其只响应合法的使用者。例如,以用户的声音办理金融业务、以特定人员的声音控制、检查重要场所的人员出入等等。随着我国经济的飞速发展,话者识别技术也将在许多领域,如各个部门需要保密的计算机系统、信用卡识别、自动电话交易和声音传真交易的进入识别等,得到广泛的应用。

(2) 司法鉴定。依据犯罪时所记录的声音确定罪犯。与语音检索技术相结合,可以建立犯罪语音档案,以快速确定罪犯身份。

(3) 语音检索。对电话录音设备记录的大量信息,通过话者识别与连续语音识别技术相结合的方法,检索出特定说话人的讲话内容。还可以建立居民语音档案,和身份证制度相结合,方便城市居民管理。

(4) 医学应用。可用于声控假肢的动作,使其只响应患者的命令。另外,如 Braun 使用话者语音特征参数研究吸烟者和非吸烟者声道特征的差异;Phan 等应用话者识别技术于人工耳蜗,以模仿听觉的"鸡尾酒会"效应等。

6.2　说话人识别方法和基本原理

6.2.1　说话人识别方法

话者识别的方法一般可分为三类:模板匹配法、概率模型法和人工神经网络法:

(1) 模板匹配法。训练过程中从每个说话人的训练语句中提取出特征矢量,形成特征矢量序列,选择方法优化,求取一个特征矢量集合表征特征矢量序列,将此集合作为参考模板。识别时,同样的方法提取特征矢量序列,按一定的匹配规则跟所有参考模板比较。匹配往往通过特征矢量之间的距离测度来实现,累计距离为匹配结果。最常用的模板匹配方法有动态时间归整 DTW 和矢量量化 VQ 方法。

(2) 概率模型法。从某人的一次或多次发音中提出有效特征矢量,根据统计特性为其建立相应的数学模型,使其能够有效地刻画出此说话人特征矢量在特征空间的分布规律。数学模型一般通过少量的模型参数来表示和存储。识别时,将测试语音的特征矢量与表征说话人的数学模型进行匹配,从概率统计角度,计算得到测试语音与模型间的相似度,并以此作为识别判决的依据。最常用的模型是隐马尔可夫模型(hidden Markov model, HMM)[3],很好地描述平稳性和可变性,准确描述人的声道变化特性,其状态转移和状态隐藏性特别适合于语音的描述过程[4]。

(3) 人工神经网络方法。类比于生物神经系统处理信息的方式,用大量的简单处理单元并行连接而构成一种独具特点的复杂的信息处理网络。系统具有自组织、自学习的能力,可以随着经验的累积而改善自身的性能。人工神经网络这些特性对说话人识别系统的实现有很大的帮助,可以用于更好地提取语音样本中所包含的说话人的个性特征。

6.2.2　说话人识别基本原理

图 6.1 为说话人识别系统框图,建立和应用这一系统大致可分为两个阶段:训练和识别阶段:

(1) 训练阶段。让特定说话人说出若干训练语句,根据得到的语音信号,经过一定的处理后,提取出有效的特征,并建立相应的模型或模板参考集。图 6.2 显示了说话人识别在训练阶段的处理过程。

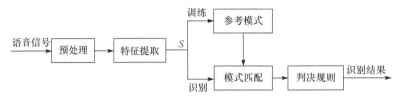

图 6.1　说话人识别系统框图

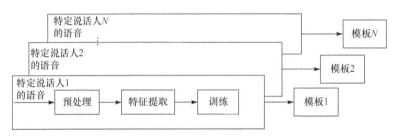

图 6.2　说话人识别训练过程

（2）识别阶段。如图 6.3 所示，输入待识别的未知说话人的语音，经过一定的处理后，提取出能代表该说话人的特征，然后与已训练好的模板库进行比较，并且根据一定的相似性准则形成判断，得出判决结果。对于说话人辨认来说，所提取的参数要与训练过程中的每一个人的参考模型加以比较，并把与它距离最近的那个参考模型所对应的话者识别为输入的未知说话人。对于说话人确认而言，则是将从输入的特征，识别说话人的语音中导出特征参数与其声音作为该人的参考量进行比较，如果两者的距离小于规定的阈值，则予以确认，否则予以拒绝。

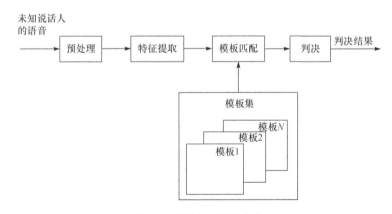

图 6.3　说话人识别过程

6.3　语音信号的数字化

要实现说话人识别,一般须经过语音信号数字化、预处理、特征提取及模板匹配等步骤,首先是语音信号的数字化,语音信号数字化一般包括预滤波和 A/D(模/数转换)两个过程,如图 6.4 所示。

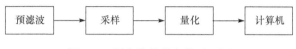

图 6.4　语音信号数字化过程图

(1) 预滤波。目的有两个:①为了抵制输入信号各频域分量中频率超出 $f_s/2$ 的所有分量,其中 f_s 为采样频率,以防止混叠干扰。②为了避免 50Hz 的电源干扰。预滤波为一个带通滤波器,其下限频率 $f_L = 50\text{Hz}$,上限频率 f_H 根据需要定义。

(2) A/D。由于人所说出的语音信号为连续的模拟信号,无法被计算机处理。因此,需要将模拟信号转化为数字信号,即模数转化(A/D),如图 6.5 所示。得到数字语音信号,以便于计算机的分析及处理。

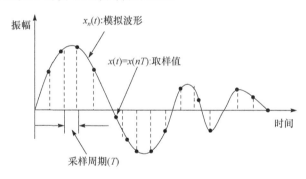

图 6.5　语音信号采样

6.4　语音信号的预处理

为了消除因为人们发声器官本身和因一些采集语音信号的设备等所引起的混叠、高次谐波失真现象,需要对语音信号进行预处理,尽可能地保证处理后的语音信号更均匀、平滑,提高语音信号的质量。预处理过程中,主要包括预加重、加窗分帧、端点检测步骤,如图 6.6 所示。

图 6.6 预处理过程图

1. 预加重

因为语音信号的平均功率谱受到声门激励和口鼻辐射的影响,800Hz 以上的高频段按 6dB/倍频程跌落,所以求频谱时,频率越高,相应的成分越小。可通过预加重方式来提升高频部分,使得信号的频谱变得更平坦。预加重通常使用一阶有限冲击(FIR)滤波器来实现:

$$H_{\mathrm{pre}}(z) = 1 - \mu z^{-1} \tag{6.1}$$

式中,μ 的取值范围是 $[0.4, 1.0]$;z 为语音信号;$H_{\mathrm{pre}}(z)$ 为预加重后的语音信号。

2. 加窗分帧

对信号进行预加重后,需要对语音信号进行加窗分帧处理。分帧处理即是将语音信号划分为许多短时的语音段,每个短时的语音段称为一个分析帧,通常选择帧长为 10~20ms。为了使帧与帧之间能平滑过渡,保持连续性,分帧一般采用交叠分段的方法。前一帧和后一帧的交叠部分称为帧移,帧移与帧长的比值一般取 0~0.5。分帧是用可移动的有限窗口长度进行加权实现的,即用窗函数 $\omega(n)$ 乘以语音信号 $S(n)$,从而形成加窗的语音信号:

$$S_\omega(n) = S(n) * \omega(n) \tag{6.2}$$

对于窗函数 $\omega(n)$ 的选取,用得最多的三种窗函数:矩形窗、汉明(Hamming)窗和汉宁(Hanning)窗,它们的定义如下。

矩形窗:

$$\omega(n) = \begin{cases} 1, & 0 \leqslant n \leqslant N-1 \\ 0, & \text{其他} \end{cases} \tag{6.3}$$

汉明窗:

$$\omega(n) = \begin{cases} 0.54 - 0.46\cos\left(\dfrac{2\pi}{N-1}\right), & 0 \leqslant n \leqslant N-1 \\ 0, & \text{其他} \end{cases} \tag{6.4}$$

汉宁窗:

$$\omega(n) = \begin{cases} 0.5\left[1 - \cos\left(\dfrac{2\pi n}{N}\right)\right], & 0 \leqslant n \leqslant N-1 \\ 0, & \text{其他} \end{cases} \tag{6.5}$$

式(6.3)~式(6.5)中,N 为窗长。

3. 端点检测

端点检测的目的是为了从一段给定的语音信号中找出语音的起始点和结束点。在话者识别或语音识别系统中,正确、有效地进行端点检测不仅可以减少计算量和缩短处理时间,而且能排除无声段的噪声干扰、提高语音识别的正确率。常用的端点检测方法有:基于短时能量和短时平均过零率的双门限方法、基于倒谱特征的方法以及基于信息熵的方法等。对于端点检测的方法,主要介绍基于短时能量和过零率的双门限方法。

1) 短时能量

设第 n 帧语音信号 $x_n(m)$ 的短时能量用 E_n 表示,它的定义如下:

$$E_n = \sum_{m=0}^{N-1} x_n^2(m) \tag{6.6}$$

式中,$x_n(m) = x(m) * \omega(n-m)$,$\omega(n)$ 为窗函数。

短时能量可区分清单段和浊音段。E_n 值大的对应于浊音段,而 E_n 值小的对应于清音段。对于高信噪比的语音信号,无语音信号的噪声能量 E_n 很小,而有语音信号的能量 E_n 显著大于某一数值,因此,可利用语音信号的短时能量来区分语音信号的起始点和结束点。

2) 短时平均过零率

短时过零率表示一帧语音信号波形穿过横轴(零电平)的次数。对于连续的语音信号,过零即意味着时域波形通过时间轴,对于离散的语音信号,过零表示相邻取样值具有不同的代数符号。一段长时间内的过零率称为平均过零率。对于短时平均过零率,它的定义如下:

$$Z_n = \sum_{m=-\infty}^{\infty} |\operatorname{sgn}[x(n)] - \operatorname{sgn}[x(n-1)]| \cdot \omega(n-m) \tag{6.7}$$

式中,sgn 为符号函数,其定义为

$$\operatorname{sgn}\begin{cases} 1, & x(n) \geqslant 0 \\ -1, & x(n) \leqslant 0 \end{cases} \tag{6.8}$$

对于一段语音信号,无声段的平均过零率很低,而有声段的平均过零率显著高于某个数值,故通过短时平均过零率可将语音信号的起点和结束点区分开来。

3) 短时能量和短时平均过零率的双门限端点检测

在一些情况下,单独使用语音信号的短时能量或短时平均过零率并不能很好地将语音的开始点和结束点检测出来。利用短时能量能检测浊音和清音,可以将两者相结合,设定两个门限,来对语音信号的端点进行检测,即双门限端点检测方法。该方法是先算出背景噪声能量的统计特性,定出能量高低门限、短时过零率门限,利用能量门限来确定语音信号的初始起止点,然后根据过零率精确得出语音信号的起止点。

图 6.7 为一段语音信号(图 6.7(a))利用短时能量(图 6.7(b))和短时平均过零率(图 6.7(c))进行端点检测的结果。

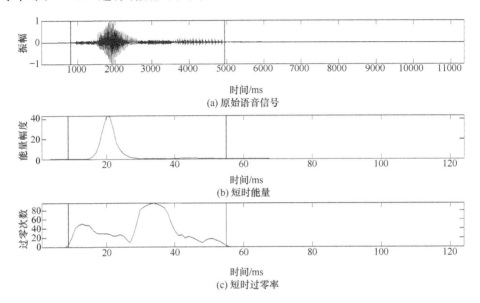

图 6.7　利用短时能量及短时平均过零率进行语音端点检测

6.5　语音信号的特征提取

一般语音信号的特征参数分为两类:时域特征参数和频域特征参数。时域特征参数主要为短时能量、短时过零率和基音周期等。其中,短时能量和短时过零率是语音端点检测中的重要参数,基音周期指发浊音时声带振动所引起的准周期运动的时间间隔。语音信号中最常用的频域特征参数有线性预测倒谱系数(LPCC)和美尔倒谱系数(MFCC)等。以下对基音检测、线性倒谱预测系数、美尔倒谱系数以及基于线性预测的共振峰频率特性的提取略作介绍。

1. 基音周期及基音检测

基音是指发浊音时声带振动所引起的周期性,而声带振动频率(基音频率)的倒数就是基音周期。基音周期具有时变性和准周期性,一般基音频率在 80~500Hz,它的大小与个人声带的长短、厚薄、韧性和发音习惯有关,还与发音者的性别、年龄、发音时的力度及情感有关,是语音信号处理中的重要参数之一,它描述了语音激励源的一个重要特征。

基音周期的估计称为基音检测(pitch detection),基音检测的最终目标是找出和声带振动频率完全一致的基音周期变化轨迹曲线,如果不可能则找出尽量相吻合的轨迹曲线。在语音信号处理中,语音信号参数提取的准确性非常重要。准确地检测语音信号的基音周期,对于高质量的语音分析与合成、语音压缩编码、语音识别和说话人确认等方面具有重要的意义。

典型的基音检测的方法:短时自相关函数法、短时平均幅度差函数法、小波变换法、倒谱法等。本节将只介绍最常用的一种基音检测方法——短时自相关函数法。

1) 短时自相关函数

短时自相关函数法基音检测的主要原理是通过比较原始信号和它移位后的信号之间的类似性来确定基音周期,如果移位距离等于基音周期,那么两个信号具有最大类似性。浊音信号的短时自相关函数在基音周期的整数倍位置存在较大的峰值,而清音的短时自相关函数没有明显的峰值出现。因此检测自相关函数是否有峰值,就可以判断是清音还是浊音,且两相邻峰值之间对应的时间段就是基音周期。

设 $s_w(n)$ 是一段加窗语音信号,n 取值为 $0\sim N-1$,其中,N 为语音帧数。$s_w(n)$ 的自相关函数称为语音信号 $s(n)$ 的短时自相关函数,用 $R_w(n)$ 表示,其定义式如下:

$$R_w(k) = \sum_{n=-\infty}^{\infty} s_w(n)s_w(n+k) = \sum_{n=0}^{N-k-1} s_w(n)s_w(n+k) \tag{6.9}$$

由短时自相关函数的定义可以看出其所具有的一些性质:①$n=0$ 时,函数取最大值,此时,自相关函数值就为该语音信号的短时能量;②如果原序列是周期为 T 的周期信号,那么其自相关函数也是周期为 T 的周期函数。

由于浊音信号是一种准周期信号,具有一定的周期性,而清音则无这样的性质。故通过检测浊音信号的自相关函数两个相邻峰值的距离大小,则可得到基音周期。图 6.8 和图 6.9 分别显示了浊音信号及清音信号的自相关函数波形图。

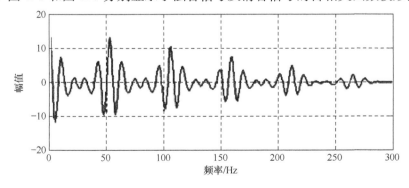

图 6.8　浊音信号的自相关函数波形图

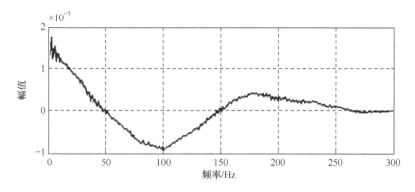

图 6.9　清音信号的自相关函数波形图

由图 6.8 中可看出,该浊音信号的两个相邻峰值的距离大小约为 50Hz,即可知该语音信号的基音周期大约为 20ms。

2) 利用短时自相关函数检测语音信号基音周期的实现

基音检测的音频数据为一个女性所说的"开始"的音频数据,音频时长约为 1.4s,音频数据采样频率为 8kHz,采样后进行 16bit 量化,得到的采样点数为 $1.4 \times 8000 = 11200$。如图 6.10 所示该语音信号的采样波形图。

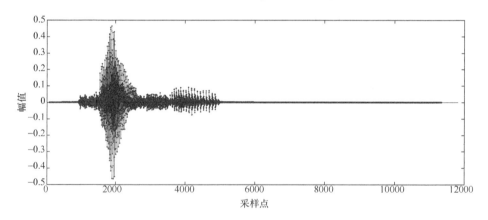

图 6.10　"开始"语音信号的波形图

对采样后的语音信号进行分帧,选取帧长为 20ms,即 160(8000×0.02)个采样点为一帧,利用式(6.9)的短时自相关函数对该语音信号逐帧进行基音检测,得到各帧的基音周期,如图 6.11 所示。

由图 6.11 的结果看出,该语音信号的基音周期约为 4.5ms。

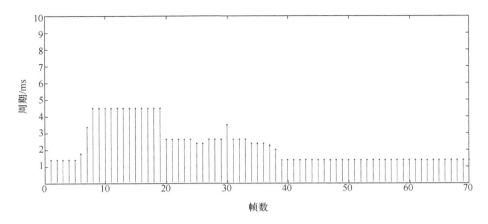

图 6.11　语音信号各帧的基音周期

2. LPCC

LPCC 的主要思想是利用语音信号采样点之间的相关性,用过去的样点值来预测现在或未来的样点值,也就是一个语音信号的抽样能够用过去若干个语音抽样或者线性组合来逼近,它是线性预测系数(LPC)在倒谱域中的表示。LPCC 的求取过程如图 6.12 所示。

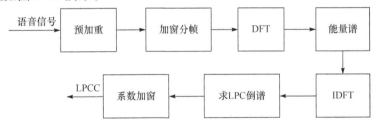

图 6.12　LPCC 计算流程图

计算 LPCC 参数的递推公式为

$$\begin{cases} c(1) = \alpha_1 \\ c(n) = \alpha_n + \sum_{k=1}^{n-1} \left(1 - \dfrac{k}{n}\right)\alpha_k c(n-k), & 1 < n \leqslant p \\ c(n) = \sum_{k=1}^{p} \left(1 - \dfrac{k}{n}\right)\alpha_k c(n-k), & n > p \end{cases} \tag{6.10}$$

式中,$c(n)$ 为倒谱系数;α_n 为预测系数;p 为预测系数的阶数;n 为倒谱系数的阶数。

3. MFCC

MFCC 与 LPCC 不同,它是将人耳听觉感知特性与语音的产生相结合的一种特征参数。实验发现人耳对不同频率的语音具有不同的感知能力,在 1kHz 以下,感知能力与频率呈线性关系,在 1kHz 以上,感知能力与频率成对数关系。为了模拟这种人耳的感知特性,人们提出了 Mel 频标的概念,即 1Mel 为 1kHz 的音调感知程度的 1/1000。Mel 频率与实际线性频率的具体关系如下:

$$f_{mel} = 2595 \lg \left(1 + \frac{f_{Hz}}{700}\right) \tag{6.11}$$

式中,f_{mel} 为 Mel 频标;f_{Hz} 为实际线性频率。MFCC 参数提取的流程如图 6.13 所示。

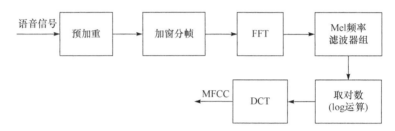

图 6.13　MFCC 参数提取流程图

MFCC 参数的计算过程如下:

(1) 对语音信号进行预处理,加窗分帧将其变为短时信号。

(2) 通过 FFT 将短时时域信号转化为频域信号 $P_i(f)$,并计算其短时能量谱 $P_i(\omega)$:

$$P_i(\omega) = |P_i(f)|^2 = |X_i(e^{j\omega})|^2, \quad 0 \leqslant i \leqslant L-1 \tag{6.12}$$

(3) 根据式(6.11)的实际线性频率与 Mel 频率的转化关系,在 Mel 频标内,将三角带通滤波器[5](通常取 24~40 个),假设取 $N(24 \leqslant N \leqslant 40)$ 个,加于 Mel 坐标得到滤波器组 $H_m(k)$,其定义如下:

$$H_m(k) = \begin{cases} 0, & k < f(m-1), k > f(m+1) \\ \dfrac{k-f(m-1)}{f(m)-f(m-1)}, & f(m-1) \leqslant k \leqslant f(m) \\ \dfrac{f(m+1)-k}{f(m+1)-f(m)}, & f(m) < k \leqslant f(m+1) \end{cases} \tag{6.13}$$

式中,$f(m)$ 为中心频率,$m = 1, 2, \cdots, N$。

(4) 计算每个通带内的能量谱 $P(\omega)$ 经由此 Mel 滤波器组的输出,采集中心频率在 1kHz 以上和以下的各 $N/2$ 个,有以下计算公式:

$$\theta(M_k) = \ln\left[\sum_{k=1}^{N} |P_k(f)|^2 H_m(k)\right] \tag{6.14}$$

(5) 对 N 个通带的输出作离散余弦变换(DCT),得到 N 个倒谱系数 C_{mel},其定义为

$$C_{\text{mel}}(n) = \sum_{k=1}^{N} \theta(M_k) \cos\left(n(k-0.5)\frac{\pi}{N}\right) \tag{6.15}$$

得到 M 个倒谱系数后,通常取 M 个倒谱系数中的前 L 个系数(L 一般为 12~20),构成 MFCC 参数。

4. 共振峰特征提取

当一个空腔物体作受迫振动,所加驱动(激励)频率等于振动体的固有频率时,便以最大的振幅来振荡,这种现象称之为共振。声波的共振也称为共鸣,实际上,共振体的共振作用,常常不只是在一个固有频率上起作用,它可能有多个响应强度不同的共振频率,对于激励信号的响应,可以用一个含有多对极点的线性系统来近似描述,每对极点都对应一个共振峰频率。这个线性系统的频率响应特性称为共振峰特性。人类发音的重要器官声道,可以看成为由不同截面的管道串接而成,每一段声管都有其固有频率,因此,当人说话时也有类似的共振现象。共振峰是反映声道特性的一个重要参数。

可以采取 LPC 方法来提取每帧语音的共振峰特征参数。语音信号共振峰的 LPC 分析方法的一个主要特点在于能够由预测系数构成的多项式中精确地估计共振峰参数。

由 LPC 算法可知,第 n 个语音信号 $s(n)$ 的 p 阶线性预测值为

$$\hat{s}(n) = \sum_{i=1}^{p} a_i s(n-i) \tag{6.16}$$

式中,p 是预测阶数;a_i 是预测系数。如果预测误差用 $e(n)$ 表示,则 $e(n) = s(n) - \hat{s}(n)$,由式(6.16)可以得到

$$e(n) = s(n) + \sum_{i=1}^{p} a_i s(n-i) = \sum_{i=0}^{p} a_i s(n-i) \tag{6.17}$$

式中,$a_0 = 1$。在均方误差最小准则下,线性系数 a_i 的选择应使预测误差的均方值 $E(e^2(n))$ 最小,令 $\dfrac{\partial E[e^2(n)]}{\partial a_i} = 0(i=1,2,\cdots,p)$ 可推得

$$\sum_{k=1}^{p} a_k R(i-k) = -R(i), \quad i=1,2,\cdots,p \tag{6.18}$$

由式(6.18)可得 p 个方程,写成矩阵形式为

$$\begin{bmatrix} R(0) & R(1) & \cdots & R(p-1) \\ R(1) & R(0) & \cdots & R(p-2) \\ \vdots & \vdots & & \vdots \\ R(p-1) & R(p-2) & \cdots & R(0) \end{bmatrix} \begin{bmatrix} a_1 \\ a_2 \\ \vdots \\ a_p \end{bmatrix} = - \begin{bmatrix} R(1) \\ R(2) \\ \vdots \\ R(p) \end{bmatrix} \tag{6.19}$$

由这 p 个方程,可以求出 p 个预测系数。通过 LPC 分析,由若干帧语音可以得到

若干组 LPC 参数，每组参数形成一个特征的矢量，即 LPC 特征矢量。然后用得到的预测系数估计声道的功率谱，语音信号的传输函数在时域上表示全极点模型时，有

$$s_n = -\sum_{k=1}^{p} s_k s_{n-k} + G u_n \qquad (6.20)$$

又由

$$e_n = s_n + \sum_{k=1}^{p} a_k s_{n-k} \qquad (6.21)$$

得 $Gu_n = e_n$，输入信号 u_n 与误差信号 e_n 成正比，比例系数即为全极点模型的增益 G。式(6.21)表明 e_n 的总能量与 Gu_n 的总能量相等，即 $\varepsilon^2 = \sum e_n^2 = R_0 + \sum_{k=1}^{p} a_k R_k$，设 u_n 为单位输入脉冲时，由于在 $n = 0$ 时 u_n 为 1，在其他时刻为 0，所以 Gu_n 的总能量为 G^2，从而计算出 $G^2 = R_0 + \sum_{k=1}^{p} a_k R_k$，声道的功率传输函数可以表示为

$$H(z) = \frac{G^2}{\left| 1 + \sum_{k=1}^{p} a_k z^{-k} \right|^2} \qquad (6.22)$$

在实际使用中，我们先用 a_i 来表示功率传输函数，经过 FFT 变换得到功率谱。即

$$10\lg |H(z)|^2 = 20\lg G - 10\lg \left| 1 + \sum_{k=1}^{p} a_k \exp(-j\pi k f / f_{\max}) \right|^2 \quad (6.23)$$

通过 FFT 运算可顺序求得实数部分 $X(i)$ 和虚数部分 $Y(i)$。所以频谱 $P(i)$ 为

$$P(i) = 20\lg G - 10\lg [X^2(i) + Y^2(i)], \quad i = 0, 1, \cdots, 2^{L-1} \qquad (6.24)$$

因为功率谱具有对称形状，只要计算到 2^{L-1} 的一半功率谱就可以了。通过求全极点模型的根，得到频谱峰值的频率 F_1，再求出作为根的极点 z_i，从而

$$\prod_i \left(1 - \frac{z}{z_i} \right)^2 = 0 \qquad (6.25)$$

式中，$z_i = \exp(s_i T)$；$s_i = -\pi B_i + j2\pi F_i$。如果根为复数，即 $z_i = z_i R + j z_i I$，则有

$$z_i R + j z_i I = \exp[(-\pi B_i + j2\pi F_i) T] \qquad (6.26)$$

由式(6.26)可以求出对应于根 z_i 的中心频率 F_i，公式为

$$F_i = \frac{1}{2\pi T} \arctan\left(\frac{z_i I}{z_i R} \right) \qquad (6.27)$$

利用上面的算法，我们可以提取出语音信号的共振峰，共振峰放映了人的声道

的变化情况,当振动的频率和声道的固有频率相同,就会发生共振,共振峰就是反映这一声道特性的特征。

6.6　基于矢量量化的说话人识别

模板匹配是用得最多的识别方法,模板匹配主要包括动态时间规整(dynamic time warping,DWT)和矢量量化(vector quantization,VQ)[6]。这里我们用矢量量化方法为例。

1. 矢量量化的概念

矢量量化是一种基于块编码规则的有损数据压缩方法,在基于矢量量化方法的说话人识别系统中,矢量量化起着双重作用。在训练阶段,把每一个说话者所提取的特征参数进行分类,产生不同码字所组成的码本。在识别(匹配)阶段,利用矢量量化方法来计算平均失真测度(如采用欧氏距离测度),来判决识别结果。

对于矢量量化技术,最关键的步骤是码书的设计,码书的好坏将决定系统的性能。而最佳码书的设计关键在于设计一个最佳矢量量化器,最佳矢量量化器必须满足两个条件:最近邻准则和平均失真最小。最常用的设计矢量量化器是 LBG 算法。

2. LBG 算法的步骤[7]

第一步初始化,给出训练矢量量化码书所需的全部参考矢量 X,X 的集合用 S 表示;设定量化级数、失真控制门限 δ,算法最大迭代次数 L 以及初始码书 $\{Y_1^{(0)},Y_2^{(0)},\cdots,Y_N^{(0)}\}$;设总失真 $D^{(0)}=\infty$;迭代次数初始化为 $m=1$。

第二步迭代,步骤如下:

(1) 根据最近邻准,则将 S 分成 N 个子集 $S_1^{(m)},S_2^{(m)},\cdots,S_N^{(m)}$,即当 $x\in S_1^{(m)}$ 时,下式成立:

$$d(X,Y_l^{(m-1)})\leqslant d(X,Y_i^{(m-1)}),\quad \forall i,i=l \tag{6.28}$$

(2) 计算失真

$$D^{(m)}=\sum_{i=1}^{N}\sum_{X\in S_l^{(m)}}d(X,Y_l^{(m-1)}) \tag{6.29}$$

(3) 计算新码字 $Y_1^{(m)},Y_2^{(m)},\cdots,Y_N^{(m)}$

$$Y_i^{(m)}=\frac{1}{N_i}\sum_{X\in S_i^{(m)}}X \tag{6.30}$$

（4）计算相对失真改进量 $\delta^{(m)}$：

$$\delta^{(m)} = \frac{\Delta D^{(m)}}{D^{(m)}} = \frac{|D^{(m-1)} - D^{(m)}|}{D^{(m)}} \tag{6.31}$$

将 $\delta^{(m)}$ 与失真门限值 δ 进行比较。若 $\delta^{(m)} \leqslant \delta$，则转入（6），否则转入（5）。

（5）若 $m > L$ 则转至（6），否则 $m+1$，转至（1）。

（6）得到最终的训练码书 $Y_1^{(m)}, Y_2^{(m)}, \cdots, Y_N^{(m)}$，并输出总失真度 $D^{(m)}$。

3. 匹配判别

设 X_i 是未知的说话人的特征矢量，共有 T 帧。B_m^i 是训练阶段形成的码书，表示第 i 个码书第 m 个码字，共有 N 个码书（即 N 个说话人），每一个码书有 M 个码字。用式（6.29）计算第 i 个说话人的平均量化失真 D_i，然后用同样的方法求出 $\{D_1, D_2, \cdots, D_N\}$，则最终的识别结果就是 D_i 最小者所对应的那个 i，即是所辨识的那个人。D_i 的定义如下：

$$D_i = \frac{1}{T} \sum_j \min_{1 \leqslant m \leqslant n} [d(x_j, B_m^i)] \tag{6.32}$$

6.7 基于语音的说话人识别结果

利用卡内基梅隆大学的 PDA 语音数据库和 ARCTIC 语音数据库进行测试，其中，PDA 数据库中总共有 16 个人，7 名男性，9 名女性。每个人说了不同的句子，每个句子说了 5 遍。ARCTIC 语音数据库总共有 6 个人，5 名男性，1 名女性。每个人说了不同的句子，每个句子说了 1 遍。

利用 MATLAB 实现与文本无关的说话人辨认。

1. PDA 数据库测试

选取 PDA 数据库（16 人）中每个人所说的 2 个句子作为训练，总共 32 个训练样本。选取 PDA 数据库中每个人所说的未训练过的 8 个句子进行测试，总共 128 个测试样本。

MATLAB 运行结果如图 6.14 及图 6.15 所示。

```
Total train samples: 32
Train complete.
Time costs:4.3246s
>>
```

图 6.14 PDA 数据库的 MATLAB 训练结果图

```
Total test samples: 128
Recognition complete.
Time costs:21.7268s
Correct rate: 100.00% (128/128)
fx >>
```

图 6.15　PDA 数据库的 MATLAB 测试结果图

由 MATLAB 程序运行结果可看到,利用 PDA 语音数据库进行说话人辨认的实验测试,识别率达到了 100%。

2. ARCTIC 数据库测试

选取 ARCTIC 数据库(6 个人)中每个人所说的 2 个句子进行训练,总共 12 个训练样本。选取 ARCTIC 中每个人所说的未训练过的 13 个句子进行测试,总共78 个测试样本。

MATLAB 运行结果如图 6.16 及图 6.17 所示。

```
Total train samples: 12
Train complete.
Time costs:0.88881s
fx >> |
```

图 6.16　ARCTIC 数据库的 MATLAB 训练结果图

```
Total test samples: 78
Recognition complete.
Time costs:5.0404s
Correct rate: 100.00% (78/78)
fx >>
```

图 6.17　ARCTIC 数据库的 MATLAB 测试结果图

由 MATLAB 程序运行结果可看到,利用 PDA 和 ARCTIC 数据库进行说话人辨认的实验测试,识别率达到了 100%。

参 考 文 献

[1] Reynolds D A, Rose R C. Robust text-independent speaker identification using Gaussian mixture models[J]. IEEE Transactions on Speech Audio Processing,1995,3(1):72-83.

[2] Reynolds D A, Quatieri T, Dunn R. Speaker verification using adapted Gaussian mixture

models[J]. Digital Signal Processing,2000,10(1):19-41.

[3] Naik J M. Speaker verification, a tutorial[J]. IEEE Communication Magazine,1990,28(1):
42-48.

[4] 杨行峻,迟惠生.语音信号数字处理[M].北京:电子工业出版社,1995.

[5] 蔡莲红,黄德智,蔡锐.现代语音技术基础与应用[M].北京:清华大学出版社,2003.

[6] Soong F K,Rosenberg A E,Rabiner L R,et al. A vector quantization approach to speaker
recognition[J]. IEEE International Conference on Acoustics,1985,1:387-390.

[7] 赵力.语音信号处理[M].北京:机械工业出版社,2003.

第7章 车牌识别

7.1 车牌识别简介

车牌识别系统(vehicle license plate recognition,VLPR)是现代智能交通系统中的重要组成部分之一,应用十分广泛。它以数字图像处理、模式识别、计算机视觉等技术为基础,对摄像机所拍摄的车辆图像或者视频序列进行分析,得到每一辆汽车唯一的车牌号码,从而完成识别过程[1]。通过一些后续处理手段可以实现停车场收费管理、交通流量控制指标测量、车辆定位、汽车防盗、高速公路超速自动化监管、闯红灯电子警察、公路收费站等功能。对于维护交通安全和城市治安,防止交通堵塞,实现交通自动化管理有着现实的意义。从技术角度来说,汽车牌照自动识别技术是该系统的核心。

汽车牌照自动识别技术是一项利用车辆的动态视频或静态图像进行牌照号码、牌照颜色自动识别的模式识别技术。通过对图像的采集和处理,完成车牌自动识别功能,能从一幅图像中自动提取车牌图像,自动分割字符,进而对字符进行识别。其硬件基础一般包括触发设备(监测车辆是否进入视野)、摄像设备、照明设备、图像采集设备、识别车牌号码的处理机(如计算机)等,其软件核心包括车牌定位算法、车牌字符分割算法和光学字符识别算法等。某些牌照识别系统还具有通过视频图像判断车辆驶入视野的功能称之为视频车辆检测。一个完整的牌照识别系统如图7.1所示,应包括车辆检测、图像采集、牌照识别等几部分。当车辆检测

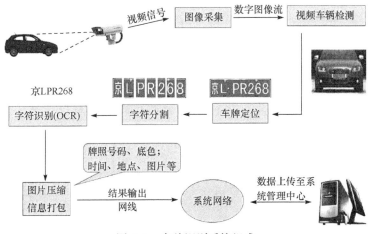

图 7.1　车牌识别系统组成

部分检测到车辆到达时触发图像采集单元,采集当前的视频图像。牌照识别单元对图像进行处理,定位出牌照位置,再将牌照中的字符分割出来进行识别,然后组成牌照号码输出。

7.2　车牌识别步骤

采用计算机视觉技术识别车牌的流程通常都包括车辆图像采集、车牌定位、字符分割、光学字符识别、输出识别结果五个步骤,如图 7.2 所示。车辆图像的采集方式决定了车牌识别的技术路线。目前国际通行的两条主流技术路线是自然光和红外光图像采集识别。自然光和红外光不会对人体产生不良的心理影响,也不会对环境产生新的电子污染,属于绿色环保技术。

图 7.2　车牌识别的步骤

自然光路线是指白天利用自然光线,夜间采用辅助照明光源,用彩色摄像机采集车辆真彩色图像,用彩色图像分析处理方法识别车牌。自然光真彩色识别技术路线,与人眼感光习惯一致,并且,真彩色图像能够反映车辆及其周围环境真实的图像信息,不仅可以用来识别车牌照,而且可以用来识别车牌照颜色、车流量、车型、车颜色等车辆特征。用一个摄像机采集的图像,同时实现所有前端基本视频信息采集、识别和人工辅助图像取证判别,可以前瞻性地为未来的智能交通系统工程预留接口。

红外光路线是指利用车牌反光和红外光的光学特性,用红外摄像机采集车辆灰度图像,由于红外特性,车辆图像上几乎只能看见车牌,然后用黑白图像处理方法识别车牌。950nm 的红外照明装置可抓拍到很好的反光车牌照图像。因红外光是不可见光,它不会对驾驶员产生视觉影响。另外,红外照明装置提供的是不变的光,所抓拍的图像都是一样的,不论是在一天中最明亮的时候,还是在一天中最暗的时候。唯一的例外是在白天,有时会看到一些牌照周围的细节,这是因为晴朗天气时太阳光的外光波的影响。采用红外灯的缺点就是所捕获的车牌照图像不是彩色的,不能获取整车图像,并且严重依赖车牌反光材料。

获取车辆图像之后,通过计算机自动识别牌照需要完成车牌定位、字符分割、字符识别的任务。

1) 车牌定位

自然环境下,汽车图像背景复杂、光照不均匀,如何在自然背景中准确地确定牌照区域是整个识别过程的关键。首先对采集到的视频图像进行大范围相关搜索,找到符合汽车牌照特征的若干区域作为候选区,然后对这些候选区域做进一步分析、评判,最后选定一个最佳的区域作为牌照区域,并将其从图像中分割出来。车牌定位常用的方法有基于车牌区域统计特征的方法、基于阈值化的方法、基于边缘检测的方法、基于投影法检测方法、基于神经网络的方法等。

2) 字符分割

完成牌照区域的定位后,再将牌照区域分割成单个字符,然后进行识别。字符分割一般采用垂直投影法。由于字符在垂直方向上的投影必然在字符间或字符内的间隙处取得局部最小值的附近,并且这个位置应满足牌照的字符书写格式、字符、尺寸限制和一些其他条件。利用垂直投影法对复杂环境下的汽车图像中的字符分割有较好的效果。字符分割常用的方法有直接分割、利用连通域分割、利用投影法分割等。

3) 字符识别

字符识别方法目前主要有基于模板匹配算法和基于人工神经网络算法。基于模板匹配算法首先将分割后的字符二值化,并将其尺寸大小缩放为字符数据库中模板的大小,然后与所有的模板进行匹配,最后选最佳匹配作为结果。基于人工神经元网络的算法有两种:一种是先对待识别字符进行特征提取,然后用所获得特征来训练神经网络分配器;另一种方法是直接把待处理图像输入网络,由网络自动实现特征提取直至识别出结果。

7.3 车牌识别实例

本节通过一个实例来说明车牌识别的过程[2]。

7.3.1 车牌定位

1) 灰度化

输入一幅静态车辆图像,将三通道 RGB 图像转换为单通道灰度图像,如图 7.3 所示。

2) 纵向边缘检测

由于车牌上的数字都有很锐利的边缘,并且这些边缘主要都是纵向的,可以通过纵向边缘检测去除图像上大量的无用信息。图 7.4 为纵向边缘检测后的图像。

图 7.3　灰度图像

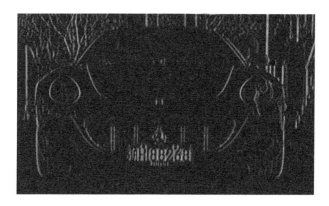

图 7.4　纵向边缘检测后的图像

3）二值化处理

这一步主要是用于区分车牌与背景。由于车牌有锐利的边缘，与背景有较强的区分性，因此可利用二值化处理，以进一步去除图像中的无用信息，同时使图像中车牌位置得以凸显出来。图 7.5 为二值化处理后的图像。

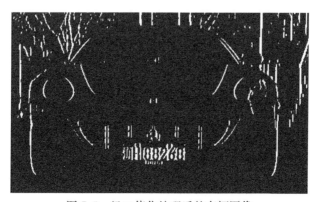

图 7.5　经二值化处理后的车辆图像

4) 形态学处理

利用形态学中膨胀与腐蚀原理,使二值图像具有较好的连通性。形态学的膨胀处理能够使图像中细小的孔洞更好地融合周围的环境,使图像区域更加完整[3]。形态学的腐蚀处理能够使图像中某些小的孤立点去除,这些细小的孤立点就相当于噪声,这样的处理能够使图像更加平滑,减少噪声干扰。图7.6为对二值图像使用形态学处理后得到的图像。

图7.6 对图像进行形态学处理

5) 矩形轮廓查找

经过以上处理后,图像中车牌位置很大部分都已凸显出来,需要从图像中查找某一个矩形区域,也就是车牌的区域,根据经验预设相关参数,如车牌长宽比、车牌面积等信息,查找符合车牌大小的矩形,即可得到车牌在图像中的位置。图7.7为检测到的车牌位置。

图7.7 定位车牌位置

6) 提取车牌

根据车牌在图像中所在的位置区域,提取出车牌。经过一定处理后,得到的车牌图像信息如图 7.8 所示。

图 7.8　提取车牌图像

7.3.2　字符分割

1）车牌修正

由于提取到的车牌上包含有铆钉,也可能会提取到车牌框,铆钉以及车牌框是不需要的信息,且还会影响到车牌字符的识别。因此,需要对提取到的车牌进行进一步处理,以去除车牌上的铆钉和车牌框,得到完整的车牌信息。

这里仅需对车牌进行横向切割即可,即只保留车牌的字符部分。通过对车牌图像数据进行逐行扫描,由于车牌图像为二值图像(假设 0 表示黑色,1 表示白色),故只需判断某一行所穿过 1 的次数小于一定值时,即为车牌字符的上边界或下边界。对车牌进行修正后,得到的图像如图 7.9 所示。

图 7.9　修正后车牌图像

2）字符提取

字符的提取利用了垂直投影法,通过对提取到的车牌图像,进行纵向投影[4],即对图像逐列扫描,计算扫描到的列穿过白色点(用 1 表示)的次数,并记录该列的索引,直至扫描至图像最右端为止,记录下所有列中,穿过 1 的次数的数值,就是每列白色色值的直方图,如图 7.10 所示。

图 7.10　每列白色色值的直方图

每个字符间有一定的间距,这样就可以找到字符间的分界区域,在分界区域进行分割,即可将车牌中的字符逐一分割出来,如图 7.11 所示。

图 7.11　分割后的车牌字符

3) 字符图像大小统一化

分割出来的字符大小很多情况都不一致,故需要对字符图像进行大小调整,将其调整为统一的大小,如 20×40,以便于下一步的识别。

7.3.3　车牌识别

分割出车牌字符后,可以对每个字符通过模板匹配的方式,进行字符识别。对于中国(不包括港澳台等地区)的车牌号,它的第一个字符通常是省份或直辖市的简称,第 2 个字符为字母,第 3~7 个字符为数字或字母。利用模板匹配方法进行识别,首先需要准备模板库:31 个省份或直辖市的简称,共 31 个汉字;26 个英文字母;10 个 0~9 的数字。图 7.12 为部分模板图像。

图 7.12　部分模板图像

对提取的车牌字符,总共有 7 个。第一个字符为汉字,只需与 31 个汉字模板库进行匹配;第 2 个为字母,只需与 26 个字母模板库进行匹配;第 3~7 个为字母或数字,需为 26 个字母以及 10 个数字进行匹配。最后得出识别结果。

图 7.13 是用 C++语言编写的基于 MFC 对话框的车牌识别程序界面,根据以上实现步骤,可进行车牌识别。

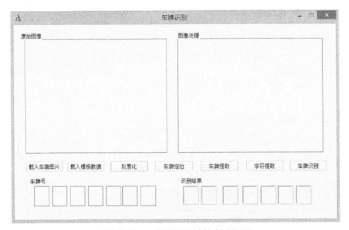

图 7.13　车牌识别软件界面

首先,载入车牌图片及模板数据,如图 7.14 所示。

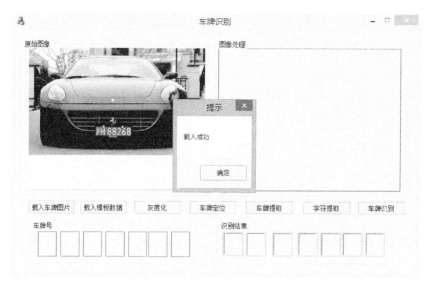

图 7.14　载入模板数据

之后对载入的车牌图片进行灰度化并定位车牌位置,如图 7.15 所示。

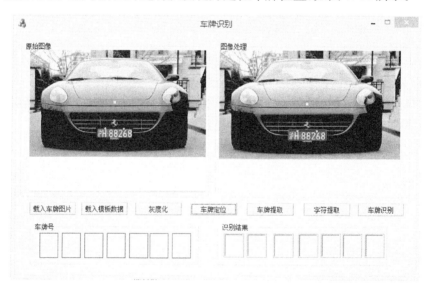

图 7.15　车牌定位

定位车牌位置后,进行车牌提取,然后再提取字符并对字符进行分割,如图 7.16 所示软件界面中左下角车牌号一栏的显示。

最后,将车牌号的每一个字符与载入的模板图像进行一一比对[5]。其中,车牌

图 7.16　车牌字符提取

号第一个字符为汉字,只需与汉字模板库进行比对,车牌号第 2 个字符为英文字母,仅需与字母模板库进行比对,车牌号后 5 位有可能包括英文字母和数字,所以每个字符分别需要与数字模板库和英文字母模板库进行比对,最后得出与模板库中最相近的模板字符图像即为识别结果。图 7.17 中右下角识别结果一栏显示的就是车牌识别的结果。

图 7.17　车牌识别结果

　　随着社会经济的发展、汽车数量急剧增加,对交通控制、安全管理、收费管理的要求也日益提高,运用电子信息技术实现安全、高效的智能交通成为交通管理的主要发展方向。汽车牌照号码是车辆的唯一"身份"标识,牌照自动识别技术可以在汽车不作任何改动的情况下实现汽车"身份"的自动登记及验证,这项技术已经应用于公路收费、停车管理、交通诱导、交通执法、公路稽查、车辆调度、车辆检测等各种场合。

参 考 文 献

［1］Chang S L,Chen L S,Chung Y C,et al. Automatic license plate recognition[J]. IEEE Transactions on Intelligent Transportation System,2004,5(1):44-53.

［2］Yang J,Hu B,Yu J H,et al. A license plate recognition system based on machine vision[C]. Proceedings of 2013 IEEE International Conference on Service Operations and Logistics,and Informatics,Dongguan,2013:259-263.

［3］Rafael C,Gonzalez,Richard E,et al. 数字图像处理[M].阮秋琦,阮宇智,等,译. 北京:电子工业出版社,2007.

［4］赵雪春,戚飞虎. 基于彩色分割的车牌自动识别技术[J].上海交通大学学报,1998,32(10):4-9.

［5］Goel S,Dabas S. Vehicle registration plate recognition system using template matching[C]. International Conference on Signal Processing and Communication,Noida,2013:315-318.

第8章 脑机接口中运动想象脑电信号的识别

8.1 脑机接口的基本概念与原理

人类正常生活中,由大脑通过神经、肌肉实现对我们肢体及外部设备的控制。脑机接口是 brain computer interface 的缩写,简称 BCI,是一种不依赖于大脑正常输出通路(即外周神经及肌肉)的交流和控制通道[1]。如图 8.1 所示,它把大脑发出的信息(如脑电波信号,electroencephalogram,EEG)通过特定的传感器进行采集和计算机分析处理,直接转换成能够驱动外部设备的命令,代替人的肢体或语言器官实现人与外界的交流以及对外部设备的控制。

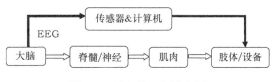

图 8.1 脑机接口概念框图

生物电现象是生命活动的基本特征之一,各种生物均有电活动的表现,大到鲸鱼,小到细菌,都有或强或弱的生物电。对脑来说,脑细胞就是脑内一个个"微小的发电站"。我们的脑无时无刻不在产生 EEG 信号,不同状态产生的 EEG 不同。如图 8.2 所示,当人们受到特定的外部视觉刺激、进行特定的运动想象(如想象左手运动、右手运动、脚运动)或思维任务时,在大脑的不同区域会产生各种特定模式的脑电信号,通过"解读"(包括预处理、特征提取、分类识别)这些信号,可以对刺激目标或运动想象类别进行判断。脑机接口通过检测脑电信号及其变化,在没有肌肉和外围神经参与的情况下,实现人的"意念"对外部设备的直接控制。人类的每一闪思维,每一种情绪,每一个想法,在大脑中都会产生特定的脑电信号,BCI 正是通过对该脑电信号进行识别,翻译成控制命令,实现对假肢、轮椅等的控制。

近年来,由于脑科学与认知神经科学、心理学、信号处理与模式识别、通信与控制、电子技术、计算机科学技术等的快速发展,推动了 BCI 研究的迅速发展,作为一门交叉学科,BCI 技术是多学科共同发展的产物,目前已成为生物医学工程领域中的一个研究热点。在 MIT 提出的"21 世纪能改变世界的十大技术"排行榜中,BCI 技术名列第一位。美国总统奥巴马 2013 年 4 月宣布"亿元脑研究计划",而BCI 是脑研究的重要组成。作为神经科学和工程技术学科交叉的一项创新性发明,BCI 得到越来越多的关注,近 20 年来,BCI 的研究有了惊人的发展。BCI 在肢

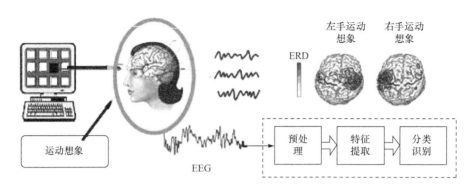

图 8.2 脑机接口基本工作原理示意图

障患者等残疾人功能康复、轮椅控制、监护和监控、军事、人工智能、娱乐等众多领域有不断增长的潜在应用价值，如图 8.3 所示，为延伸和提高人类行为控制能力提供新技术。

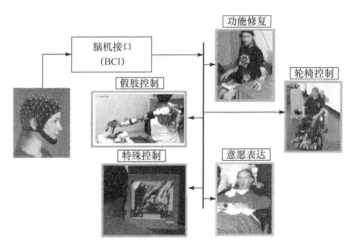

图 8.3 BCI 的典型应用示例

与其他的通信控制系统类似，BCI 系统包括输入（如从用户记录的电生理活动）、输出（如控制设备的命令）、将输入转换成输出部分和协议部分等。在目前讨论的 BCI 系统中，输入主要是从头皮或者皮层表面记录到的脑电信号。大脑活动信号通过电极获取，再经过放大和数字转换送到计算机做进一步处理。具体的 BCI 系统一般由信号采集、信号处理、接口与控制器三部分构成，如图 8.4 所示。

（1）信号采集部分。完成信号的采集与记录功能。由于 EEG 信号本身是只有 $10\sim100\mu\text{V}$、$0.5\sim100\text{Hz}$，是极其微弱的低频生物电信号。采集 EEG 信号时，受试者头部需要佩戴一个电极帽并连接放大器。信号一般需要放大 100000 倍，经过 A/D 转换、滤波等处理转换为数字信号，存储于计算机中。

（2）信号处理部分。对采集的脑电信号进行分类识别，包括预处理、特征提取、特征选择和分类，分辨出引发脑电变化的动作意图。

（3）接口与控制器部分。实现分类结果与外设的连接，将信号特征量转换成控制命令并用来控制外界装置。

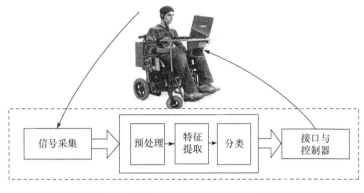

图 8.4　BCI 系统的基本结构

8.2　基于独立分量分析的脑电信号预处理

脑电信号采集过程中常含有眼电伪迹（electrooculography，EOG）、肌电伪迹（electromyogram，EMG）、心电伪迹（electrocardiogram，ECG）等伪迹干扰[2]，但是，在这些伪迹中，除了眼电伪迹之外，大多数伪迹与脑电信号所在的频率段都不重叠，故可通过数字滤波器去除，而眼电伪迹产生的频率较高，幅值是真实 EEG 的数倍[3]。因此，眼电伪迹是一种最重要的 EEG 伪迹信号。

当人眨眼或者眼球运动时，则会产生较大的电位变化从而产生眼电。实际采集 EEG 时，EOG 从其源发出，在整个大脑头皮弥散，使得采集到的 EEG 信号发生形变，EOG 对头部整个区域采集到的 EEG 信号都有影响，对大脑前部各个通道的影响最为明显。为了避免眼电的干扰，可以在采集 EEG 时，让受试者尽量放松，尽量减少或者避免眨眼。但是，这种做法是不现实的，此外，有些受试者（特别是患者和儿童）的无意运动是难以控制和避免的。因此，采集 EEG 信号难免包含 EOG 信号，去除眼电伪迹并提取纯净的 EEG 信号有着重大的意义。

盲源分离在信号处理领域是一个新的研究热点，在去除脑电信号中的眼电有着明显的作用。它尝试在源信号和传输系统特性均未知的情况下对混合信号进行分离。盲源分离算法将伪迹成分和真实脑电信号分解成不同的源信号成分，通过将与伪迹有关的源信号成分置零，可得到去除伪迹后的信号。盲源分离问题通常分为两种：一种是基于高阶统计量的盲源分离（如独立分量分析）[4]，另一种是基于二阶统计量的盲源分离（如二阶盲辨识）[5]。这里采用基于高阶统计量的 Fast ICA 算法对含眼电伪迹的 EEG 信号进行处理。

基于 Fast ICA 算法的眼电伪迹去除基本思路如下：①将真实脑电信号和眼电伪迹分解成不同的独立源信号；②将眼电伪迹分量至零；③逆向投影重构得到去除伪迹后的纯净脑电信号。

实验数据：实验使用的含有眼电的脑电数据来自科罗拉多州立大学 EEG 研究中心[6]。脑电信号按如下的方法采集，电极按照国际标准导联 10-20 系统安放在 C_3、C_4、P_3、P_4、O_1 和 O_2 这六个位置，另外，还同步采集了一导 EOG 信号，参考电极放置在 A_1 和 A_2。信号的采样频率为 250Hz，模拟滤波范围为 0.1～100Hz。每次 EEG 记录时间为 10s。Fast ICA 算法去除伪迹原理图如图 8.5 所示。

图 8.5　ICA 去除伪迹原理图

（1）S 是观测信号矢量，即原始 6 个位置采集到的 EEG，图 8.6 为采集的 6 导的含有眼电伪迹的原始脑电观测信号，其中横坐标是采样点，纵坐标代表幅值（μV）。6 导数据分别来自受眼电伪迹干扰程度不同的大脑区域。X 是经过白化处理后的信号，对 6 个导联的观测信号进行 ICA 分解，可得 6 个独立源成分量，记为 ICAsig，如图 8.7 所示。

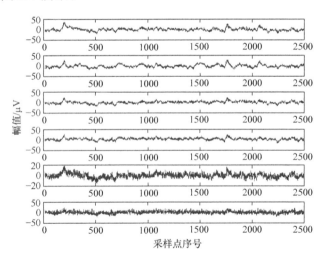

图 8.6　含有眼电伪迹的原始脑电观测信号

（2）依据眼电的先验知识，识别出与眼电信号相关的独立成分，并将该成分置零，其他独立源成分保持不变。从图 8.7 中可以看出第一个独立分量就是眼电的

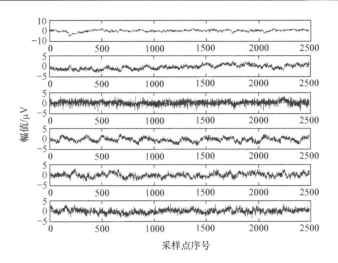

图 8.7 Fast ICA 分解得到的 6 个独立源分量

独立分量,故将该分量置零,得到新的向量 ICAsig′。

（3）将去除眼电分量后的向量 ICAsig′逆向投影重构,得到不含眼电伪迹的纯净的脑电信号,如图 8.8 所示。经过 ICA 后,眼电伪迹得到了有效去除,为进一步的特征提取奠定基础。

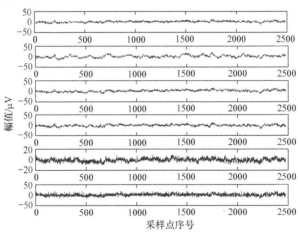

图 8.8 去除眼电伪迹后的 EEG 信号

8.3 基于小波和小波包变换的脑电信号特征提取

传统的特征提取方法如时域均值、频域功率谱等均是用来分析平稳信号的,均是在假定 EEG 为平稳信号的前提下进行的。然而 EEG 是一种典型的非平稳信号,平稳性假设在临床上是不成立的[7~9]。在非平稳信号中,通常包含长时低频和短时高频不同尺度的信号。用于分类的特征往往包含在局部的时-频信息中,用一般的变换方法很难提取这些信号的重要特征。相比之下,小波变换和小波包变换能够更好地表示和分析非平稳的 EEG 信号。

8.3.1　基于小波变换系数及系数均值的特征提取

小波变换将信号分解成一系列小波函数的叠加,小波窗口大小随频率改变。在低频时,时间分辨率较低但频率分辨率较高;在高频时,时间分辨率较高但频率分辨率较低。EEG 信号是非平稳信号,由于小波变换的多分辨率特点,很适合提取 EEG 特征。

当我们选择特定的小波函数和分解层次后,就可以对 EEG 信号进行分解。以 Daubechies 类 db4 小波对信号进行 6 层分解为例,则原始信号 $f(n)$ 可以表达为

$$f(n) = A_6 + D_6 + D_5 + D_4 + D_3 + D_2 + D_1 \tag{8.1}$$

信号分解后,输出的分解结构包含小波分解系数向量 C 和系数长度向量 L。系数向量 C 结构按如下组织:$C = [cA_6, cD_6, cD_5, \cdots, cD_1]$,其中 cA_6 为逼近系数,$cD_6, cD_5, \cdots, cD_1$ 为小波系数。

1. 基于分解系数的特征

图 8.9 展示了从 DWT 系数中获得特征系数的原理。以 Fisher 距离指标 $J = \mathrm{tr}(S_w^{-1} S_b)$[10] 作为特征的可分离性度量,式中,$S_b$ 为类间离散度矩阵;S_w 为类内离散度矩阵;J 值越大代表该特征的类别可分离性越好。各子带可以分别按不同的比例,从中选取 J 值大的逼近系数、小波系数。具体比例值应依据人不同的思维和实验范例来确定。在小波分解 C 结构中,通过关键系数选择得到 $C' = [c_1, c_2, \cdots, c_n]$,即特征系数向量,$n$ 为系数向量的维数。同时可以获得表征特征系数向量个数和位置的结构 L',用 n_a' 和 n_i' 分别表示选择的尺度系数和 i 级小波系数的长度,则

$$L' = [(n_a', l_1, \cdots, l_{n_a'}), (n_{d6}', l_{61}, \cdots, l_{6n_6'}), (n_{d5}', l_{51}, \cdots, l_{5n_5'}), \cdots, (n_{d1}', l_{11}, \cdots, l_{1n_1'})] \tag{8.2}$$

式中,$l_1, \cdots, l_{n_a'}$ 表示选择出的逼近系数在该级原始分解系数的序号;l_{ij} 表示选择出的小波系数在该级小波系数的序号,这里 $n = n_a' + n_{d6}' + n_{d5}' + \cdots + n_{d1}'$。

2. 基于子带系数均值的特征

BCI 的 EEG 分析中常用到时域均值。EEG 经多尺度小波分解后也能提供类似特征,各小波子带系数均值分别代表不同频率段的时间均值信息,与信号整体均值比,更能细致地刻画均值信息。小波子带系数均值定义为

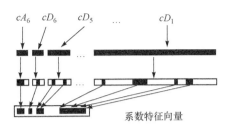

图 8.9　分解系数获取特征的原理

$$m_i = \frac{1}{n_i} \sum_{k=1}^{n_i} C_{jk}^{(i)} \tag{8.3}$$

式中，n_i 为子带系数长度；i 为子带序号。求出每个子带的系数均值，可以构成 M $\{m_1, m_2, \cdots, m_7\}$，$m_1, \cdots, m_7$ 对应于 $cA_6, cD_6, \cdots, cD_1$ 系数均值。仍然基于 Fisher 距离判别准则，按一定比例，从中选取部分系数均值作为特征，得到 $M' = \{m_1, m_2, \cdots, m_q\}$ 特征均值向量，q 为特征向量的维数。

3. 特征矢量的形成

EEG 特征矢量的形成步骤可以总结如下：

第 1 步　对每个训练样本，用指定的小波函数进行指定层次的分解，得到系数向量 C。

第 2 步　各子带按不同的比例，从 C 中选取部分具有较高可分离能力的逼近系数、小波系数，得到 C'，可分离能力指标基于上述的 Fisher 准则。基于同样的过程可以从 M 中选择部分小波子带系数均值得到 M'。这里需要说明的是，关于选取比例的选择，应该考虑如下几个因素：

(1) 可分离能力。其值应该大于特定的阈值。

(2) 子带的重要性。适当提高重要子带（如运动想象任务的重要信息在 $8 \sim 12\mathrm{Hz}$ 的 Mu 节律或 $18 \sim 26\mathrm{Hz}$ 的 Beta 节律，这些频率对应的子带则为重要频带）的选择比例。

(3) 特征维数。总的特征维数一般为几十个。

各子带选取主要依据可分离能力，由于不同的比例导致不同维数和不同结构的特征向量，最后将导致不同的分类结果。在遵循这几个原则前提下，具体比例通过经验或试验确定，其值确定后，就可以得到最终的 C' 和 M'。

第 3 步　对每个训练样本数据，按照上述方法，得到 C' 和 M'，假设 EEG 信号的采样通道为 $\mathrm{CH}_1 \sim \mathrm{CH}_L$，则 L 个 EEG 通道的特征系数向量分别记作 $C_1', C_2', \cdots, C_L'$，系数均值向量记作 $M_1', M_2', \cdots, M_L'$。结合所有待分析 EEG 通道的 C' 和 M' 形成特征向量 $\{C_1', M_1', C_2', M_2', \cdots, C_L', M_L'\}$，$L$ 为所分析的 EEG 通道数。将特征向

量其归一化,形成最终的特征向量 $X=\{C_1',M_1',C_2',M_2',\cdots,C_L',M_L'\}$。

8.3.2　基于小波包分解系数及子带能量的特征提取

WPD 具有任意多尺度特点,避免了小波变换固定时频分解的缺陷(如高频段频率分辨率低),为时频分析提供了极大的选择余地,更能反映信号的本质和特征。

1. 系数均值初始特征

离散序列经过小波包分解后,任意小波包基的分解系数总长度等于原序列的长度,不同的是,将序列投影到小波域,其各分量按照频率的不同重新组合排序,新的序列具有集中系数的能力,便于本质特征的提取[11]。

设原始 EEG 信号采样率为 f_s,通道(导联)$l=1,2,\cdots,i,\cdots,C$,每个通道采样数据长度为 2^N。则 EEG 信号频率范围为 $0\sim f_s/2$,考虑有用频率一般小于 50Hz,将 EEG 信号进行 j 级小波包分解,选取第 j 级各 U_j^n 子带中,子带频率在 $0\sim50$Hz 范围内子带均值 $\text{AVE}_{j,n}$ 作为特征,$\text{AVE}_{j,n}$ 表示为

$$\text{AVE}_{j,n} = \frac{2^N}{2^j} \sum_k d_j^n(k) \tag{8.4}$$

对每个通道 l 的 EEG 信号均按照式(8.4)进行计算,所有通道形成的特征矢量可以表示为 $M=\{\text{AVE}_{j,0}^1,\text{AVE}_{j,1}^1,\cdots;\text{AVE}_{j,0}^i,\text{AVE}_{j,1}^i,\cdots;\text{AVE}_{j,0}^C,\text{AVE}_{j,1}^C,\cdots\}$,简单记为 $M=\{m_1,m_2,m_3,\cdots\}$。分解级数 j 的选取,原则上越大、频率分辨率越高,但同时计算量增大、特征空间维数增高,故 j 应依据 f_s 和实际情况进行选择。

2. 子带能量初始特征

从能量角度看,小波包变换将信号的能量分解到不同的时频平面上。小波变换幅度平方的积分同信号的能量成正比。同子带均值选取类似,选取第 j 级各 U_j^n 子带中,子带频率在 $0\sim50$Hz 范围内子带能量 $E_{j,n}$ 作为特征,$E_{j,n}$ 表示为

$$E_{j,n} = \sum_k (d_j^n(k))^2 \tag{8.5}$$

对每个通道 l 的 EEG 信号均按照式(8.5)进行计算,所有通道形成的特征矢量可以表示为 $N=\{E_{j,0}^1,E_{j,1}^1,\cdots;E_{j,0}^i,E_{j,1}^i,\cdots;E_{j,0}^C,E_{j,1}^C,\cdots\}$,可以简单记为 $N=\{n_1,n_2,n_3,\cdots\}$。

3. 特征矢量的形成

上述系数均值特征和能量特征的维数较高,为进一步减少特征空间维数,以 Fisher 距离指标 $J=\text{tr}(S_w^{-1}S_b)$[10] 作为特征的可分离性度量,式中 S_b 为类间离散度矩阵,S_w 为类内离散度矩阵,J 值越大代表该特征的类别可分离性越好。分别

计算 M 中的每个分量的 J 值 $\{J_{m_1}, J_{m_2}, J_{m_3}, \cdots\}$，按照由大到小的顺序进行排列，$J_{m_1}^* > J_{m_2}^* > J_{m_3}^*$（同时记录位置序号），选择前面 d 个 $J_{m_1}^* \sim J_{md}^*$ 对应的系数均值作为特征，记 $M' = \{m_1', m_2', m_3', \cdots, m_d'\}$。对 N 中的每个分量的选取准则同 M，选取 Fisher 距离指标 J 值较大的前 l 个特征，最终得到能量均值特征，记 $N' = \{n_1', n_2', n_3', \cdots, n_l'\}$。

小波包系数均值与能量分别代表了信号不同的信息，可以分别单独作为特征，也可以联合作为特征，本书将二者结合起来作为最终分类使用的特征矢量，$X = \{M', N'\}$。

根据以上分析，EEG 信号的特征提取步骤如下：

（1）首先对一个通道所有训练样本的 EEG 数据进行 j 级分解，按照式(8.4)和式(8.5)计算第 j 级分解 $0 \sim 50$Hz 范围内的各 U_j^n 小波包子带均值 $\text{AVE}_{j,n}$、子带能量 $E_{j,n}$。

（2）同样的方法计算其他通道的子带均值 $\text{AVE}_{j,n}$、子带能量 $E_{j,n}$，所有通道的 $\text{AVE}_{j,n}$ 形成特征矢量 M，$E_{j,n}$ 形成特征矢量 N。

（3）以 Fisher 距离指标作为特征的可分离性度量标准，从 M、N 中进行选择，得到 M'、N' 及对应位置标记，进而得到 $X = \{M', N'\}$，并进行归一化处理。

特征矢量的形成过程见图 8.10。

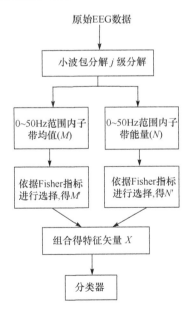

图 8.10　特征矢量的形成过程

8.3.3 数据描述

实验数据来自 BCI2003 竞赛 Data Set Ia 中一个健康的实验者,实验者有 SCP 幅度自我控制经验,可以不考虑精神状态和心理因素的影响,垂直眼动干扰已经在线校正。实验范例如图 8.11 所示:每次持续 6s,其中 0.5~6s 计算机屏幕上方或下方有一个高亮度的指示,暗示实验者需要将屏幕中间的光标向上或向下移动,2~5.5s 实验者接受来自 Cz-Mastoids 电极的 SCP 幅度反馈信息,反馈信息在屏幕中下方以一个长度正比于 SCP 幅度的亮条显示。光标的上下运动由实验者通过两种不同的思维活动改变 SCP 幅度变化来实现,并非通过手动鼠标来移动光标。当 SCP 为正时光标下移,SCP 为负时光标上移。

反馈时间段(2~5.5s)的 EEG 被记录,EEG 记录来自 6 个位置:A_1、A_2、C_{3f}、C_{3p}、C_{4f}、C_{4p},参考电极为 C_z。A_1 为左乳突,A_2 为右乳突,C_{3f}、C_{4f} 为 C_3、C_4 前 2cm,C_{3p}、C_{4p} 为 C_3、C_4 后 2cm。6 个位置(通道)依次记为 CH_1,CH_2,$\cdots$,CH_6。信号采样率为 256Hz。共有 268 个训练样本,293 检验样本。训练样本中前 135 个为光标向下(类别"0"),后 133 个为光标向上(类别"1")[12]。数据分析的目标是依据这些原始数据将检验样本的类别"0"与"1"正确区分。

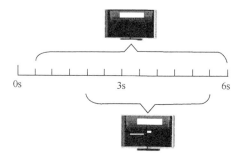

图 8.11   实验范例

8.3.4 基于小波变换系数及系数均值处理结果

我们采用 Daubechies 的 db4 小波函数,对 EEG 信号进行 6 级小波包分解,得到分解系数,图 8.12 所示为 CH_1 通道某单个"0"类与"1"类样本的原始信号及分解系数。图 8.13 表示该样本分解结构 C 中各子带系数按照 Fisher 距离准则分别选取 70%、25%、10%、10%、5%、2%、0% 所构成的 C' 系数图。图 8.14 为两个不同类别小波子带系数均值 $M\{m_1, m_2, \cdots, m_7\}$ 的类内均值分布,从中选取 $M' = \{m_1\}$ 作为特征,特征向量最终为 $X = \{C'_1, M'_1, C'_2, M'_2, \cdots, C'_L, M'_L, \}$。图 8.15 表示利用取特征向量 C'_1 中第一个元素 c_1 为横坐标,第二个元素 c_2 为纵坐标时,训练样本的分布情况。

将特征向量 X 送给概率神经网络 PNN 进行识别,检验样本的识别正确率为 90.5%,与竞赛获胜者结果 88.7%,提高近 1.8%。

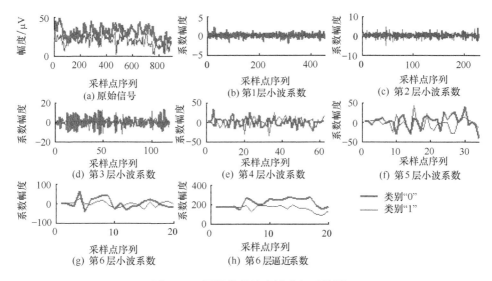

图 8.12　原始信号及小波分解系数图

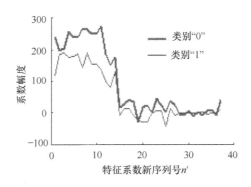

图 8.13　C' 特征系数图

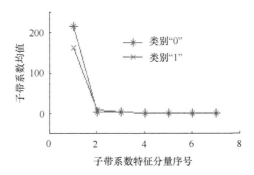

图 8.14　小波分解子带系数均值

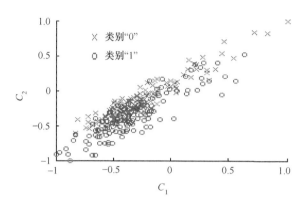

图 8.15　两维特征的训练样本分布图

8.3.5　基于小波包分解系数及子带能量处理结果

采用 Daubechies 的 db4 小波函数,对 EEG 信号进行 6 级小波包分解。在第 6 级别有 64 个小波包子带,对应的子带频率依次为$[0,2],[2,4],\cdots,[126,128]$Hz,其中 $0\sim50$Hz 范围内的子带有 25 个,因此 M 和 N 均为 150 维(6 个通道,每个通道 25 个子带)。

按照 8.3.2 节描述的特征提取步骤,可得到 M 和 N 中每个分量的 Fisher 指标值 J,图 8.16 为 M 中各特征分量的指标值 J。J 有两个峰值点,故在 M 中选取 $d=2$,得到 2 维特征,$M'=\{m'_1,m'_2\}$。图 8.17 为 N 中各分量 J 值(分别为依据 J 值排序前后的曲线)。在 N 中选取 $l=15$,得到 15 维特征 $N'=\{n'_1,n'_2,n'_3,\cdots,n'_{15}\}$,$X=\{M',N'\}$ 为 17 维。图 8.18 为训练样本的 m'_1 分布,图 8.19 为训练样本的 n'_1 分布。由图 8.18、图 8.19 可看到,不同类别的这些特征分量具有一定的差异。将特征向量 X 送给 PNN 进行识别,检验样本的识别正确率为 90.8%,与竞赛获胜者结果 88.7% 相比,提高 2.1%。

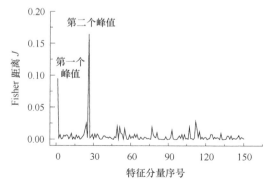

图 8.16　M 中各分量的可分离性值 J

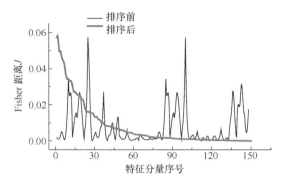

图 8.17　N 中各分量的可分离性值 J

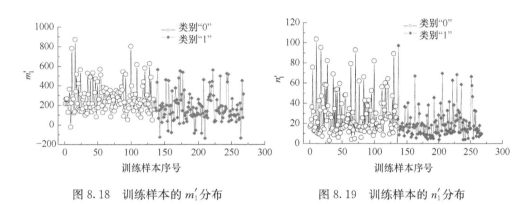

图 8.18　训练样本的 m_1' 分布　　　　　图 8.19　训练样本的 n_1' 分布

8.4　基于 HHT 的脑电信号特征提取

8.4.1　数据描述

采用的脑电数据来自 2008 年 BCI Competition Ⅳ Dataset 1,由 Berlin BCI 研究组提供[13]。该数据集记录于 7 个健康的受试。对于每一个受试,执行左手、右手、脚运动想象中的两类,得到有标签数据和测试数据两组数据。对于有标签数据,每个受试执行 200 次实验,单次实验持续 8s。每一次数据记录过程如下:首先给受试 2s 安静准备时间,同时监视器显示十字符号;在第 2s 时,监视器显示一个向左或向右或向下方向的箭头,受试按照箭头的方向被引导着想象相应的运动,此后的 4s 用于想象;紧接着 2s 的黑屏,表示一次实验结束。对于测试数据,通过声音提示受试执行具体的想象任务,当提示"stop"时停止想象,想象时间持续 1.5～8s。此后是 1.5～8s 的安静准备时间。单次实验过程如图 8.20 所示。

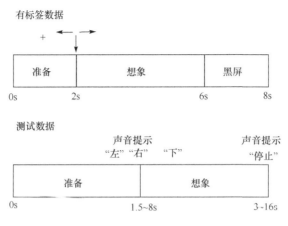

图 8.20　单次实验过程

实验中使用 Ag/AgCl 电极帽和 BrainAmp MR 放大器,对电极帽 59 个测试电极探测到的 EEG 记录并放大。信号带通滤波范围为 0.05～200Hz,采样频率为 100Hz。数据集中的受试 a 和受试 f 执行想象左手和脚运动,选取这两组数据集为研究对象,以 V_M(M 代表通道数,$M=1,2,\cdots,59$)表示从受试记录得到的 EEG 数据电压值。考虑到实际应用的可行性和简易性,本处理仅选取包含信息量最多的两个通道 C_4(V_{31})和 C_z(V_{29})进行分析[14]。

8.4.2　数据预处理

Pfurtscheller 等认为头皮上相距 5cm 的两个导联信号的相关系数高达 60%～70%,因此需要对采集的 EEG 进行空间滤波。Laplacian 滤波器[15]有良好的空间滤波性能,能够提取出信号的瞬时电位分布。根据式(8.6)对 V_{31} 和 V_{29} 滤波,得滤波后的信号 V_{31}^{Lap} 和 V_{29}^{Lap}[16]:

$$V^{\text{Lap}} = V - \frac{1}{4}\sum_{k \in S} V_k \tag{8.6}$$

式中,S 是与所研究电极最邻近的 4 个电极,对 C_4 而言,S 分别为 C_{FC4}(V_{22})、C_{FC6}(V_{23})、C_{CP4}(V_{39})和 C_{CP6}(V_{40});对 C_z 而言,S 分别为 C_{FC1}(V_{20})、C_{FC2}(V_{21})、C_{CP1}(V_{37})和 C_{CP2}(V_{38})。再者,临床上和生理学研究中关注的频率范围集中在 0.5～30Hz,故再次将空间滤波后的信号 V_{31}^{Lap} 和 V_{29}^{Lap} 经过 8 阶巴特沃思低通滤波器滤波,保留信号频率 30Hz 以下的有用成分。

按照想象左手和脚运动将 V_{31}^{Lap} 和 V_{29}^{Lap} 数据分割,形成 200×400 的数组 x_{ij}^{31} 和 x_{ij}^{29}(其中,i 为样本序号,$i=1,2,\cdots,200$。当 $i=1,2,\cdots,100$ 时对应左手运动想象;$i=101,102,\cdots,200$ 时对应脚运动想象;j 为每个样本的时间点序号,$j=1,2,\cdots,400$)。假设 $x \in \{x_{ij}^{31}, x_{ij}^{29}\}$ 为任一 1×400 的样本。

8.4.3　基于 HHT 的 AR 特征

1. IMF 的选取

大脑在进行想象动作思维时会引发 ERD/ERS 现象,并伴随着 EEG 的时频变化。因此,定义 θ_i 为 EMD 分解得到的第 i 个 IMF 的频率有效度,用来度量该 IMF 所含的有效信息量占总信息量的多少,其数学表达式为

$$\theta_i = \frac{n_{\text{in}}}{n} \tag{8.7}$$

式中,n_{in} 为第 i 个 IMF 中 IF 在有效频带 8~30Hz 内的时间点数;n 为总的信号采样点数。θ_i 越大,表示第 i 个 IMF 中所包含的有效信息量越多,该 IMF 的可信度就越高。图 8.21 显示了受试 a 不同运动想象样本均值的 EMD 分解过程,可见不同通道不同思维状态的样本均值经 EMD 分解均得到了 5 个 IMF。图 8.22 显示了各个 IMF 对应的 IA,各个 IMF 对应的 IF 如图 8.23 所示。图 8.23 中显示的各个 IF 是归一化频率值 f_g,与信号真实频率 f 之间的关系是 $f_g = f/100$。按照定义式(2.15),计算各个 IMF 对应的频率有效度 θ,见表 8.1。从表 8.1 中可以看到,每一个样本的 IMF1 和 IMF2 中包含的有效频率成分最多,所以前两个 IMF 最为重要。受试 f 的样本也得到同样的结论。

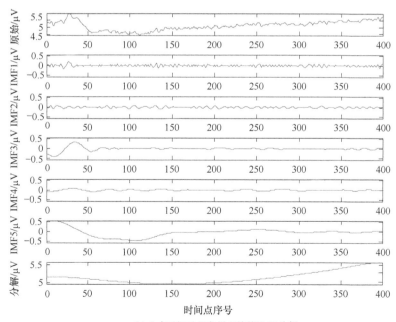

(a) C_4 左手运动想象样本均值EMD分解

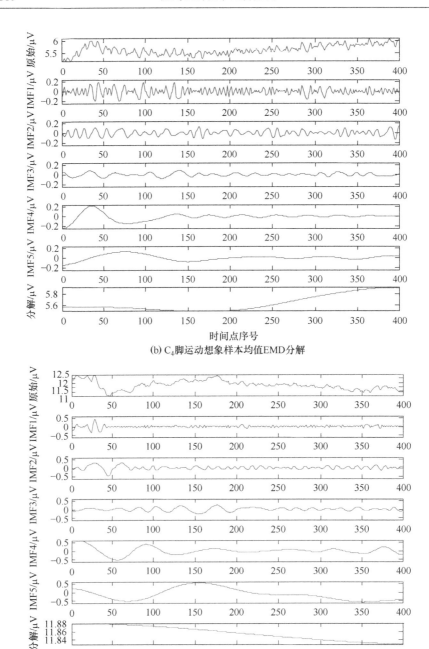

(b) C$_4$脚运动想象样本均值EMD分解

(c) C$_z$左手运动想象样本均值EMD分解

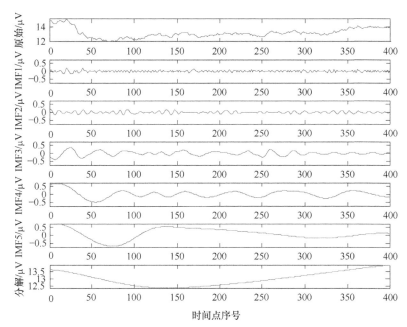

(d) C_z 脚运动想象样本均值EMD分解

图 8.21　受试 a 不同运动想象样本均值的 EMD 分解过程

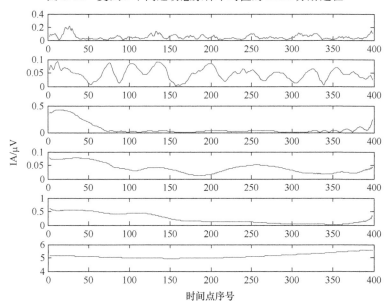

(a) C_4 左手运动想象样本均值IMF的瞬时幅值

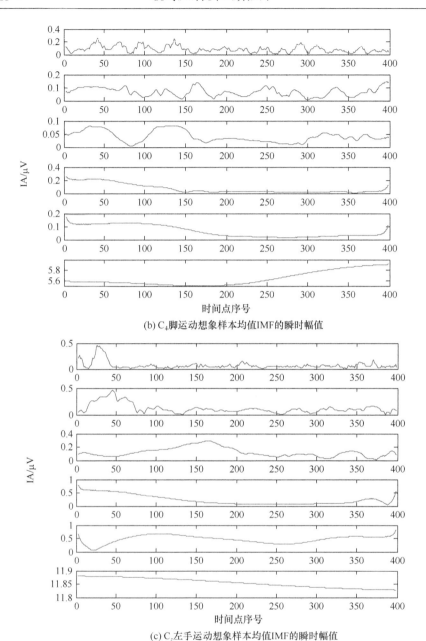

(b) C_4 脚运动想象样本均值IMF的瞬时幅值

(c) C_z 左手运动想象样本均值IMF的瞬时幅值

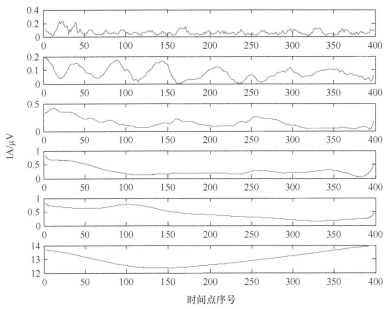

(d) C_z 脚运动想象样本均值IMF的瞬时幅值

图 8.22 受试 a 不同运动想象样本均值各 IMF 对应的瞬时幅值

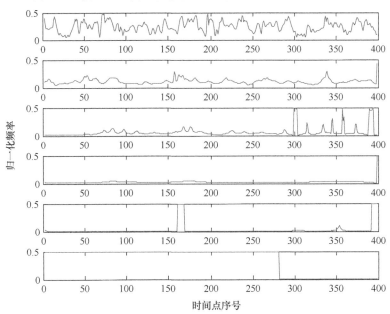

(a) C_4 左手运动想象样本均值IMF的瞬时频率

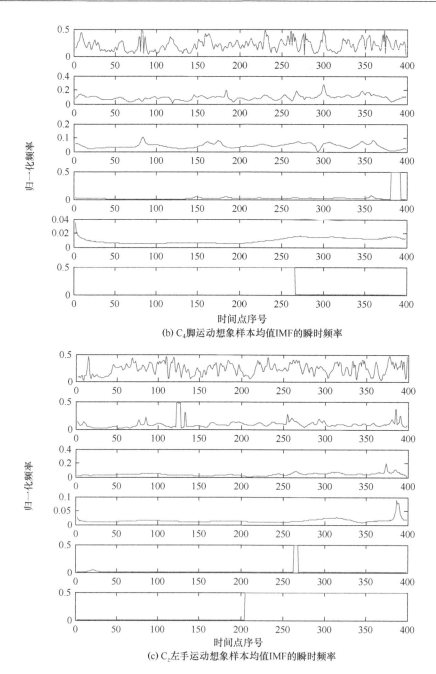

(b) C_4 脚运动想象样本均值IMF的瞬时频率

(c) C_z 左手运动想象样本均值IMF的瞬时频率

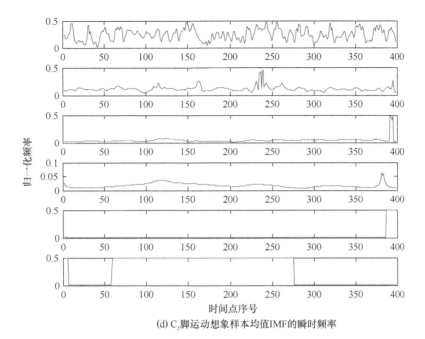

(d) C_z 脚运动想象样本均值IMF的瞬时频率

图 8.23　受试 a 不同运动想象样本均值各 IMF 对应的瞬时频率

表 8.1　图 8.21 中各 IMF 对应的 θ

图 8.21(a)		图 8.21(b)		图 8.21(c)		图 8.21(d)	
阶数	θ	阶数	θ	阶数	θ	阶数	θ
1	0.6658	1	0.7186	1	0.6231	1	0.6457
2	0.8040	2	0.8065	2	0.4849	2	0.4975
3	0.1811	3	0.0176	3	0.0327	3	0.0050
4	0	4	0.0025	4	0.0025	4	0
5	0	5	0	5	0	5	0

2. AR 模型参数特征形成

自回归(auto-regressive,AR)模型是一种参数建模技术,即在确定了描述信号、系统或过程的数学模型类型后,从已知的关于系统的信息中确定模型参数[17]。对于随机信号,AR 模型可描述为

$$y(n) = -\sum_{k=1}^{P} \alpha_k y(n-k) + v(n) \tag{8.8}$$

式中，$y(n)$ 是信号的第 n 个采样值；α_k 是 AR 模型的第 k 个系数；$v(n)$ 表示白噪声残差；P 是 AR 模型的阶数。

AR 模型本质上是一种线性预测方法，它假定现在的输出 $y(n)$ 是现在的输入 $v(n)$ 和过去 P 个输出的加权和。基于这一假设，只要选取合适的阶次和参数就可以使得 AR 模型所对应的 AR 过程尽可能逼近实际 EEG。尽管 AR 过程是针对平稳随机信号建立模型的，但 AR 模型参数辨识简单，实时性好，在处理某些非平稳信号时也能取得较好的结果。关于 AR 模型参数的估计方法有 Yule-Walker 方程法、Levison-Durbin 递推算法、格型（Lattice）递推算法和最小二乘法等。由于 EMD 分解得到的前两个 IMF 更易于揭示信号的本质，因此，本书运用 Yule-Walker 算法对每一个样本 EMD 分解后的前 2 个 IMF 的 IA，分别提取 4 阶 AR 模型系数，可构筑 8 维特征分量 AR1，AR2，…，AR8。

8.4.4　基于 HHT 的 IE 特征

在想象动作发生前，由 ERD/ERS 产生的 EEG 中 μ 和 β 两节律波段内会有能量的变化[18]，因此可以用 IE 来跟踪信号能量随时间的波动。本文通过 EMD 将 EEG 分解为一系列 IMF，并对所有的 IMF 进行 HT 得到 Hilbert 谱，进而求得 IE 值，图 8.24 表示受试 a 不同通道两类运动想象样本 IE 的均值分布。从图中可以看出，两类样本在能量上存在很大差异，这反映了不同思维任务的 EEG 在 8～30Hz 范围内能量的不同，这种能量的变化与 ERD/ERS(8～30Hz) 的变化是吻合的，由此 IE 可以用作左手和脚想象运动的区分特征。样本 x 的 IE 特征定义为 f_1。

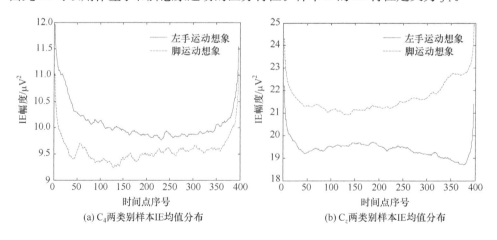

(a) C_4 两类别样本 IE 均值分布　　　　　(b) C_2 两类别样本 IE 均值分布

图 8.24　两类运动想象样本 IE 的均值分布

按照特征提取步骤，每个受试样本可以表示成形式为：$X = (^{(31)}\mathrm{AR}_1, \cdots,$
$^{(31)}\mathrm{AR}_8, ^{(31)}f_1, ^{(29)}\mathrm{AR}_1, \cdots, ^{(29)}\mathrm{AR}_8, ^{(29)}f_1)$ 的 18 维初始特征向量，简记为 $X = (x_1, x_2,$

$\cdots,x_{18}$），图 8.25 展示了特征提取的实现流程。下一步就是将 200×18 维的初始特征数组送入特征选择与分类器，判别出受试所处的思维状态。

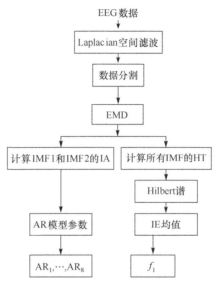

图 8.25　特征提取实现流程

8.5　基于概率神经网络的脑电信号分类

　　人工神经网络是一种用计算机模拟生物机制的方法，由于它不要求对事物内部的机制有明确地了解，系统的输出取决于输入和输出之间的连接权，而连接权可以通过对训练样本的学习获得，因此已经在很多领域得到了成功的应用。径向基网络（也称为径向基函数神经网络，radial basis function neural network，RBF）是Moody 和 Darken 于 20 世纪 80 年代末提出的一种具有单隐层的三层前馈网络，其网络结构和学习算法与 BP 网络有着很大的差别。RBF 模拟人脑中局部调整、相互覆盖接收域的神经网络结构，是一种局部逼近网络，它与前向网络一样具有以任意精度逼近任意连续函数的能力，而且其逼近、分类和学习速度等方面优于 BP 网络，因此近年来成为一个研究热点。而概率神经网络（probabilistic neural net-work，PNN）是 RBF 网络的一种重要变形，是 1989 年 Specht 博士首先提出的[19]，特别适合于解决分类问题，PNN 的实质是基于贝叶斯最小风险准则发展而来的一种并行算法，是一种用于模式分类的神经网络。基于 PNN 的 EEG 识别实质上是利用 PNN 模型强大的非线性分类能力，将 EEG 信号样本空间映射到产生 EEG信号的思维模式空间中。

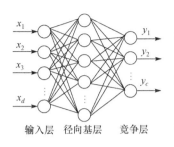

图 8.26　PNN 结构图

PNN 网络由输入层、径向基层、竞争层组成,其径向基层神经元数与输入训练样本矢量数相同,输出层神经元数等于训练样本数据的种类数,每个神经元分别对应于一个数据类别。输出层的竞争传递函数使与输入对应的输出神经元输出为 1,其他类别的输出为 0。PNN 中只有第一层的神经元具有阈值,其结构见图 8.26。输入层 $x_1, x_2, \cdots, x_d$ 是维数为 d 的特征矢量,竞争层输出 $y_1, y_2, \cdots, y_c, c$ 为样本类别数。根据已知样本设计 PNN 分类器,然后用它对未知数据进行分类。

对于本研究问题,PNN 可以描述为:假设有两种已知的思维模式 A、B,对于要判断的特征样本 $X = [x_1, x_2, \cdots, x_d]$:

$$若\ h_A l_A f_A(X) > h_B l_B f_B(X),则\ X \in A$$
$$若\ h_A l_A f_A(X) < h_B l_B f_B(X),则\ X \in B$$

(8.9)

式中,h_A、h_B 为模式 A、B 的先验概率,一般取 $h_A = N_A/N$,$h_B = N_B/N$;N_A、N_B 为故障模式 A、B 的训练样本数,N 为训练样本总数;l_A 为将本属于模式 A 的特征样本 X 错误地划分到模式 B 的代价因子;l_B 为将本属于模式 B 的特征样本 X 错误地划分到模式 A 的代价因子;f_A、f_B 为模式 A、B 的概率密度函数,通常概率密度函数不能精确地获得,只能根据现有的故障特征样本求其统计值。

输入层接收输入向量 X,其神经元数目和样本矢量的维数相等。竞争输出层作用是在各个思维模式的估计概率密度中选择一个具有最大后验概率密度的神经元作为整个系统的输出。通过这样一个过程,网络就将输入向量归类到某一类最可能正确的模式,从而完成了模式分类。根据已知训练样本设计 PNN 分类器,求得权系数,然后用它对未知数据进行分类。PNN 的特点是人为调节的参数少,只有一个平滑参数 δ 可调节,大部分依据经验获得,且参数对 PNN 的性能影响比较小。网络的学习基本依赖于样本数据,而且学习速度极快,是分类的一种理想的手段和工具。从理论上来说通过它得到的分类结果能够达到最大的正确率。当训练的样本数据足够多时,PNN 收敛于一个贝叶斯分类器,且推广能力良好。

在 PNN 中,本书平滑系数 δ 取 1。采用 8.3.1 节的小波变换特征提取方法和 BCI2003 竞赛 Data Set Ia 数据,用训练样本的特征子集 $X[x_1, x_2, \cdots, x_d]$ 代入 PNN 分类器和线性分类器来建立分类器模型,把检验样本的 $X[x_1, x_2, \cdots, x_d]$ 代入建立好的分类器,最后输出分类结果。检验样本的识别结果如表 8.2 所示。

表 8.2　PNN 分类方法识别结果

特征维数 d	10	20	30	40	50
分类精度/%	89.1	91.8	91.2	87.3	86.0

8.6　基于支持向量机的脑电信号分类

传统模式识别方法都是在样本数目足够多的前提下进行研究的,所提出的各种方法只有在样本数趋向无穷大时其性能才有理论上的保证,而在多数实际应用中,样本数目通常是有限的,这时很多方法都难以取得理想的效果。统计学习理论是一种专门的小样本统计理论,它为研究有限样本下的统计模式识别和更广泛的机器学习问题建立了一个较好的理论框架。

SVM 是基于统计学习理论的一种新的学习方法。它基于结构风险最小化原则,具有严格的理论基础,能较好地解决小样本、非线性、高维数和局部极小点等实际问题,SVM 不仅将不同类别的数据分开,而且使不同类别的分类空隙最大。设训练集 $\{x_i, y_i\}, i = 1, 2, \cdots, l, x_i \in \mathbf{R}^n, y_i \in \{-1, +1\}$。SVM 通过映射 $\phi: x \to z$ 将输入向量变换到一个高维特征空间 $z \in F$,在高维特征空间中构造最优分类面。对线性不可分 SVM,允许存在一定的训练误差,允许误差的 SVM,其最优分类面可以通过求解下述优化问题获得:

$$\min_{w, \xi} \frac{1}{2}(w^{\mathrm{T}} \cdot w) + C \sum_{i=1}^{l} \xi_i$$
$$\text{s. t.} \quad y_i(w^{\mathrm{T}} \phi(x_i) + b) \geqslant 1 - \xi_i \tag{8.10}$$
$$\xi_i \geqslant 0, \quad i = 1, 2, \cdots, l$$

这里 ξ_i 可看做训练样本关于分离超平面的偏差,$C > 0$ 是自定义的惩罚系数,用来控制样本偏差与机器泛化能力(与 $(w^{\mathrm{T}} \cdot w)/2$ 有关)之间的平衡。用 Lagrange 乘子法把式(8.10)化成其对偶形式:

$$\max \sum_{i=1}^{l} \alpha_i - \frac{1}{2} \sum_{i,j=1}^{l} \alpha_i \alpha_j y_i y_j k(x_i, x_j) \tag{8.11}$$
$$\text{s. t.} \quad \sum_{i=1}^{l} y_i \alpha_i = 0, \quad 0 \leqslant \alpha_i \leqslant C, \quad i = 1, 2, \cdots, l$$
$$w = \sum_{i=1}^{l} y_i \alpha_i x_i \tag{8.12}$$

这里 $k(x_i, x_j) = (\varphi(x_i) \cdot \varphi(x_j))$ 为满足 Mercer 条件的核函数,高维特征空间的内积运算,可转化为低维(相对而言维数要低得多)上的一个简单函数计算。对式(8.11)求最优解,其中 $\alpha_i > 0$ 相应的 x_i 为支持向量,SVM 决策函数为

$$f(x) = \text{sgn}\left(\sum_{x_i \in SV} \alpha_i y_i k(x_i, x) + b \right) \tag{8.13}$$

统计学习理论使用了与传统方法完全不同的思路,它不是像传统方法那样首先将原输入空间降维,而是设法将输入空间升维,以求在高维空间中问题变得线性可分。升维后只是改变了内积运算,并没有使算法复杂性随着维数的增加而增加,而且在高维空间中的推广能力并不受维数影响。式(8.13)中常用的核函数如下:

(1) 多项式核函数。$k(x, x_i) = (\text{Gamma}(x \cdot x_i) + \text{Coeff})^{\text{Degree}}$,Gamma、Coeff、Degree 为核函数的三个参数。

(2) 径向基核函数。$k(x, x_i) = \exp\left(-\dfrac{|x - x_i|^2}{\sigma^2} \right)$,$\sigma$ 为参数。

(3) S 形函数。$k(x, x_i) = \tanh(\upsilon(x, x_i) + c)$,$\upsilon$、$\sigma$ 为参数。

关于核函数的参数选择,可以使用经验法、尝试法以及通过一些优化方法来获得。当确定了这些参数后,就可以依据训练样本建立输入向量与输出向量之间的映射关系,进而可以对未知样本进行识别。本方案中我们选用多项式核函数:$k(x, x_i) = (\text{Gamma}(x \cdot x_i) + \text{Coeff})^{\text{Degree}}$,将惩罚系数 C 以及核函数参数共同看做 SVM 的模型参数,将 SVM 模型写为 $M = \{\text{Gamma}, \text{Coeff}, \text{Degree}, C\}$,4 个参数范围依据经验依次取为 $[0, 2]$、$[0, 5]$、$[0, 1]$、$[0, 500]$,在该范围内,为检验经验 SVM 的性能,我们经反复试验,选取了五组 SVM 参数 $P_1\{0.1, 1, 0, 100\}$、$P_2\{0.2, 0.1, 0.1, 300\}$、$P_3\{1, 0.1, 0.1, 300\}$、$P_4\{1.5, 0.1, 0.1, 250\}$、$P_5\{1.2, 3, 0.1, 400\}$ 进行测试。采用 8.3.1 节的小波变换特征提取方法和 BCI2003 竞赛 Data Set Ia 数据,不同特征维数和不同 SVM 参数下检验样本的识别结果如表 8.3 所示。

表 8.3　不同特征维数和不同 SVM 参数下的分类精度　　　（单位:%）

特征维数 d		10	20	30	40	50
SVM 参数	P_1	85.1	88.8	83.2	87.3	81.0
	P_2	81.9	85.3	90.1	86.5	83.1
	P_3	90.4	84.3	85.7	89.3	84.5
	P_4	83.7	82.1	88.2	81.2	80.8
	P_5	85.6	86.3	84.5	80.8	85.6
分类精度均值		85.34	85.36	86.34	85.02	83
分类精度标准差		3.17	2.47	2.80	3.81	2.11

由表 8.3 可见,尽管 SVM 是一种强有力的分类器,但 SVM 性能受参数影响很大,尽管经过了反复试验,但经验 SVM 的分类结果依旧不够理想,不同参数结果差别很大,其参数寻优问题有待于进一步解决。

参 考 文 献

[1] Wolpaw J R, Birbaumer N, Heetderks W J. Brain computer interface technology: A review of the first international meeting[J]. IEEE Transactions on Rehabilitation Engineering, 2000, 8(2): 164-173.

[2] Fatourechi M, Bashashati A, Ward R K, et al. Birch. EMG and EOG artifacts in brain computer interface system: A survey[J]. Clinical Neurophysiology, 2007, 118: 480-494.

[3] Romero S, Mananas M A, Barbanoj M J. Ocular reduction in EEG signals based on adaptive filtering, regression and blind source separation[J]. Annals of Biomedical Engineering, 2009, 37(1): 176-191.

[4] 李云霞. 盲信号分离算法及其应用[D]. 成都: 电子科技大学, 2008.

[5] Belouchrani A, Meraim K, Cardoso J. Second-order blind separation of correlated sources [C]//proceedings of the International Conference on Digital Signal Process, Cyprus, 1993: 346-351.

[6] http://www.cs.colostate.edu/eeg/eegSoftware.html.

[7] Galka A. Topics in Non-Linear Time Series Analysis: With Implications for EEG Analysis [M]. New York: World Science Publishers. 2000.

[8] Vuckovic A, Radivojevic V, Andrew C N. Automatic recognition of alertness and drowsiness from EEG by an artificial neural network[J]. Medical Engineering & Physics, 2002, 24(5): 349-360.

[9] Unser, Aldroubi A A review of wavelets in biomedical application[C]. Proceedings of the IEEE, New York, 1996.

[10] 边肇祺, 张学工. 模式识别[M]. 北京: 清华大学出版社, 2000.

[11] 彭玉华. 小波变换与工程应用[M]. 北京: 科学出版社, 1999.

[12] Brett D M, Justin W, Seung H S. BCI competition 2003-data set ia: Combining Gamma-band power with slow cortical potentials to improve single-trial classification of electroencephalographic signals[J]. IEEE Transactions on Biomedical Engineering, 2004, 51(6): 1052-1056.

[13] Blankertz B, Dornhege G, Krauledat M, et al. The non-invasive Berlin brain-computer interface: Fast acqusition of effective performance in untrained subjects[J]. NeuroImage, 2007, (37): 539-550.

[14] Yuan L, Yang B H, Cen B, et al. Combination of wavelet packet transform and Hilbert-Huang transform for recognition of continuous EEG in BCIs[C]. The 2nd IEEE International Conference on Computer Science and Information Technology, Bei jing, 2009: 589-594.

[15] McFarland D J, McCane L M, David S V, et al. Spatial filter for EEG-based communication [J]. Electroencephalography and Clinical Neurophysiology, 1997, 103(3): 386-394.

[16] Hjorth B. An on-line transformation of EEG scalp potentials into orthogonal source deriva-

tions [J]. Electroencephalography Clinical Neurophysiology, 1975, 39: 526-530.

[17] 陈亚勇. MATLAB信号处理详解[M]. 北京: 人民邮电出版社, 2001.

[18] Yong X, Ward R K, Birch G E. Robust common spatial patterns for EEG signal preprocessing [C]. Proceedings of 30th Annual International IEEE EMBS Conference, Vancouver, 2008: 2087-2090.

[19] Specht D F. Probabilistic neural networks for classification, mapping and associative memory [C]. Proceedings of IEEE ICNN, San Diego, 1988.

第9章　基于红外火焰探测的火灾识别

9.1　红外火焰探测的基本原理及组成

9.1.1　火灾探测简介

火的出现是人类远古时代技术进步的标志。火的正确使用,不仅改善了人类的饮食和居住条件,也促进了社会生产力的发展,是人类文明进步的一个重要标志。但失去人为控制的火就演变为火灾,危害人类生命财产。火灾过程中产生的烟、热及有毒物质,不仅会严重威胁人类的生命财产安全,而且对环境和生态系统也会造成不同程度的破坏。火灾造成的直接损失约为地震的五倍,仅次于干旱和洪涝,而其发生频率高居各种灾害之首[1,2]。

火灾发展过程分为三个阶段:初起阶段、发展阶段和熄灭阶段,如图9.1所示。①初起阶段。此阶段产生不可见的燃烧生成物(粒径$0.001\sim0.05\mu m$)和可燃气体(H_2、CO、C_xH_y 等),无火焰,室内平均温度较低,火灾蔓延速度较慢。②发展阶段。在火灾初起阶段后期,由于可燃气体的大量释放,当房间温度达到一定值时,开始出现火焰,此时通常伴随有更多的烟雾产生。火焰产生了电磁辐射,其波长覆盖整个紫外到红外波段,伴随着火焰放射出大量的热量。此阶段表现为烟温并存,室内温度最高可达1100℃。③熄灭阶段。在火灾发展阶段的后期,随着室内可燃物数量的不断减少,火灾的燃烧速度递减,温度逐渐下降。当室内平均温度降到最高温度值的80%时,则认为火灾进入熄灭阶段。当室内外温度趋于一致时,宣告火灾结束。

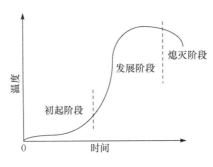

图9.1　火灾发展过程

9.1.2 红外火焰探测基本原理

在火灾发展的三个阶段过程中,火灾生成物主要有烟雾、热、光及气体等。其中,烟雾的粒径范围一般在 $0.01\sim1\mu m$ 之间,热通过环境温度升高间接表现,但这些特点都是随着火灾产生的附属特性,而火焰却是火灾中的最主要因素。物质燃烧的时候会产生大量能量,这些能量都以电磁波的形式向周围辐射,火焰光谱是火焰在整个波段范围内的辐射强度的分布,它是波长的函数。火焰的光谱分布与氧化剂的供给情况、火焰中的烟含量、燃烧的生成物有着密切的关系。火焰光谱分布如图 9.2 所示,从图上可以看出火焰的发射光谱横跨了紫外、可见光和红外等电磁辐射波段,这些电磁辐射主要是由燃烧产物的分子在高温受激状态下释放出来的。其中处于火焰反应区之外的 H_2O、CO_2、CO、O_2 和 N_2 等稳定燃烧产物的分子发出的电磁辐射主要位于红外波段。在红外波长范围内的 $4.3\mu m$ 附近能够清楚地观察到火焰光谱的峰值,这是 CO_2 原子团的发光光谱,为火焰所特有,且比其他光谱具有绝对大的强度,据此可以将火焰从太阳光及其他背景的辐射光谱中明确地分离出来。

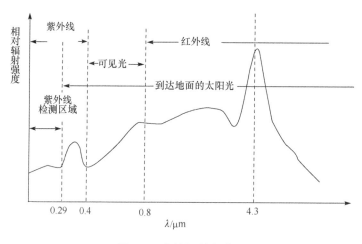

图 9.2　火焰辐射光谱图

红外火焰探测器正是根据探测到的红外光谱特征来判断是否有火焰发生,如火灾发生时,$4.3\mu m$ 的辐射强度大大增加,可通过探测该波段辐射强度预测火情。但单个波段的红外火焰探测,抗干扰能力比较弱,极易受外界干扰,误报率较高。双波段红外火焰探测器一般是基于主火焰探测通道和背景探测通道的探测系统,在排除外界干扰方面有很大的提高。多波段红外火焰探测,就是把火焰主探测通道信息捕获的同时,尽可能多地排除各种外界干扰源,将探测部分划分为主火焰探测通道、人工热源探测通道、背景干扰探测通道等,从而有效地排除外界干扰。同时根据相关的识别算法,找出火焰信号和非火源信号的关系,有力地排除外界干扰,提高火灾探测精度。

9.1.3 红外火焰探测硬件基本组成

硬件框图如图 9.3 所示。单一通道探测器探测火焰很容易受干扰源干扰,本书选择 4.3μm 探测器作为火焰通道,3.8μm 和 5.0μm 探测器作为背景通道,3.8μm 的背景通道主要对日光和人工光源等干扰较为敏感,5.0μm 的背景通道主要对人体和外物入侵等干扰很敏感。2.7μm 的硫化铅探测器也可探测到火焰,能够作为辅助判断有无火灾的发生。这样用四个波段的探测器来探测火焰,探测距离远,可靠性高,虽然价格稍贵一些,但是保护范围更大。系统利用四个波段的探测器,将探测到的信号转换成电压信号,经过滤波放大电路进入处理器的 A/D 转换器,转换后的数字信号,在处理器内部经过分析判断,通过比较各个传感器接受信号的特征与相互关系,结合频谱特征,有效地识别和区分火焰辐射与非火焰辐射(干扰源),并在干扰源和火焰同时存在的情况下依然能提供火焰探测功能。系统有三色灯、继电器和 4～20mA 三种输出,并留有串口通信接口,便于与上位机连接,显示数据。下面是分模块进行的硬件原理分析。

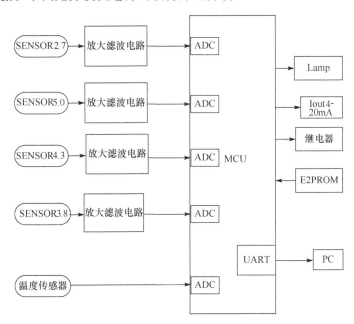

图 9.3 系统硬件框图

按照功能,设计出系统的硬件分为以下几个模块:

(1) 处理器模块。以 STM32F103 系列的 ARM 芯片为核心,接受传感器信号,进行 AD 转换并分析及处理,输出数据与信号。

（2）探测器模块。包括红外热释电探测器、硫化铅探测器和 CO/CO₂ 气体探测模块,将探测器探测到的信号作为火灾判断的参数输入处理器模块进行分析处理。

（3）信号放大滤波模块。将不需要的信号滤去,放大需要的信号到合适的范围内。

（4）系统输出模块。包括继电器输出、工业可靠电流输出 4～20mA 输出和三色灯输出,可传输到控制室,由控制室根据信号来进行一系列控制活动。

（5）通信模块。包括与 PC 主机相连传送数据的串口电路模块和与 CO/CO₂ 气体探测器通信的 I²C 模块;

（6）数据存储模块。用 EEPROM 主要存储系统探测历史数据,将存储的数据进行离线分析,可提高系统的处理速率,也可存储故障记录。

（7）调试接口模块。JTAG 接口用于下载程序及调试用。

（8）电源模块。为系统的各个模块供电。

9.2　基于时频结合的火灾信号特征提取

9.2.1　数据获取过程

基于上述的探测系统,在室外 27℃微风的环境下,将探测系统固定在 1.5m 的高处,依据特种火灾探测器国家标准 GB15631—2008,进行Ⅰ级（25m）、Ⅱ级（17m）、Ⅲ级（12m）灵敏度试验。数据获取过程如下:

（1）将 2000g 的无水乙醇（浓度为 95％）倒入钢板容器中,该钢板容器的厚为 2mm,底面的尺寸为 33cm×33cm,高为 5cm。

（2）采用火焰点火的方式。

（3）在探测器和火源中心相距 12m 处,点燃乙醇火,在有火的状态下记录数据 1min,然后用挡板挡住探测器 30s,在对应的无火情况下记录试验数据 30s,重复上述的操作,记录整个点火过程的试验数据;每次转动 15°,记录 0°、15°、30°和 45°的实验数据;

（4）在探测器与火源相距 17m 处,重复步骤（3）,记录整个点火过程的试验数据;

（5）在探测器与火源相距 25m 处,重复步骤（3）,记录整个点火过程的试验数据。

通过上述的数据采集过程,便可以得到距火源中心分别为 12m、17m、25m 的不同角度的大量试验数据,为后续的数据分析及系统测试做准备。点火灭火装置如图 9.4 所示。

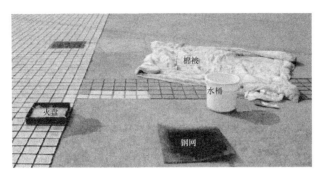

图 9.4　点火灭火装置

9.2.2　数据预处理及正确性分析

考虑到火灾信号的不稳定性及偶然的环境因素造成的干扰,对于上述实验采取的数据,有必要在软件设计中对其进行预处理。常用的几种滤波算法:①限幅滤波法;②中位值均值滤波法;③算数平均滤波法。在本系统中采用的是中位值均值滤波算法。在 A/D 转换后的数据经过 DMA 方式传送,每次发送 80 个数据,每个通道 16 个数据。发送完 80 个数据,DMA 进入中断,在 DMA 中断中调用中位值均值滤波函数。即对每个通道采集的 16 个数据,去掉最大值、最小值后取均值。计算公式如式(9.1)所示:

$$x_i = \Big(\sum_{j=0}^{16} x_{ij} - x_{imin} - x_{imax} \Big)/14 \tag{9.1}$$

式中,x_i 表示第 i 个通道滤波后的数据;x_{ij} 表示第 i 个通道采集的第 j 个数据;x_{imin}、x_{imax} 分别表示第 i 个通道 16 个数据中的最小值及最大值。

为了更好地分析火情及火焰数据的正确性,数据在进行均值滤波后,又进行了相关的处理。在采样率为 100Hz 的情况下,每 128 个数据作为一个样本长度,窗口间隔为 50 的多窗口重叠交叉预处理方法,建立大量的样本集。具体多窗口重叠交叉图如图 9.5 所示。

为了避免数据出现异常及错误,本书在数据处理方面采取了多窗口交叉处理方法,每个样本长度 128 个数据,其中每次取样又有新的 50 个数据进行更新,以便确保数据分析的正确性。

9.2.3　数据正确性初步分析

为了验证采集到的数据是否合理,本课题在研究过程中对采集到的数据初步分析其正确性,具体分析过程为:基于上述野外实验,分别采集了无火及有火条件下的大量数据。无火及有火数据如图 9.6 和图 9.7 所示。其中横坐标表示的是数

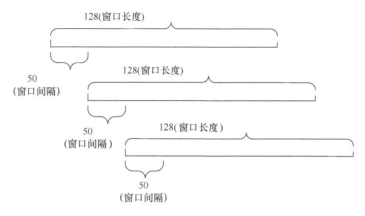

图 9.5　多窗口重叠交叉图

据量个数,纵坐标表示的是各个通道 A/D 转换后的数字量值的大小。其中本设计中的 A/D 转换器是 12 位的,转换后的数字量最大值为 2^{12}(4096),其数字量与电压值有一定对应关系。在验证数据正确性时,为了更好地显示各个探测通道 A/D 转换后的数据及各个探测通道的数据值的关系,下面的数据分析图都是以 A/D 转换后的数字量显示。

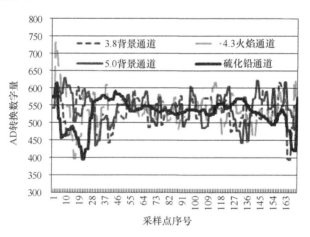

图 9.6　无火时各个通道输出

图 9.6 为无火情况,各个探测器探测到的信息相差不大,火焰数据信息辐射强度比较小。而在图 9.7 有火情况下,火焰辐射的数字量幅值较大,并且各个探测通道也有明显的差别。下面以在 12m 有火情况下探测到的数据进行分析。

图 9.7 中,在 12m 时探测器的轴线在与光轴的夹角分别为 0°、15°、30°、45°时,均能测到火焰信号。其中 4.3μm 火焰通道的信号强度明显高于背景通道,且 4.3μm 火焰信号随着探测角度的变化,探测信号明显减弱。随着探测角度的变

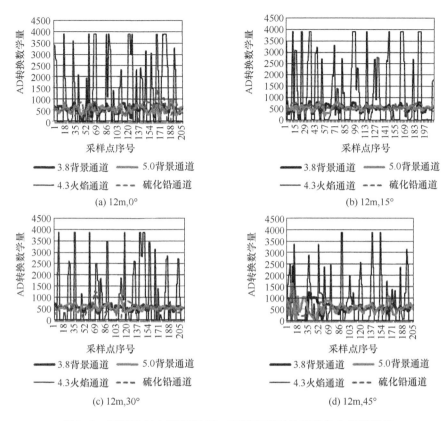

图 9.7 探测器与火源相距 12m 不同角度时的系统各个通道输出

化,背景辐射和各种干扰的辐射也出现一定强度的变化,并且与火源偏离角度越大,探测到的火源信息越少。根据上述的分析发现,火焰探测通道有一定的规律性,并与背景探测通道具有一定的相关性。

根据上述分析可知,本探测系统中采集的数据正确性较高,同时系统也具有较高的可靠性。为了更好地探测到火情发生,需要根据火灾信号的特点,提取多个可以判断火灾发生的特征,以便更好地分析火情。下文将根据火灾信号在时域及频域的特征,分别介绍火灾特征提取的方法。

9.2.4 火灾时域特征提取

火灾信号具有不确定性,为了提高分析的准确性,本设计中用不同的方法提取了多个作为火灾判据的时域特征。各个时域特征的提取方法在下面做详细介绍。

1. 阈值法

将探测器输出的信号幅值与预先设定的值进行判断比较,若超过设定的阈值,则认为发生火灾或满足火灾的条件,输出火灾信号。阈值法的表达式如下:

$$y(t) = T[x(t)], \quad D[y(t)] = \begin{cases} 1, & y(t) > S \\ 0, & y(t) \leqslant S \end{cases} \tag{9.2}$$

式中，$D[y(t)] = 1$ 表示有火灾发生；$D[y(t)] = 0$ 表示为非火灾；S 为事先设置好的阈值。

多个通道的红外火焰探测信号，其 A/D 转换后的数字量信息也呈现出一定的规律。如图 9.6 所示，在无火情况下，各个探测通道的数字量在一定的数值范围内浮动；而如图 9.7 所示，在 12m 有火情况下，各个探测通道的数值则有明显的差异，主火焰探测通道变化也很显著。本设计的重点是红外火焰探测，为了观察火焰探测信号的特点，我们对采集的数字量数据进行分析，对在不同探测距离下探测到的火焰信息分析发现，$4.3\mu m$ 背景探测通道的数字量有一定的规律可循。因此可以将主火焰探测通道（$4.3\mu m$）火焰信号 A/D 转换后的数字量设定一个阈值，分析一段时间内采集到的 128 个数据的均值 M 是否超过设定的阈值 M_1。如果 $M > M_1$，则作为一个判断有火灾发生的特征 f_1。

阈值分析法是火灾探测中普遍采用的数据处理方法。其特点是算法简单、易于编程实现，但对环境适应性和抗干扰能力较差，误报率较高。在本研究中将其作为其中一个判断依据，与其他火灾特征相结合，就可以大大提高探测精度。

2. 互相关算法分析

为了更好地分析火焰红外辐射和背景探测通道之间的信号关系，这里引入互相关性分析算法。其基本思想是：红外辐射源在火焰的特征波段上会产生辐射的最大强度值，但其整个频谱上的红外辐射都有相同的变化规律。由于火焰在燃烧时闪烁，使得红外辐射的变化率比较高；而背景干扰的红外辐射，例如由阳光或其他人工热源产生的红外辐射变化率都比较低。并且在大多数情况下，火焰红外辐射的变化率和背景红外辐射的变化率有很大的不同，同时不管是红外火焰辐射还是背景干扰辐射都会对几个探测器的探测信号产生影响。

热释电探测器的输出信号为交流信号，为了描述每个探测波段信号强度的大小，这里引入信号均值的概念如下：

$$X = \sum_{i=0}^{k} x(i) \tag{9.3}$$

把各个探测器进行编号为 $2.7\mu m$ 探测器为 1 号探测器，$4.3\mu m$ 探测器为 2 号探测器，$3.8\mu m$ 探测器为 3 号探测器，$5.0\mu m$ 探测器为 4 号探测器。其对应的 128 个数据的均值分别为 X_1、X_2、X_3、X_4，其对应的互相关比例系数分别设为 k_1、k_2、k_3。

其关系式可以分别表示为式（9.4）～式（9.6）：

$$k_1 = \frac{E\{X_1 X_2\}}{\sqrt{E\{X_1^2 X_2^2\}}} \tag{9.4}$$

$$k_2 = \frac{E\{X_2 X_3\}}{\sqrt{E\{X_2^2 X_3^2\}}} \tag{9.5}$$

$$k_3 = \frac{E\{X_2 X_4\}}{\sqrt{E\{X_2^2 X_4^2\}}} \tag{9.6}$$

式中,k_1、k_2、k_3 分别作为判断火灾是否发生的特征 f_2、f_3、f_4。采用这种互相关算法,可以很方便地找出背景探测通道和主火焰探测通道的数量关系,在很大程度上克服了背景辐射干扰。

3. 特定趋势算法

火焰探测器如果长时间检测到火焰信号,其输出必会呈现一定的规律。由于火焰信号具有一定的跳跃性及连续性,根据这一特性找到一个可以作为火灾判据的特征。然后进行闪烁性分析,计算脉冲宽度大于经验值的脉冲的个数分析,并进行脉冲的连续性分析,当两个条件也满足要求时,则完成闪烁特征判断。

(1) 连续性分析。设置一个阈值,如果传感器信号超过阈值则设置变量为 1,否则置为 0。进行上述操作,将传感器信号转换为 0 与 1 的序列,例如:

0001111000011111100000000000000000000000000000000000

计算 0 与 1 的比值,当比值大于设定阈值如 5 时,认为波形不连续。将其比值设为 K。

(2) 闪烁分析。如果传感器信号超过阈值则设置变量为 1,否则置为 0。进行上述操作,将传感器信号转换为 0 与 1 的序列,例如:

0001111000011111100000111111000000011111100000001

当检测到从 0 到 1 的跳变时频率计数变量加 1。

根据上述算法,在本设计中将火焰探测通道采集的 128 个数据进行分析判断,分析在 128 个数据点 K 的大小,作为判断火灾发生的火灾判据 f_5;同时记录闪烁性特征个数,并将其作为火灾判断的一个火灾判据 f_6;综合上述分析,在时域得到一个六维的特征向量 $[f_1,f_2,f_3,f_4,f_5,f_6]$。

9.2.5　火灾频域特征提取

上面分析的信号特征都是基于时域信息的,很多信号特点在时域方面不容易区分,为了更好地来分析信号特征,我们采用了 FFT 来分析信号频域特性。利用 MATLAB 中的 FFT 函数的功能,对采集的火焰通道的数据进行分析,得出火焰频域的波形图,从而得到火焰的闪烁频段。火焰的特定频谱特性是干扰源所不具备的,所以,利用 FFT 分析方法还可以有效区别较难排除的干扰,如烙铁等热源的干扰。

FFT 是 DFT 的快速算法,这一算法最早是由 Cooley 和 Tukey 于 1965 年提出的。它是根据 DFT 算法的奇、偶、虚、实等特性,对离散傅里叶变换的算法进行改进获得的。它对傅里叶变换的理论并没有新的发现，但是对于在计算机系统或者数字系统中应用离散傅里叶变换，可以说是进了一大步。

　　DFT 的主要作用就是将信号由时域转化为频域信息。对某些信号在时域特征不明显的情况下，采用频域分析可以更好地判断信号特征。这也是信号处理中应用比较广泛的方法之一。很多时候直接采用离散傅里叶变换其计算量比较大，于是就出现了类似快速傅里叶变换 FFT 的快速算法。FFT 要求数据量为 2 的整数次幂。进行 FFT 运算的时候，频率的分辨率对火焰的识别并没有特别大的影响，即只要取数据窗口的大小为 2 的整数次幂就可以了。

　　利用 FFT 功能，对不同材料的火源及干扰源进行分析，提取不同火源的火焰频域的波形图及干扰源的频域波形图，可以很容易提取区分火灾及非火灾的特征。下面就各种火源及干扰源进行频谱分析，得到频域判断火灾发生的特征 f_7、f_8。利用时域和频域相结合来判断火灾是否发生，有效地排除外界干扰。

　　木材燃烧特征分析。图 9.8 为对木条燃烧的单个样本数据进行 FFT 分析后的频率-幅值曲线图。从木材燃烧的频谱及幅值图可以看出火焰的频域特征。而图 9.9 是取五个样本集进行 FFT 得到的频率-幅值曲线。由图 9.8 和图 9.9 分析可知：木材火焰信号的频谱在 3Hz 和 5Hz 有能量峰值，而在其他频段信息量较少，并且与干扰源不易区分，在 5Hz 之后的频段，其能量幅值都比较小。对大量实验数据进行了相关性实验，得到了同样的如图 9.9 所示的火焰频谱图。

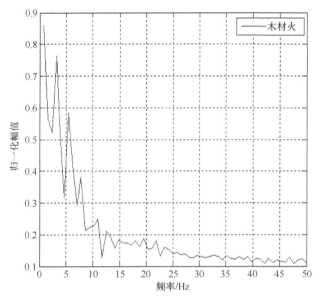

图 9.8　单个样本的频率-幅值图

天然气火焰特征分析。在距探测器 1.5m 处点燃天然气灶采集数据，其中以

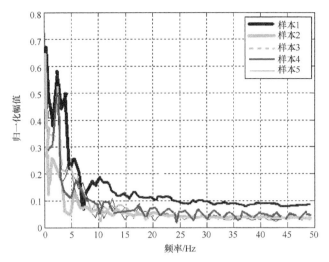

图 9.9　五组样本的频率-幅值图

下分析都是对 $4.3\mu m$ 主火焰探测通道数据进行的频域分析。图 9.10 是对天然气燃烧的单个样本数据进行 FFT 后的频率-幅值曲线图。图 9.11 是对天然气燃烧的 5 组样本进行 FFT 后的频率-幅值曲线图。由图可以看出,天然气在频域能量值主要集中在 5Hz 以内,而在其他的频段其能量值都比较小。

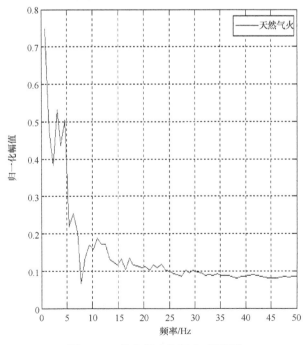

图 9.10　单个样本的频率-幅值图

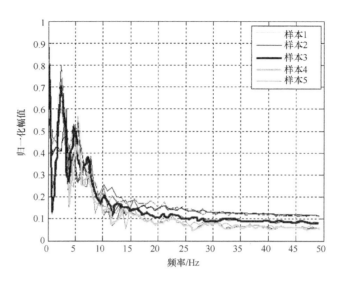

图 9.11　五组样本的频率-幅值图

另外,对常见的各种干扰源采集的信号,也进行了 FFT。下面是常见的太阳辐射光谱和电烙铁热源的频率-幅值图。图 9.12 和图 9.13 中,粗实线表示天然气火焰(gas fire)的频率-幅值曲线,细实线表示各种干扰源的频率-幅值曲线。根据上述的真实火源及干扰源的频谱分析,可以找到如下的规律。

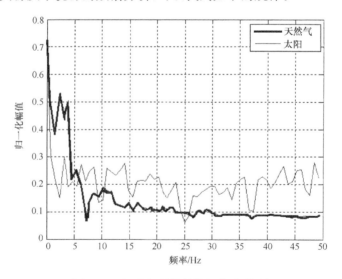

图 9.12　阳光辐射信号的频率-幅值图

特定频段的火焰信号具有较高的能量幅值。通过分析火焰和干扰源频谱,可以发现火焰的频谱信息主要集中在 5Hz 以内。而对于某些干扰源虽然能量也有

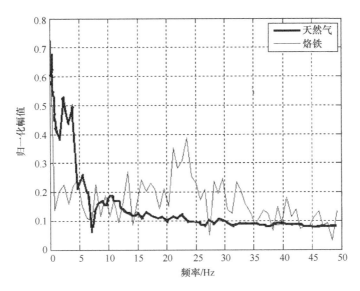

图 9.13 烙铁 400℃干扰的频率-幅值图

集中在这些频谱段的,但是其能量幅值远远小于火焰信号。这说明火焰辐射的能量比较强。在频域内火源与其他干扰源有较大的差异。火焰信息在 3Hz 和 5Hz 有一个较大的能量峰值,因此可以计算这两个频率的能量,作为判断火焰信号的频域特征 f_7、f_8。

9.3 基于决策树的火灾识别

9.3.1 决策树基本思想

决策树算法是数据挖掘技术中最常见的一种分类算法。决策树算法是从一系列无规则的数列样本集中利用信息论原理对大量样本属性进行归纳、总结,得出以决策树形式表示的分类规则,为决策者提供决策依据。决策树类似一棵树,而建树的过程采用的是自顶向下的递归方式。决策树的输入是一组带有一些特定类别标记的数据,数据被分为两大类:一类是用来作为训练的数据;另一类是用来作为测试的数据,这些数据用来验证决策树的正确性。一棵构造好的决策树分为内部节点和叶子节点,内部节点是属性或属性的集合,而叶子节点则是最终划分的类。决策树在分类的过程中,首先使用内部节点进行属性值的比较,接下来判断该节点向下的分支,最后在决策树的叶子节点处得到分类的结果。一棵树的内部节点和根节点对应的是非类别属性的测试,而内部节点和根节点的每个分支对应的是一个属性的测试结果。同一属性的决策处在同一分枝上,不同属性的决策处在不同的分支上,通过不断递归生成一颗类似有枝干的树的模型。

　　决策树已经发展演变出多种算法，包括 CART、ASSISTANT、ID3、C4.5、C5.0 等。本书采用 ID3 分类算法。ID3 算法是基于信息熵的决策树分类方法。它以信息增益最大的属性作为根节点，由该节点的不同取值建立树的分支。如果训练的样本都在同一个类，则该节点就成为树叶，否则，算法使用信息增益度量，选择能够最好的将样本分类的属性，该属性就称为该节点的"测试"或"判定"属性。将测试属性的每个值，创建一个分支，并根据此分支划分样本。这种算法可以实现对象分类所需的期望测试数最小，从而得到一棵简单的树。ID3 算法的基本思想为

　　设 S 为 s 个数据样本的集合，假定类标号属性具有 n 个不同的值，定义 n 个不同的类 $y_i (i=1,2,\cdots,n)$。设 s_i 是类 y_i 中的样本数。对于一个给定的样本分类所需的期望信息由式(9.7)给出

$$I(s_1,s_2,\cdots,s_n) = -\sum_{i=1}^{n} P_i \log_2(P_i) \tag{9.7}$$

式中，P_i 是任一样本属于 y_i 的概率，可用 $\dfrac{s_i}{s}$ 来估算。

　　设属性 X 具有 m 个不同的值 $\{x_1,x_2,\cdots,x_m\}$，可以用属性 X 将 S 划分为 m 个子集 $\{s_1,s_2,\cdots,s_m\}$。如果 X 被作为测试属性，则这些子集对应于由包含集合 S 的节点生长出来的分支。设 s_{ij} 是子集 s_j 中类 y_i 的样本数，由 X 划分的子集的熵(entropy)或期望信息 $E(X)$ 由式(9.8)给出：

$$E(X) = \sum_{i=1}^{m} \frac{s_{1j} + \cdots + s_{nj}}{s} * I(s_{1j},s_{2j},\cdots,s_{nj}) \tag{9.8}$$

式中，$\dfrac{s_{1j}+\cdots+s_{nj}}{s}$ 为第 j 个子集的权，并且等于子集(即 X 值为 X_j)中的样本个数除以 S 中的样本总数。熵值越小，子集划分纯度越高。对于给定的子集 s_j，有

$$I(s_{1j},s_{2j},\cdots,s_{nj}) = -\sum_{i=1}^{n} P_{ij} \log_2(P_{ij}) \tag{9.9}$$

式中，$p_{ij} = \dfrac{s_{ij}}{|s_j|}$ 是 s_j 中的样本属于类 y_i 的概率。在 X 分枝上将获得的信息增益 Gain(X) 如下：

$$\mathrm{Gain}(X) = I(s_1,s_2,\cdots,s_n) - E(X) \tag{9.10}$$

　　由式(9.10)可知，如果熵的取值越小，其所对应的信息增益就越大。熵是系统混乱度的统计量，熵值越大，表示系统越混乱。分类的目的是提取系统有用信息，使系统向更有规则的方向发展，因此最佳的划分方案是使熵减少量最大。

9.3.2　决策树特点

决策树作为一种分类准则,有一定的优缺点。其优点如下:

(1) 决策树算法的一个最大的优点就是在学习过程中不需要使用者了解很多背景,凡是训练事例能用属性及结论的方式表达出来,就能使用该算法进行训练。

(2) 与神经网络相比,可以生成可以理解的分类准则,具有简单,易理解的优点。

(3) 计算量不是很大,便于快速有效地处理数据。

(4) 可以同时处理多种类型的不同属性,如数据、字符等。

(5) 决策树可以清晰地显示哪些字段比较重要,可以作为变量选择的工具。

同时,决策树存在一定的缺点。其缺点如下:

(1) 每个非叶节点的划分都是仅考虑单个变量,所以很难找到基于多个变量组合的规则。

(2) 对有连续性的字段比较难预测,对有时间顺序的数据,需要很多预处理的工作。

(3) 为每个非叶子节点选择最优划分属性时,只考虑当前节点划分的结果,这样只能达到局部最优,不利于达到全局最优。

(4) 当需要决策的类别增加时,错误也可能增加得比较快。

决策树的构建过程要考虑没有噪声因素,但是在实际情况中,难免会存在噪声问题。在有噪声存在的情况下,决策树会出现过度拟合现象,为了克服因为噪声带来的干扰,有必要对决策树进行剪枝处理。决策树剪枝技术分为前期剪枝和后期剪枝。剪枝技术并不是对所有的决策树模型都有益处,当决策树模型的数据集比较稀疏时,要防止过度剪枝。

9.3.3　基于决策树的火灾识别

1. 时域特征识别结果

首先上述的 6 个时域特征 $f_1 \sim f_6$ 作为决策树的分类属性,利用在野外火灾实验中保存的数据,包括在各个探测距离及探测角度下探测到的火灾数据和在无火情况下采集的数据作为训练和测试样本建立决策树模型,如图 9.14 所示。

为了避免单次实验结果造成的误差,本书对所有探测距离及所有探测角度下取得的有火实验数据及在相同探测条件下未点火时采集的无火实验数据,进行了决策分析,以便尽可能多地包含所有的有火及无火信息。并且采用了 4 倍交叉验证,分别对有火及无火样本集进行训练和测试,得到了只有时域特征时火灾识别的准确率。仿真实验得到的准确率如表 9.1 所示,表示在建立的决策树模型中分别取不同特征时得到的结果。

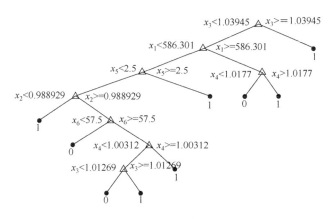

图 9.14 基于六个特征建立决策树模型

表 9.1 决策树准确率估计

数据来源	时域特征组合	准确率/%
所有角度和距离下的实验数据	f_1、f_2、f_3、f_4、f_5、f_6	95.21
	f_1、f_3、f_4	93.13
	f_2、f_3、f_4	94.89
	f_1、f_5、f_6	92.97
	f_1、f_2、f_3、f_4	93.93
	f_5、f_6	92.97
	f_1	92.01
	f_3、f_4	91.65

从表 9.1 可以很清晰地看出,当取时域的六个特征时,识别率能达到 95.2%,但是只取其中一个特征或是某几个特征组合时,识别率明显降低,即利用多个时域特征来进行火情判断,可以大大提高探测系统的识别率。

2. 时频域特征识别结果

为了提高探测系统抗干扰能力,在时域基础上加入了 f_7、f_8 两个频域特征。基于 8 个特征建立决策树模型,进行系统正确率测试,最后得到时域和频域特征相结合的整体识别率。并与只用时域特征判断的识别率进行比较分析。分析结果如表 9.2 所示。利用决策树模型,通过训练与测试,找到作为判断火灾发生的时域最优决策值,不仅有效地提高探测系统的精度,而且对实用中下位机软件的编程提供了较强的理论依据。

表 9.2　时域与频域相结合的识别率组合　　　　　　　　（单位:%）

时域 特征组合	时域 识别率	时域 误报率	时域 漏报率	频域 特征	时域+频域 误报率	时域+频域 识别率
f_1、f_2、f_3、 f_4、f_5、f_6	95.21	3.2	1.59	f_7、f_8	2.01	97.82
f_1、f_3、f_4	93.13	5.3	1.57	f_7、f_8	2.61	95.21
f_2、f_3、f_4	94.89	3.82	1.29	f_7、f_8	1.39	95.76
f_1、f_5、f_6	92.97	4.75	2.28	f_7、f_8	2.68	93.85
f_1、f_2、f_3、f_4	93.93	5.01	1.06	f_7、f_8	2.64	96.39
f_5、f_6	92.97	4.9	2.13	f_7、f_8	2.17	94.52
f_1	92.01	6.21	1.78	f_7、f_8	4.41	93.76
f_3、f_4	91.65	6.28	2.07	f_7、f_8	3.18	92.87

　　由表 9.2 可知,在只有时域特征判断火情的情况下,虽然火灾判断的识别率比较高,但是对一些外界干扰却不容易排除。其中的误报率比较高,最高的误报率高达 6%。而在时域与频域特征相结合的基础上,火灾探测系统的识别率整体上提高了近 2%。同时误报率降低了 1.5% 左右。就探测系统的整体识别率来分析,系统的探测准确率达到近 98%,总体识别率提高了近 2%。由此可见,利用时域和频域特征相结合的方法,可以有效地排除外界干扰,降低整个探测系统的误报率,同时整个探测系统的识别率提高了 2%。本书方法能较准确地获取火焰信号,当有火情发生时能及时地做出报警响应,具有较高的实用价值。

参 考 文 献

[1] 陈云国,傅智敏,周巍. 1993-2003 年特大火灾发生规律、特征及原因分析[J]. 安全与环境学报,2006,1(6):15-21.

[2] Krider E. Lightning direction-finding systems for forest fire detection[J]. Bulletin of the American Meteorological Society,1980,61:980-986.

第 10 章　基于 K-L 变换的人脸识别

10.1　人脸识别技术简介

10.1.1　人脸识别技术背景及其应用价值

在现代社会中,身份鉴定技术具有非常重要的应用价值,随着网络技术的发展,信息安全也显示出前所未有的重要性。在金融、保安、司法、网络传输等应用领域,都需要精确的身份鉴定。生物特征识别技术是根据身体和行为特征来识别或验证一个有生命的人的自动方法,也就是使用人体本身所固有的物理特征(如指纹、虹膜、人脸、掌纹等)及行为特征(如书写、声音步态等),通过图像处理和模式识别的方法来鉴别个人身份的技术。应用生物特征识别技术的优越性在于可以以更大的可靠性、更快的速度、更便利的方式和更低廉的价格提供身份的保证,或者准确地识别某个人。

采用人脸识别技术,建立自动人脸识别系统,用计算机实现对人脸图像的自动识别有着广阔的应用领域和前景,主要包括:个人身份识别、公安警察部门的刑事侦破、访问控制方面的应用、人机交互中的应用等。

计算机人脸识别是一项复杂而颇具魅力的技术成果。"机器是否可以像人一样识别面孔?",我们生下来就知道人们看上去是不同的,作为人类,我们有能力识别成千上万张脸,包括家人、朋友、熟人和社会名人。人类可以无意识地自动识别面孔,儿童在早期就能够识别父母、兄弟姐妹和其他熟悉的面孔,他们形成了儿童周围的世界。我们不会怀疑人外貌的千差万别,我们总是知道如何准确量化那些差别。换句话说,仅仅根据外貌,一个计算机程序可以使用什么特征来识别或区别人?

对人脸识别技术的研究始于 20 世纪 60 年代末。由于其本身的难度和技术条件的限制,一直发展缓慢。直到最近二十年,得益于计算机技术、信号处理技术、模式识别技术的飞速发展和实际应用需求的急速增长,这一技术的研究才开始变得方兴未艾,并在相关的理论和应用领域内获得长足的进步。20 世纪 90 年代至今更成为科研热点,可检索到的相关文献多达数千篇,关于人脸识别的技术综述也屡屡可见[1~3]。

由于人脸模式的特殊性,人脸识别的研究涉及图像处理、模式识别、计算机视觉、认知科学、生理学、心理学等多个学科领域,更是模式识别、人工智能和计算机视觉的典型案例之一。研究和解决这一问题,有助于分析和解决其他模式识别问题,推动相关学科的理论与应用发展。

10.1.2　人脸识别技术的研究内容

广义上的"人脸识别"是包括人脸检测在内的一门完整的关于人脸的信息处理技术。例如在多数商用系统和专利中,"人脸识别"是将人脸检测作为系统的一个组成部分的。狭义上的"人脸识别"是与个人身份认证相关的识别技术。例如在多数技术文献中,"人脸识别"是基于已知的人脸样本库,利用计算机分析图像和模式识别技术从静态或动态场景中,识别或验证一个或多个人脸。为避免上述概念在文中的混淆,常常将人脸识别技术限定为包括人脸检测和人脸身份认证在内的识别技术。计算机人脸识别技术包括以下多个方面的研究内容,可以利用图 10.1 所示的基于人脸的生物信息系统进行说明。

(1) 人脸检测(face detection)。即对于给定的一幅图像检测图像中是否有人脸,若有则确定其在图像中的位置,并从背景中分割出来。这是针对静态图像而言,若考虑动态信息则属于人脸跟踪和监视(face tracking)问题,即对动态图像(视频序列)中检测到的人脸进行位置跟踪,提取人脸的运动信息。人脸检测是个极富挑战性的问题,因为人脸是非刚性物体,且在图像中的大小和方向以及人的肤色和纹理等方面受光照、拍摄距离等条件的影响很大。

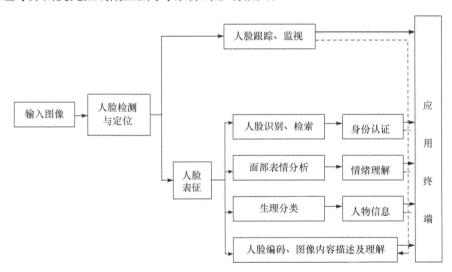

图 10.1　基于人脸的生物信息系统

(2) 人脸表征(face representation)。即采取某种数据形式表示检测出的人脸和数据库中的已知人脸。通常这一过程是对人脸的特征提取过程。常用的表示法有几何特征(如欧氏距离、曲率、角度)、代数特征(如矩阵特征矢量)、固定特征模板、特征脸、脸部热量图等。

（3）人脸识别（face recognition）。即将待识别的人脸与数据库中的已知人脸进行比较，得出相关信息。这一过程的核心是选择适当的人脸表征方式与匹配策略。人脸识别又包括人脸验证（face verification）和人脸辨识（face identification）。从分类的角度来说，人脸验证是一个两类问题。即验证输入人脸与其所"声称"身份对应的人脸是否一致。最终给出的是一个真或假的答案。人脸辨识则是一个多类问题。即确定输入人脸与数据库中哪一个身份相一致。最终给出的是一个身份标号。

（4）表情/姿态分析（expression/gesture analysis）。即对待识别人脸的表情或姿态信息进行分析，并对其加以归类。

（5）生理分类（physical classification）。通过对人类生理信息和人脸形态对应关系的研究和建模，完成对人物年龄、性别、种族等生理信息的推断。反之，也可以利用这些生理信息和人物目前的面貌推断其未来可能的形态。如从父母的脸像推导出孩子的脸像等。

（6）人脸编码（face coding）。对人脸表征获得的特征进行编码。对图像内容进行理解和描述。

10.1.3　自动人脸识别系统的组成

自动人脸识别系统包括两个主要技术环节：人脸检测和定位，人脸识别。自动人脸识别系统框图，如图 10.2 所示。首先是人脸检测和定位，即确定输入图像中是否存在人脸，若有则找到人脸存在的位置，并将其从背景中分割出来，然后是对人脸图像进行特征提取和识别（匹配）。特征提取之前一般要对图像进行预处理，对待识别的人脸进行特征提取之后，即可进行识别（匹配）。前面已经提到过，这个过程是一对多或一对一的匹配过程，前者是确定输入图像为图像库中的哪一个人，后者是验证输入图像的个人身份是否属实。

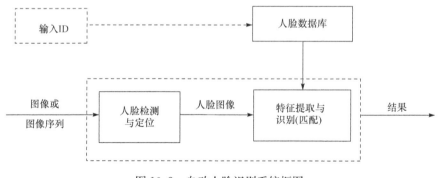

图 10.2　自动人脸识别系统框图

这两个环节的研究相对独立，由于在很多特定情况下人脸检测与定位的工作比较简单,因此特征提取与识别环节得到了更为广泛和深入的研究;而近几年来随着人们越来越关心各种复杂背景下的人脸自动识别系统,人脸检测与定位才得到了较多的重视,目前已经有了很大的发展。

评价自动人脸识别系统的标准主要有两个,即错误拒绝率(false reject rate,FRR)和错误接受率(false accept rate,FAR)。前者指在数据库中的人脸被错误拒绝,后者指不在数据库中的人脸被错误接受。这二者之间存在着矛盾,所以在实际问题中往往需要对 FRR 和 FAR 进行适当折中。例如在安全性要求较高的计算机登录系统中,FAR 要尽可能低,而 FRR 则可以高一些,这样虽然会增加合法用户的登录时间,但有效地保证了计算机系统的安全性。而在人脸检测与定位阶段,一般要求 FRR 尽可能低,这样才能保证要识别的人不会在这一步就丢失。另外,系统对样本的约束以及人机界面的友好程度、系统的学习能力等也是评价人脸识别系统优劣的标准。实现一个高性能的人脸识别系统涉及计算机技术、图像处理和模式识别技术,其中有相当多的理论与实际问题尚待解决[4,5]。

10.1.4　常用的人脸识别数据库

目前,用于人脸识别技术研究的图像来源主要是如下一些免费经典数据库。但是,由于不同研究任务的需要,必要时研究者可以设计和建立具有特色的专用数据库。

(1) FERET 人脸数据库(http://www. nist. gov/itl/iad/ig/colorferet. cfm)。由 FERET 项目创建,包含 1 万多张多姿态和光照的人脸图像,是人脸识别技术研究领域应用最广泛的人脸数据库之一。其中的多数人是西方人,每个人所包含的人脸图像的变化比较单一。

(2) CMU-PIE 人脸数据库(http://www. datatang. com/data/11957)。由美国卡内基梅隆大学创建,包含 68 位志愿者的 41368 张多姿态、光照和表情的面部图像。其中的姿态和光照变化图像也是在严格控制的条件下采集的,目前已经逐渐成为人脸识别技术研究领域的一个重要的测试集合。

(3) YALE 人脸数据库(http://cvc. yale. edu/projects/yalefaces/yalefaces. html)。由耶鲁大学计算视觉与控制中心创建,包含 15 位志愿者的 165 张图片,包含光照、表情和姿态的变化。

(4) YALE 人脸数据库 B(http://cvc. yale. edu/projects/yalefacesB/yalefac-esB. html)。包含了 10 个人的 5850 幅多姿态、多光照的图像。其中的姿态和光照变化的图像都是在严格控制的条件下采集的,主要用于光照和姿态问题的建模与分析。由于采集人数较少,该数据库的进一步应用受到了比较大的限制。

(5) MIT 人脸数据库(http://www. datatang. com/data/3729)。由麻省理工学院媒体实验室创建,包含 16 位志愿者的 2592 张不同姿态、光照和大小的面部图像。

(6) ORL 人脸数据库(http://www.datatang.com/data/13501)。由剑桥大学 AT&T 实验室创建,包含 40 人共 400 张面部图像,部分志愿者的图像包括了姿态、表情和面部饰物的变化,该人脸库在人脸识别研究的早期经常被人们采用。但由于变化模式较少,多数系统的识别率均可以达到 90% 以上,因此进一步利用的价值已经不大。

(7) BioID 人脸数据库(http://www.datatang.com/data/3045)。包含在各种光照和复杂背景下的 1521 张灰度面部图像,眼睛位置已经被手工标注。

10.2　K-L 变换的基本原理

在人脸识别技术中,经典的方法是 K-L(Karhunen-Loeve)变换方法[6]和主成分分析(principal component analysis,PCA)方法。

K-L 变换描述如下。假设一个非周期性随机过程 $y(t)$ 在 $T_1 < T < T_2$ 区间均匀采样,则可用向量 $y = [y(t_1), y(t_2), \cdots, y(t_k)]^T$ 表示,对应的相关函数是一个 $k \times k$ 阶矩阵,它只有 k 个线性独立的特征向量,以此构成 Hilbert 空间(简称 H 空间)中的一组基向量,则 y 可以用 k 个基向量的加权和表示,即

$$y = \sum_{i=1}^{k} \alpha_i \varphi_i \tag{10.1}$$

用展开式中的有限项来估计 y,即第 p 项以后被截断时,可得

$$\hat{y} = \sum_{i=1}^{p} \alpha_i \varphi_i \tag{10.2}$$

当且仅当展开系数 $\alpha_i = (y, \varphi_i)(i = 1, 2, \cdots, p)$ 时,其中,$(\cdot, \cdot)$ 为 H 上的内积;$\hat{y}$ 是 y 在这组正交基构成的子空间上的正交投影。由此引出均方误差 ε 为

$$\varepsilon = E(\| y - \hat{y} \|^2) \tag{10.3}$$

把 y 和 $\hat{y}$ 代入式(10.3),并且 $\alpha_i = (y, \varphi_i)(i = 1, 2, \cdots, p)$,$(\varphi_i, \varphi_j) = \delta(i - j)$,可得

$$\varepsilon = \sum_{i=p+1}^{k} \varphi_i^T E(yy^T) \varphi_i \tag{10.4}$$

令 $Q = E(yy^T)$,为使 $\varepsilon = \min$,即在均方误差最小准则下

$$\sum_{i=1}^{p} \varphi_i^T E(yy^T) \varphi_i = \sum_{i=1}^{p} \varphi_i^T Q \varphi_i = \max \tag{10.5}$$

因为 Q 是对称正定矩阵,所以式(10.5)等价于

$$\varphi_i^T Q \varphi_i = \lambda_i \geqslant 0, \quad i = 1, 2, \cdots, p \tag{10.6}$$

不难看出,最小均方误差准则等价于求相关矩阵的 p 个最大特征值所对应的单位特征向量,这就是 K-L 变换。

与 K-L 变换不同,PCA 方法是依照系数方差最大准则来确定 p 个最佳标准向量,即

$$\max\{E|\{(y,\varphi_i)-E[(y,\varphi_i)]\}^2|\}, \quad i=1,2,\cdots,p \tag{10.7}$$

约束条件为

$$E[(y,\varphi_i)(y,\varphi_j)]=0, \quad j\neq i \tag{10.8}$$

显然,式(10.8)等价于

$$E[(\varphi_i,y-E(y))^2]=\varphi_i^{\mathrm{T}}R\varphi_i=\max, \quad i=1,2,\cdots,p \tag{10.9}$$

式中,$R=E[(y-E(y))(y-E(y))^{\mathrm{T}}]$为 y 的协方差矩阵。所以只需找到与协方差矩阵的 p 个最大的特征值所对应的单位特征向量,就可以确定 p 个标准向量中最佳的一组,这就是 PCA。

比较 Q 和 R 的表达式可以知道,对于零均值随机模式向量,PCA 与 K-L 变换等价[7]。

10.3　基于 K-L 变换的人脸识别方法

基于 K-L 变换的人脸识别方法的主要思想是在原始人脸空间中求得一组正交向量,保留其中重要的正交向量,并以此构成新的人脸空间,使所有人脸的均方差最小,达到降维的目的[6,7]。如果假设人脸在新的低维空间的投影具有可分性,就可以将这些投影作为识别的特征向量。这组正交向量是原始人脸空间的总体散布矩阵的特征向量并且具有脸的形状,因而称为"特征脸",它保留了人脸图像中的基本信息。人脸识别的具体步骤如下:①人脸图像预处理;②计算特征向量;③选择特征向量张成人脸空间;④把训练样本和待测样本投影到人脸空间中,选择合适的距离函数进行分类识别。

下面举例说明基于 K-L 变换的人脸识别各个步骤。实验采用的数据库为 ORL 人脸数据库,选择 20 人各 5 幅图像组成训练样本,该 20 人的其余 100 幅图像作为测试样本。

10.3.1　人脸图像的预处理

预处理是模式识别过程中的一个重要的步骤。输入图像由于设备条件的不同,如光照明暗程度以及设备性能的优劣等,往往存在有噪声、对比度不够等缺陷。另外,距离远近、焦距大小等又使得人脸在整幅图像中的位置和大小不确定。为了减少人脸在图像中的大小、位置、旋转角度以及光照等条件的不同对特征提取的影响,需要对人脸图像进行预处理。在对人脸图像进行特征提取和分类之前一般需要做几何归一化和灰度归一化。几何归一化是指根据人脸定位结果将图像中人脸变换到同一位置和同样大小。灰度归一化是指对图像进行光照补偿等处理,光照

补偿能够一定程度地克服光照变化的影响而提高识别率。而直方图均衡化可以在一定程度上减轻光照变化对识别的影响。下面将分别介绍几何归一化、灰度归一化和直方图均衡化。

1. 几何归一化

对于利用整幅图像信息进行识别的算法而言,人脸部位在图像中的位置、大小、偏移情况不同会影响人脸的正确识别,因而要对输入的人脸进行校正,以使不同输入情况下的人脸图像最后都统一到同样的大小,并使人脸的关键部位在图像中的位置也尽量保持一致。几何校正主要包括:大小校正、平移、旋转和翻转等。

(1) 大小校正。就是把原始图像中包含的人脸校正到统一的大小,主要依据是人眼的坐标。人眼是人面部很重要的一个部位,通过预处理能保证两眼间距离相等,从而其他部位如:嘴、鼻、脸颊等的位置也保持在相对标准的位置。

(2) 平移。就是将图像中的所有点都按照指定的平移量水平、垂直移动,通过平移可以消除人脸左右偏移对后续识别环节的影响。

(3) 旋转。就是把原始图像中人脸图像进行平面内的旋转处理,主要是使两眼的连线保持在水平位置。

(4) 翻转。考虑到某些脸像可能存在上下颠倒的问题,通过翻转可以使目标图像中的人脸保持正面。

假定根据分割及定位算法得到了人脸正面图像左、右两眼中心的位置,并分别记为 E_r 和 E_l,则可通过下述步骤达到几何归一化的目的[6]:

(1) 进行图像旋转,以使 E_r 和 E_l 的连线 $\overline{E_r E_l}$ 保持水平。这保证了人脸方向的一致性,体现了人脸在图像平面内的旋转不变性。

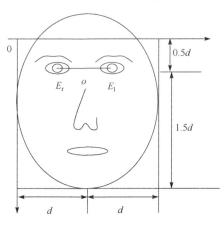

图 10.3　图像裁剪比例示意图

(2) 根据图 10.3 所示的比例关系,进行裁剪。图 10.3 中设 O 点为 $\overline{E_r E_l}$ 的中点,且 $d=\overline{E_r E_l}$。经过裁剪,在 $2d \times 2d$ 的图像内,可保证 O 点固定于 $(0.5d, d)$ 处。这保证了人脸位置的一致性,体现了人脸在图像平面内的平移不变性。

(3) 进行图像缩小和放大变换,得到统一大小的校准图像。规定校准图像的大小为 128×128,则放缩倍数为 $\beta = 2d/128$。这使得 $d=\overline{E_r E_l}$ 为定长(64 个像素点),即保证了人脸大小的一致性,体现了人脸在图像平面内的尺度不变性。

经过校准不仅在一定程度上获得了人脸表示的几何不变性,而且还基本上消除了头发和背景的干扰。本书所采用的 ORL 库在拍摄时进行了条件限制,无需进行平移、旋转和翻转等操作,实验中部分原始人脸图像如图 10.4(a)所示。

2. 灰度归一化

为了便于对不同灰度值的图像进行统一的处理,我们需要将图像的灰度值和方差归一化到一个特定的范围内。归一化的方法为

$$G(i,j)=\begin{cases} M_0+\sqrt{\dfrac{\mathrm{VAR}_0\ (I(i,j)-M)^2}{\mathrm{VAR}}}, & \text{如果 } I(i,j)>M \\[4mm] M_0-\sqrt{\dfrac{\mathrm{VAR}_0\ (I(i,j)-M)^2}{\mathrm{VAR}}}, & \text{其他} \end{cases} \tag{10.10}$$

式中,M_0 和 VAR_0 是理想的均值和方差,通常可取 $M_0=100$,$\mathrm{VAR}_0=100$;M 和 VAR 是根据输入图像实际估计的均值和方差。灰度归一化的目的是减少因光照变化导致的灰度变化对正确识别的影响。实验中部分经过灰度归一化的人脸图像如图 10.4(b)所示。

3. 直方图均衡化

图像的直方图是图像的重要统计特征,它可以认为是图像的灰度密度函数的近似。灰度直方图是一个离散函数,它表示数字图像每一灰度级与该灰度级出现频率的对应关系。直方图均衡化的基本思想是把原始图像的直方图变化为均匀分布的形式,这样就增加了像素灰度值的动态范围从而达到增强图像整体对比度的效果。直方图均衡化算法步骤如下:

(1) 计算出原始图像的所有灰度级 $s_k(k=0,1,\cdots,L-1)$;

(2) 统计原始图像各灰度级的像素数 n_k;

(3) 计算原始图像的直方图 $p_s(s_k)$;

(4) 计算原始图像的累积直方图 t_k;

(5) 取整计算:$t_k=\mathrm{int}\left[(N-1)t_k+\dfrac{k}{N}\right]$;

(6) 定义映射关系:$s_k\rightarrow t_k$;

(7) 统计新直方图各灰度级的像素数 n_k;

(8) 计算新的直方图:$p_1(t_k)=\dfrac{n_k}{N}$。

实验中部分经直方图均衡化的人脸图像如图 10.4(c)所示。

 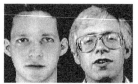 

(a) 原始人脸图像　　　　(b) 灰度归一化人脸图像　　　　(c) 直方图均衡化人脸图像

图 10.4　人脸图像预处理

10.3.2　特征向量的计算

假设一幅人脸图像包含 N 个像素点,它可以用一个 N 维向量 Γ 表示。这样,训练样本库就可以用 $\{\Gamma_i | i = 1, \cdots, M\}$ 表示。M 幅人脸图像的平均人脸图像(又称平均脸)为

$$\Psi = \frac{1}{M} \sum_{i=1}^{M} \Gamma_i \tag{10.11}$$

进而得到每张人脸图像 Γ_i 相对平均脸 Ψ 的均差 Φ_i 为

$$\Phi_i = \Gamma_i - \Psi, \quad i = 1, \cdots, M \tag{10.12}$$

构造训练样本集的协方差矩阵:$C = AA^{\mathrm{T}}$,其中,$A = [\Phi_1, \cdots, \Phi_M]$。

协方差矩阵 C 的正交特征向量就是组成人脸空间的基向量,即特征脸。

因此,对于一般图像来说,由于维数 N 过大,求取 $N \times N$ 矩阵 C 的特征向量并非易事,为此引出 SVD 定理[4,6]。

设 A 是一秩为 r 的 $n \times r$ 矩阵则存在两个正交矩阵:

$$U = [u_0, u_1, \cdots, u_{r-1}] \in \mathbf{R}^{n \times r}, \quad U^{\mathrm{T}} U = I$$
$$V = [v_0, v_1, \cdots, v_{r-1}] \in \mathbf{R}^{r \times r}, \quad V^{\mathrm{T}} V = I$$

以及对角阵 $\Lambda = \mathrm{diag}[\lambda_0, \lambda_1, \cdots, \lambda_{r-1}] \in \mathbf{R}^{r \times r}$,且 $\lambda_0 \geqslant \lambda_1 \geqslant \cdots \geqslant \lambda_{r-1}$,满足

$$A = U \Lambda^{1/2} V^{\mathrm{T}} \tag{10.13}$$

式中,$\lambda_i (i = 0, 1, \cdots, r-1)$ 为矩阵 AA^{T} 和 $A^{\mathrm{T}} A$ 的非零特征值;u_i 和 v_i 分别为 AA^{T} 和 $A^{\mathrm{T}} A$ 对应于 λ_i 的特征向量。上述分解称为矩阵 A 的奇异值分解(singular value decomposition,SVD),$\sqrt{\lambda_i}$ 为 A 的奇异值。

一般来说,N 比 M 大得多,根据 SVD 奇异值分解定理,可以将其转化为求另一 $M \times M$ 矩阵 L 的特征向量 $v_l (l = 1, \cdots, M)$,这样可以使计算的复杂性大大降低。其中矩阵 L 为:$L = A^{\mathrm{T}} A$ 即 $L_{ij} = A_i^{\mathrm{T}} A_j (i, j = 1, \cdots, M)$。

求出矩阵 L 的特征向量 v_l(按对应的特征值从大到小排列)后,则由奇异值分解定理:因为 $A = U \Lambda^{1/2} V^{\mathrm{T}} = \sum_{k=1}^{r} \lambda_k^{1/2} u_{ki} v_{ki}^{\mathrm{T}}$,故 $U = AV\Lambda^{-1/2}$,即 $u_k = \frac{1}{\sqrt{\lambda_k}} A v_k$。

由此求出 C 的特征向量 u_k:

$$u_k = \frac{1}{\sqrt{\lambda_k}} A v_k = \frac{1}{\sqrt{\lambda_k}} \sum_{j=1}^{M} v_{kj} \Phi_j, \quad k = 1, 2, \cdots, M \qquad (10.14)$$

因此,矩阵 C 的特征向量 $u_k(k=1,2,\cdots,M)$ 可以由 Φ_i 和 $v_k(k=1,2,\cdots,M)$ 的线性组合表示:

$$U = [u_1, \cdots, u_M] = [\Phi_1, \cdots, \Phi_M][v_1, \cdots, v_M] = AV \qquad (10.15)$$

这就是图像的特征向量。它是通过计算较低维矩阵 L 的特征值与特征向量间接求出的。

10.3.3 选取特征向量张成人脸空间

将特征值由大到小排列:$\lambda_1 \geqslant \lambda_2 \geqslant \cdots \geqslant \lambda_M$,其对应的特征向量为 $u_1, u_2, \cdots, u_M$。由特征向量 $u_1, u_2, \cdots, u_M$ 所张成的空间即为人脸空间。

这样每一幅人脸图像都可以投影到由 $u_1, u_2, \cdots, u_M$ 张成的人脸空间中。因此,每一幅人脸图像对应于空间中的一点。同样,空间中的任意一点也对应于一幅图像。下面以 5 个人的共 20 幅图像为例说明人脸空间的建立方法。一幅人脸图像包含 $112 \times 92 = 10304$ 个像素点,则训练样本集的协方差矩阵 C 为 10304×10304 维矩阵。根据奇异值分解定理,求解上述 10304×10304 维矩阵的特征向量问题,就转化为求取另一 20×20 维矩阵的特征向量问题。图 10.5 所示为训练样本,20 幅人脸图像的平均脸,如图 10.6 所示。图 10.7 显示的是 $u_1, u_2, \cdots, u_{10}$ 所对应的图像。因为这些图像很像人脸,所以它们被称为"特征脸"。通过 K-L 变换 (PCA)进行人脸识别的方法通常被称为"特征脸"方法。

图 10.5 训练样本(共 20 幅人脸图像)

图 10.6 平均脸

由上可知,总共得到了 M 个特征向量。虽然 M 比 N 小很多。但是通常情况下 M 仍然会很大。而事实上,根据应用的要求,并非所有的 u_k 都有很大的保留意义。这就涉及特征选择的问题。

图 10.7　实验中前 10 个特征脸

观察图 10.7 中的"特征脸"可以发现,前面的特征向量反映了较多的信息,越往后,各"特征脸"之间的差异不是很大,虽然能够看出是一个人脸的形状,但所包含的信息少了。到底选取多少个,选取那些向量是最优的呢? 可以采用实验确定法或经验公式法进行选择。

1. 实验确定法

选择 ORL 库中的 20 人各 5 幅图像组成训练样本,该 20 人的其余 100 幅图像作为测试样本。特征脸(特征向量)的个数从 1 变化到 100 时的正确识别率曲线如图 10.8 所示。由图 10.8 可以看出,特征脸个数为 33 之前识别率是上升的,之后保持不变,当特征脸的个数超过 52 之后,识别率下降继而保持稳定。由此可以看出特征脸的个数并不是越多越好,而是在一定范围之内有最佳值存在。

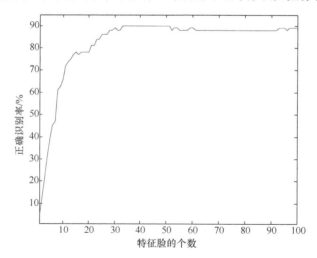

图 10.8　特征脸个数从 1~100 变化时的识别率曲线

2. 经验公式法

由 Fukunaga 维数定理[6],对含有 M 个模式类别的分类问题,其有效的最佳鉴

定向量个数不超过 $M-1$ 个。因此,把特征向量按特征值从大到小的顺序排列,提取前 $M'(M'<M)$ 个向量张成向量空间,表示人脸图像的主要特征信息。M' 由阈值 θ_λ 决定:

$$M' = \min_r \left\{ r \left| \frac{\sum\limits_{l=1}^{r} \lambda_l}{\sum\limits_{l=1}^{M} \lambda_l} > \theta_\lambda \right. \right\} \tag{10.16}$$

若选取 $\theta_\lambda=90\%$。这说明样本集在前 M' 个轴上的能量占整个能量的 90% 以上。

10.3.4　基于最小距离法的分类识别

有了由"特征脸"张成的人脸空间后,任何一幅人脸图像都可以向其投影得到一组坐标系数,这组系数表明了该图像在人脸空间中的位置,从而可以作为人脸识别的依据。换句话说,任何一幅人脸图像都可以表示为这组"特征脸"的线性组合,其加权系数即是 K-L 变换的展开系数,也可以称为该图像的代数特征。

因此,在获得特征脸之后,就可以对每一类别的典型样本进行投影,由此得到每个人脸的投影特征从而构成人脸特征向量,作为下一步识别匹配的搜索空间。具体步骤如下:

1) 训练

将每个人的图像 Γ_k 投影到人脸空间得到 M 维投影向量 Ω_k:

$$\Omega_k = U^T(\Gamma_k - \Psi), \quad k=1,\cdots,N_c \tag{10.17}$$

式中,N_c 为人脸图像的类别数。而距离人脸空间的最大允许值 θ_c,可由任意两类人脸之间距离的最大值来确定:

$$\theta_c = \frac{1}{2} \max_{j,k} \{ \| \Omega_j - \Omega_k \| \}, \quad j,k=1,\cdots,N_c \tag{10.18}$$

2) 识别

对于一待识别的人脸图像 Γ,将其投影到人脸空间得向量 Ω:

$$\Omega = U^T\Gamma - \Psi \tag{10.19}$$

Ω 到每一类的距离为

$$\varepsilon_k^2 = \| \Omega - \Omega_k \|^2, \quad k=1,\cdots,N_c \tag{10.20}$$

为了区分人脸图像和非人脸图像,原始图像 Γ 和它的重构图像 Γ_f 之间的距离 ε 计算如下:

$$\varepsilon^2 = \| \Gamma - \Gamma_f \|^2, \quad \Gamma_f = U\Omega + \Psi \tag{10.21}$$

采用最小距离法对人脸进行分类,输入图像 Γ 则可以按照以下规则进行分类:

(1) 若 $\varepsilon \geqslant \theta_c$,则输入图像为非人脸图像。

(2) 若 $\varepsilon < \theta_c$ 且 $\forall k, \varepsilon_k \geqslant \theta_c$,则输入图像为未知的人脸图像。

（3）若 $\varepsilon < \theta_c$ 且 $\varepsilon_{k^*} = \min_k\{\varepsilon_k\} < \theta_c$，则输入图像为第 k^* 类人脸。

另外，考虑重构图像 Γ_f 的信噪比 R_{SN}：

$$R_{SN} = 10\lg\left(\frac{\|\Gamma\|^2}{\|\Gamma - \Gamma_f\|^2}\right) \tag{10.22}$$

若小于阈值 θ，则可以判断 Γ_f 不是人脸图像。利用这一点，可以做人脸检测。

输入图像及其在人脸空间上的投影（重构图像），如图 10.9 所示。由图 10.9 可以知道，人脸图像在人脸空间中的投影变化不明显而非人脸图像的投影变化明显。因此，检测一幅图像中是否存在人脸的基本思想是，计算该图像中任意位置处的局部图像与人脸空间之间的距离 ε。其中，ε 是局部图像是否为人脸的度量。因此，计算给定图像任意一点上的 ε，就可以得到映射图 $\varepsilon(x, y)$。在映射图中低值区域（黑色区域）表示了人脸的存在。

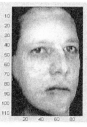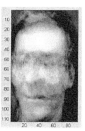

(a) 训练样本中的图像及其重构图像　　　　　(b) 陌生人脸图像及其重构图像

(c) 非人脸图像及其重构图像

图 10.9　输入图像及其在人脸空间上的投影（重构图像）

为了加深对分类规则的理解，重新考虑人脸空间。输入图像投影到人脸空间的示意图，如图 10.9 所示。一幅人脸图像，特别是已知人脸图像，其投影应该靠近人脸空间，一般描述为"类人脸"（face-like）。换句话说，已知人脸在人脸空间中的投影距离 ε 应该在某一阈值 θ 内，即 $\varepsilon_k < \theta_c$。因此，任一输入图像将其投影在人脸空间中可能出现以下四种情况：①靠近人脸空间并且靠近某一类人脸；②靠近人脸空间但并非靠近已知人脸类别；③远离人脸空间而靠近某一人脸类别；④同时远离人脸空间和已知人脸类别。图 10.10 给出了一个简单的示意图来说明上述四种情

况。其中,由两个特征脸组成人脸空间,三个已知人脸类别投影在空间内。

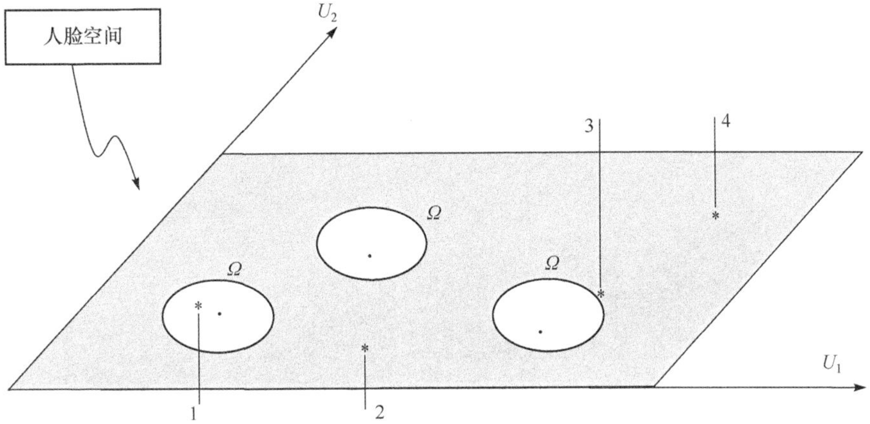

图 10.10　输入图像投影到人脸空间中,可能出现的四种情况示意图

第一种情况,输入图像被识别为确定的已知人脸类别;第二种情况,输入图像被判定为是一未知人脸图像;最后两种情况下,因为其投影远离人脸空间而被识别为非人脸图像。因此,在绝大多数人脸识别系统中,输入图像被人为地分为上述三种典型情况。在此识别框架下,误识问题可以根据原始图像和依据子空间的重构图像之间的距离来解决。图 10.9 中(a)、(b)为上述四种情况的第一种,(c)说明了情况 4。

选择 ORL 库中 20 人各 5 幅图像组成训练样本,该 20 人的其余 100 幅图像作为测试样本。分别采用灰度归一化和直方图均衡化两种方法进行预处理后做相应的识别实验,特征向量的选择均采用实验确定法。由图 10.8 可知,在 33～50 范围内均可以,在减小计算量的同时为保证正确识别率选择特征向量数目为 40。采用最小距离法进行识别。

两种预处理方法的识别结果对比如图 10.11 所示。灰度归一化的正确识别率为 89%,直方图均衡化的正确识别率为 91%。从图 10.4 可以看出,在灰度变化方面直方图均衡化后的样本比简单灰度归一化后的样本要小。也就是说,直方图均衡更能“掩盖”光照变化对正确识别的影响。实验结果也证实了上述看法。

基于 K-L 变换的人脸识别方法是经典的人脸识别方法之一,该方法首先对人脸图像进行预处理,然后借助于奇异值分解定理计算特征向量,大大降低了计算复杂度。之后,采用实验法确定最佳特征向量数目进行特征向量的选取张成人脸空间。建立人脸空间后,将训练样本和待测试样本投影到人脸空间中,计算待测样本与各个训练样本之间的欧氏距离,采用最小距离法进行了分类。实验结果表明,该方法用于人脸识别是有效可行的。

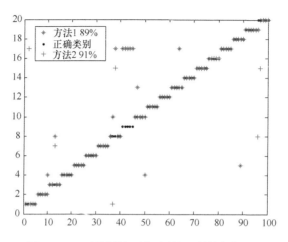

图 10.11　两种预处理方法的识别结果对比图

参 考 文 献

[1] 张翠平,苏光大. 人脸识别技术综述[J]. 中国图象图形学报,2000:886-894.

[2] 周杰,卢春雨,张长水,等. 人脸自动识别方法综述[J]. 电子学报,2000:102-106.

[3] 刘青山,卢汉清,马颂德. 综述人脸识别中的子空间法[J]. ACTA Automatic Sinica,2003, 3:11.

[4] Kim W J,Suh S J,Wang W,et al. SVD face:Illumination-invariant face representation[J]. IEEE Signal Processing Letters,2014,21(11):1336-1340.

[5] 马小虎,谭延琪. 基于鉴别稀疏保持嵌入的人脸识别算法[J]. 自动化学报,2014,21(1): 73-82.

[6] 边肇祺,张学工. 模式识别[M]. 北京:清华大学出版社,2000.

[7] 刘丽娜. 基于特征脸和多特征的人脸识别算法研究[D]. 济南:山东大学,2006.

第11章　基于深度数据的运动目标检测

11.1　研　究　背　景

运动目标检测是计算机视觉和模式识别领域中的重要研究内容。社会监控系统向着智能化、人性化不断发展的过程中,运动目标的检测与识别作为整个系统的重要组成部分,担负着向应用层提供决策依据的任务。其检测与识别的质量将直接影响到整个系统的稳定性与精确性。目前较典型的运动目标检测算法包括光流法、背景差分法、相邻帧差分法等[1,2]。光流法主要运用于摄像机运动的情况,但其算法复杂,难以满足运动目标检测对实时性的要求[3,4]。背景差分法主要采取对比实时目标场景及背景的方法检测运动目标。此外,还有统计直方图法、统计中值法、多帧图像平均法、选择平均法等[5,6]。由于高斯模型具有实时更新背景信息机制,使其可有效地克服采集图像时微小抖动带来的背景信息偏差问题[7]。向日华等[8]也将高斯模型用在了距离图像分割中,其利用表面法向高斯混合模型的物理意义,结合 EM 算法实现了距离图像的分割,为目标检测提供理论基础。文献[9]利用高斯加权的卡方距离度量两个像素的相似性,又引入一种自适应的局部收缩因子完成脊椎 MR 图像的分割,克服了传统方法中常见的过分割和欠分割现象。

基于图像的运动目标检测方法受到目标场景光照变化、枝叶抖动等干扰因素的影响,容易造成前、背景点的误判,且图像不能提供目标场景的深度信息,无法反应运动目标在三维空间中的位置关系,限制了其在导航、避障等实际领域中的应用。为了避免目标场景扰动对运动目标检测的影响,基于深度数据检测运动目标的方法被提出。深度数据的获取包括:双目立体视觉法、结构光法等,随着深度数据的精度不断提高,深度数据在目标检测、三维重建、场景识别等领域得到广泛应用。文献[10]利用基于双目立体视觉的方法成功获取目标场景的深度信息,准确提取出火灾发生点的三维位置,为自动灭火系统提供了精确的火灾发生点定位信息。文献[11]从障碍物检测、地形分类等方面对移动机器人视觉系统进行了综述,指出利用双目立体视觉的识别结果可用于指导基于单目视觉的可通行区域分类,实现一种由近及远的机器人自监督学习技术。Kinect 是微软研发的基于双目视觉获取深度数据的传感器,由于采用了基于结构光的主动测量方式,使其具有不受光照、阴影等因素的干扰,且深度信息精确度达到了 3mm,在目标检测与跟踪、行为分析等领域获得广泛应用。文献[12]利用 Kinect 的 RGB-D 数据建立室内场景的 3D 图像,通过反复测量,得到目标场景的收敛结果。文献[13]利用 Kinect 深度数据与改进的卡尔曼滤波进行机器人避障时移动方向的预测和优化,实现了在不确定动态环境下的避障。文献[14]将 Kinect 深度数据应用于一种基于统计的局部地图更新方法,得到了目标区域障碍物的动态信息,该方法同时实现了测距噪声的消除,提高了障碍物测量的精确度。文献[15]提出了一种用在复杂停车环境的室内倒车障碍物检测系统,对于一般系统中难于解决的由于光照不均匀和颜色分割等带来的障碍物误判问题,随着 Kinect 深度数据的引入得到了很好的解决。文献[16]利用区域增长算法对 Kinect 采集到的深度数据进行提取后得到整个人物目标,该算法复杂度低、易于实现,但其假定人的脚必须呈竖直状态,否则其使用的 F 阈值滤波器将不能正确提取出人与地板间的轮廓,限制了该算法在实际中的应用。文献[17]提出了一种基于 Kinect RGB-D 自适应分割算法以及多层次的平面识别和障碍物检测算法,有效地解决了基于颜色分割等带来的障碍物误判问题。

本章首先对 Kinect 采集的背景深度数据进行均值滤波,然后分别计算单高斯模型中背景中每个像素点的均值和标准差,判断过程用实时采集的深度数据和背景数据进行差值对比,若其差值超出设定的门限值,则判定其为前景点,否则为背景点。对处理结果采用形态学滤波,可有效消除伪前景点,提高运动目标判断精确度。并使用背景参数更新策略完成模型对场景的动态适应,增加系统鲁棒性。本章内容主要参考文献[18]。

11.2　Kinect 深度数据的获取

Kinect 包含有一个红外线发射器和一个红外线 CMOS 摄像头,发射器和摄像头使用 Light Coding 深度测量技术获取目标区域的深度数据。Light Coding 技术属于结构光技术的一种,其使用的光源为“激光散斑”,是把激光照射到粗糙物体后形成的随机衍射斑点,这些斑点会随着距离的不同呈现不同的图案,通过对图案变化的统计,可以得到目标区域的深度数据。Kinect 提供了 640×480、320×240、80×60 三种分辨率的深度数据流,可以通过 DepthImageStream. DepthImageFormat 选择不同的分辨率格式。数据流中的每个像素都由两个字节组成,前 13 位记录像素的深度数据,后 3 位记录用户 ID,当像素点深度不在 Kinect 的测量范围之内时,深度数据被定义为 0。本书只需目标场景中的深度数据,所以在获取数据流后需要对像素深度值右移三位,位操作后的值是像素的实际深度测量值。

Kinect 采集到的深度数据对物体边缘的精确度不高,特别是目标场景中有玻璃介质时,深度信息畸变严重,为了增加深度数据的精确度,本书采用对三组深度数据如式(11.1)表示均值滤波的方法进行平滑处理:

$$\text{Depth}(i,j) = \frac{1}{3} \sum_{n=1}^{3} \text{Source}_n(i,j) \tag{11.1}$$

式中，Source(i,j)为采集到的深度数据；Depth(i,j)为滤波后的深度数据。Kinect 采集频率为 30fps，经过均值滤波后，完全满足运动目标检测的要求。

11.3　单高斯模型运动目标检测算法

高斯模型分为单高斯模型和混合高斯模型[6]。由于高斯模型能实时更新背景信息，可以有效克服背景动态变化、摄像机抖动等带来的测量噪声，且算法较低的计算复杂度使得高斯模型能应用在很多对响应速度要求较高的场合[8]。本书采用单高斯模型完成对运动目标的检测[18]。

11.3.1　单高斯模型背景参数建立

单高斯模型属于背景差分法的一种，其原理是对每一个像素的深度数据建立高斯模型。首先要建立单高斯模型的背景信息，根据单高斯模型定义，背景信息包括均值 μ 和标准差 σ 两参数。本章选取没有运动目标的 40 组深度数据按下式进行模型背景的训练。

$$\mu(i,j) = \frac{1}{40}\sum_{n=1}^{40} \mathrm{Depth}_n(i,j) \tag{11.2}$$

$$\sigma(i,j) = \sqrt{\frac{1}{40}\sum_{n=1}^{40}\left[\mathrm{Depth}_n(i,j)-\mu(i,j)\right]^2} \tag{11.3}$$

式中，$\mu(i,j)$为背景参数的均值；$\sigma(i,j)$为背景参数的标准差。如图 11.1(a)所示，本书选取的目标场景为走廊；图 11.1(b)为未经过背景均值处理的原始采集深度数据图像；图 11.1(c)为经过均值处理，将被用来作为运动目标检测的背景均值数据图像。可以看出，经过处理之后的背景图像更加平滑，也起到了抑制散斑噪声的效果。

　　(a) RGB彩色图像　　　　　　　(b) 原始深度图像　　　　　　　(c) 背景图像

图 11.1　深度图像单高斯模型背景图像

11.3.2 前景点及背景点判断

众所周知,摄像机的测量噪声满足高斯噪声,只要判断某像素点深度差值是否在高斯模型的门限 δ 之内,即可判断出该像素点是否为前景点。高斯分布在距离中心 2.5 倍标准差以外的比例非常小,因此常选 2.5 倍标准差作为门限值,如果实时采集的深度数据与背景均值的差值在门限值的范围内,判定该像素点为背景点,否则为前景点:

$$\delta(i,j) = 2.5\sigma(i,j) \tag{11.4}$$

$$\mathrm{Ground}(i,j) = \begin{cases} 0, & |\mathrm{Depth}(i,j) - \mu(i,j)| < \delta(i,j) \\ 1, & |\mathrm{Depth}(i,j) - \mu(i,j)| > \delta(i,j) \end{cases} \tag{11.5}$$

式中,$\mathrm{Ground}(i,j)$ 为某一像素点是否为前景点的标记值,前景点标记值为 1,背景点标记值为 0。通过对前景点背景点的判断,可初步提取出检测场景中的运动目标,但由于 Kinect 本身的测量噪声及检测场景中地板和墙面对"激光散斑"有影响导致了检测结果中大量伪前景点。要从初步检测结果中得到更加精确的检测结果,需要进行形态学滤波处理。

11.3.3 背景参数更新

为了使单高斯模型能更适应场景的变化,需要对模型参数实时更新,本书采用同时对均值和标准差更新的方式完成。

$$\mu^{k+1}(i,j) = \begin{cases} \mu^k(i,j), & \mathrm{Ground}(i,j) = 1 \\ (1-\alpha)\mu^k(i,j) + \alpha\mathrm{Depth}(i,j), & \mathrm{Ground}(i,j) = 0 \end{cases} \tag{11.6}$$

$$\sigma^{k+1}(i,j) = \begin{cases} \sigma^k(i,j), & \mathrm{Ground}(i,j) = 1 \\ (1-\beta)\sigma^k(i,j) + \beta[\mu^{k+1}(i,j) - \mathrm{Depth}(i,j)]^2, & \mathrm{Ground}(i,j) = 0 \end{cases} \tag{11.7}$$

式中,α、β 分别为背景均值和标准差更新因子,更新因子根据背景环境变换程度选取。本书采用只对判定为背景点的像素点执行背景参数更新,被判定为前景点的像素点参数延用上一次更新的背景参数。更新的像素点参数中即包含原始数据,也包含最新采集数据,避免了可能出现的突变误差值对背景参数的影响,同时,在保证背景参数稳定的基础上,最大限度地适应场景的变化。

11.4 实 验 结 果

采用场景为走廊,运动目标为篮球,Kinect 传感器设置高度为 1m,向下倾斜。首先采集无运动目标的场景深度信息用作来建立背景参数,为了使参数更加准确,本书采用 40 幅图像来建立背景参数,图 11.1 显示背景建立结果。利用背景参数与实时采集的场景深度数据进行背景点和前景点的判断,因为场景反光严重,所以需经过形态学滤波增强前景点判断的精确度。使用背景均值和标准差同时更新的策略完成模型对场景地动态适应,更新时使用两个更新因子来完成。图 11.2～图 11.4 分别列出了篮球由近到远运动的三帧检测结果,由检查结果图像可知,虽然实时采集的深度数据有较大的测量噪声,但通过本书算法可完成对篮球的精确目标检查。

(a) RGB彩色图像　　　　　(b) 原始深度图像　　　　　(c) 检测结果图像

图 11.2　深度图像运动篮球检测 1

(a) RGB彩色图像　　　　　(b) 原始深度图像　　　　　(c) 检测结果图像

图 11.3　深度图像运动篮球检测 2

(a) RGB彩色图像　　　　　(b) 原始深度图像　　　　　(c) 检测结果图像

图 11.4　深度图像运动篮球检测 3

11.5　本 章 小 结

本章提出了一种基于 Kinect 深度数据的单高斯模型运动目标检测方法,通过实验取得了良好的效果。由于 Kinect 采用主动深度数据获取方式,使得本方法具有不受场景光照条件干扰的特性,这在许多光照变化频繁的场景中有很好的应用前景。但 Kinect 的最远测量距离只有 3.8m,限定了其只能在较小的空间场景中使用,且深度数据的模糊性也会丢失很多物体边缘信息。单高斯模型符合摄像头采集误差规律,且算法简单,满足了实际检查过程中对实时性的要求。采用算法中背景参数的更新因子的不变性使得参数更新策略单一,如何使更新因子能动态地适应场景的变化也是今后的研究方向之一。利用本书算法实现了运动目标的检测,为后续的运动目标跟踪提供了良好的基础。例如,加入判断含有固定特征目标的识别算法,可根据本章算法实现对特定目标的跟踪,在安防系统、医疗、机器人等领域有广泛的应用前景。

参 考 文 献

[1] 王素玉,沈兰荪,李晓光. 一种用于智能监控的目标检测和跟踪方法[J]. 计算机应用研究,2008,8(25):2393-2395.

[2] Tsai D M,Lai S C. Independent component analysis based background subtraction for indoor surveillance[J]. IEEE Transactions on Image Processing,2009,18(1):158-160.

[3] 胡觉晖,李一民,潘晓露. 改进的光流法用于车辆识别与跟踪[J]. 科学技术与工程,2010,23(10):5814-5817.

[4] Shang Y,Liu X H,Wang C,et al. Research on optical fiber flow test method with non-intrusion[J]. Photonic Sensors,2014,4(2):132-136.

[5] 陈凤东,洪炳镕. 基于动态阈值背景差分算法的目标检测方法[J]. 哈尔滨工业大学学报,2005,37(7):883-955.

[6] 梅娜娜,王直杰. 基于混合高斯模型的运动目标检测算法[J]. 计算机工程与设计,2012,33(8):3149-3153.

[7] Stauff C,Grimson W. Adaptive background mixture mod for real-time tracking [C]. Proceedings of IEEE Conference Computer Vision and Pattern Recognition, Fort Collins, 1999:246-253.

[8] 向日华,王润生. 一种基于高斯混合模型的距离图像分割算法[J]. 软件学报,2003,14(7):1250-1257.

[9] 郑倩,卢振泰,陈超,等. 基于邻域信息和高斯加权卡方距离的脊椎 MR 图像分割[J]. 中国生物医学工程学报,2011,(3):357-362.

[10] Song T,Tang B P,Zhao M H,et al. An accurate 3-D fire location method based on sub-pixel edge detection and non-parametric stereo matching[J]. Measure,2014,50:160-171.

[11] 朱效洲,李宇波,卢惠民,等. 基于视觉的移动机器人可通行区域识别研究综述[J]. 计算机应用研究,2012,29(6):2009-2013.

[12] Henry P,Krainin M,Herbst E,et al. RGB-D mapping:Using Kinect-style depth cameras for dense 3D modeling of indoor environments[J]. International Journal of Robotics Research,

2012,31(5):647-663.

[13] 张毅,蒋翔,罗元,等. 基于深度图像的移动机器人动态避障算法[J]. 控制工程,2013,20(4):663-666.

[14] 贺超,刘华平,孙富春,等. 采用 Kinect 的移动机器人目标跟踪与避障[J]. 智能化系统学报,2013,8(5):426-432.

[15] Choi J W,Kim D,Yoo H,et al. Rear obstacle detection system based on depth from Kinect[C]. 15th International IEEE Conference on Intelligent Transportation Systems(ITSC),Anchorage,2012:98-101.

[16] 黄露丹,严利民. 基于 Kinect 深度数据的人物检测[J]. 计算机技术与发展,2013,23(4):119-125.

[17] 刘宏,王喆,王向东,等. 面向盲人避障的场景自适应分割及障碍物检测[J]. 计算机辅助设计与图形学学报,2013,25(12):1818-1825.

[18] 杨磊,任衍行,蔡纪源. 一种基于深度数据的高斯模型运动目标检测方法. 计算机技术与发展,2015,25(9):27-30.

第12章 基于指纹的生物识别

12.1 基于指纹的生物识别概念

生物识别技术是指根据人的生理特征(如语音、指纹、掌纹、面部特征、虹膜等)或行为特征(如步态、击键特征等)来进行身份鉴别的技术。生物识别技术以生物特征为基础,以信息处理技术为手段,将生物技术和信息技术有机结合在一起。

生理特征必须满足以下要求:

(1)普遍性。每个人都应当有这种特性。

(2)特殊性。任何两个人在这种特性上应是充分不同的。

(3)永久性。这种特性(关于匹配标准)应当是持久不变。

(4)可被采集性。这种特性应当能用数据测量表示。

主要的生物识别技术及相关特点如图12.1所示,其中指纹识别作为一种生物鉴定技术,为人类的个体鉴定提供了一个到目前为止最为快捷和可信的方法。不同人的指纹,即使同一个人不同手指的指纹,纹线走向及纹线的断点和交叉点等各不相同,也就是说,每个指纹都是唯一的。另外,指纹不随年龄的增长而发生变化,是终生不变的。依靠这种唯一性和稳定性,可以把一个人同他的指纹对应起来,通过对他的指纹和预先保存的指纹进行比较,就能验证他的真实身份,这就是指纹识别技术。

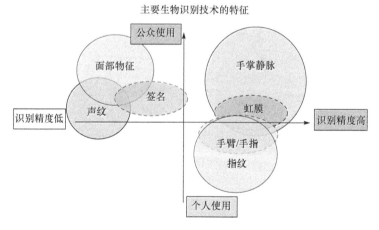

图 12.1 主要生物识别技术及特点

12.2　指纹识别的过程及主要特征

一个优秀的生物识别系统要求能实时迅速有效地完成其识别过程。所有的生物识别系统都包括如下几个处理过程：采集、解码、比对和匹配。指纹识别处理也一样，它包括对指纹图像采集、指纹图像处理特征提取、特征值的比对与匹配等过程。使用指纹识别方式的优点在于其可靠、方便与便于被接受。指纹识别过程如图 12.2 所示。

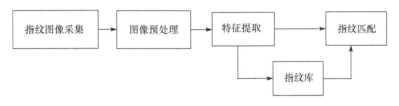

图 12.2　指纹识别过程

指纹的特征包括总体特征和局部特征。在考虑局部特征的情况下，英国学者认为，只要比对 13 个特征点重合，就可以确认为是同一个指纹。

12.2.1　总体特征

总体特征是指那些用人眼直接就可以观察到的特征，包括：纹形、模式区（pattern area）、核心点（core point）、三角点（delta）、式样线（type lines）、纹数（ridge count）等。

（1）纹形。环形（loop）、弓形（arch）、螺旋形（whorl）[1]，如图 12.3 所示，其他的指纹图案都基于这三种基本图案。

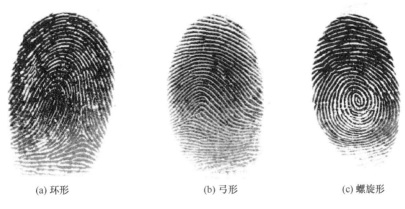

(a) 环形　　　　　　　　(b) 弓形　　　　　　　　(c) 螺旋形

图 12.3　指纹纹形图

（2）模式区（pattern area）。是指指纹上包括了总体特征的区域，从模式区就能够分辨出指纹是属于哪一种类型，如图 12.4 所示。

（3）核心点（core point）。位于指纹纹路的渐进中心，它用于读取指纹和比对指纹时的参考点，如图 12.5 所示。

（4）三角点（delta）。三角点位于从核心点开始的第一个分叉点或者断点、或者两条纹路会聚处、孤立点、折转处，或者指向这些奇异点，如图 12.6 所示。

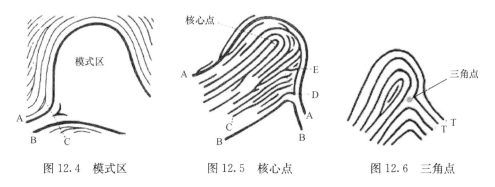

图 12.4　模式区　　　　　图 12.5　核心点　　　　　图 12.6　三角点

（5）式样线（type lines）。式样线是指在包围模式区的纹路线开始平行的地方所出现的交叉纹路，式样线通常很短就中断了，但它的外侧线开始连续延伸，如图 12.7 所示。

（6）纹数（ridge count）。纹数是指模式区内指纹纹路的数量。在计算指纹的纹数时，一般先连接核心点和三角点，这条连线与指纹纹路相交的数量即可认为是指纹的纹数，如图 12.8 所示。

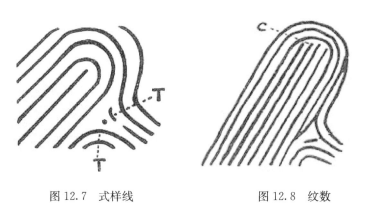

图 12.7　式样线　　　　　　　　　图 12.8　纹数

12.2.2　局部特征

局部特征是指指纹上的节点所具有的特征，这些具有某种特征的点称为特征点。两枚指纹经常会具有相同的总体特征，但它们的局部特征节点却不可能完全相同。指纹的特征点:指纹纹路并不是连续的、平滑笔直的,而是经常出现中断、分叉或打折。这些断点、分叉点和转折点就称为特征点。就是这些节点提供了指纹唯一性的确认信息。指纹上的节点有四种不同的特性:

(1) 特征点的分类:

① 终结点(termination)。一条纹路在此终结,如图12.9(a)所示。

② 分叉点(bifurcation)。一条纹路在此分开成为两条或更多的纹路,如图12.9(b)所示。

③ 分歧点(ridge divergence)。两条平行的纹路在此分开,如图12.9(c)所示。

④ 孤立点(dot or island)。一条特别短的纹路,以至于成为一点,如图12.9(d)所示。

⑤ 环点(enclosure)。一条纹路分开成为两条之后,立即又合并成为一条,这样形成的一个小环称为环点,如图12.9(e)所示。

⑥ 短纹(short ridge)。一端较短但不至于成为一点的纹路,如图12.9(f)所示。

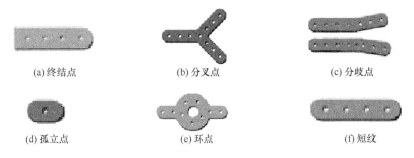

(a) 终结点　　　　　　(b) 分叉点　　　　　　(c) 分歧点

(d) 孤立点　　　　　　(e) 环点　　　　　　(f) 短纹

图 12.9　不同类型的特征点

(2) 方向(orientation):每个节点都有一定的方向。

(3) 曲率(curvature):描述纹路方向改变的速度。

(4) 位置(position):节点的位置通过坐标(x,y)来描述,可以是绝对的,也可以是相对于三角点的特征点。

12.3　指纹识别的实现步骤与实验结果

12.3.1　指纹图像采集

指纹识别第一步需要采集指纹图像,利用指纹取像设备来获取指纹图像。指纹取像设备主要有三类:光学取像设备、晶体传感器和超声波扫描。对应三种指纹采集技术:光学指纹采集技术、半导体指纹采集技术和超声波指纹采集技术。

12.3.2　指纹图像预处理

经过指纹取像设备采集到的指纹图像,由于平时的工作和环境的影响,往往有很多噪声,如手指被弄脏、手指表面干燥、湿润、撕破、有疤痕等,采集到的指纹图像都会影响后续的处理工作。这时,需要对采集到的图像进行预处理,减弱噪声干扰,得到的指纹图像,以便于提取可靠的指纹特征。在指纹识别系统中,指纹图像的预处理工作的好坏将直接影响指纹识别的效果。图 12.10 为指纹图像预处理流程。

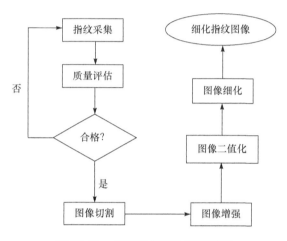

图 12.10　指纹图像预处理流程图

采集到指纹图像后,需要对指纹图像进行质量评估,以排除满足要求的指纹。如果指纹评估不合格,则重新采集指纹图像;指纹图像评估合格,则对指纹图像进行切割,即将指纹图像与背景区域分开。

图像增强即是将原始图像通过一定的滤波器进行滤波,以消除毛刺、图像中的空洞以及消除一些噪声,以改善图像质量、丰富信息量[2,3]。

图像二值化[4]即将图像变为二值图像,以便于进行细化处理。

图像细化即在图像进行二值化后,在不影响纹线连通性的前提下,删除纹线的边缘像素,直至纹线为像素宽为止,这一步的目的是以便于后续的指纹特征提取。

预处理过程结果如图 12.11 所示。其中,(a)为原始指纹图像,(b)为经过图像增强后的指纹图像,(c)为二值指纹图像,(d)为细化后的指纹图像。

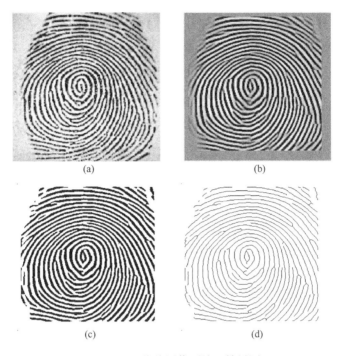

图 12.11　指纹图像预处理结果图

12.3.3　特征提取

指纹特征[5]可以直接从灰度图像中提取,也可以从细化后的二值图像中提取。直接从灰度图像中提取特征一般是对灰度指纹线进行跟踪,根据跟踪结果寻找特征的位置和判断特征的类型。这种方法省去了复杂的指纹图像预处理过程,但由于噪声等因素的影响,导致这样提取出的特征信息不够准确。因此,采用细化后的二值图像中提取特征是较常用的方法。从细化的二值图像中提取特征主要是指纹的特征点[6],特征点提取的好坏直接影响指纹识别系统的识别结果。

指纹的特征点中,终结点和分叉点是细化指纹图像的主要特征,可利用一个 3×3 的模板,将终结点和分叉点提取出来,通过提取这两种特征点构造指纹特征向量。定义一个八邻域模型,如图 12.12 所示。即以当前点为中心,与近邻中心点的八个点组成一个 3×3 模板,各邻点与中心点的位置关系组成八邻域模型。其中,P 代表当前中心点,$P_0 \sim P_7$ 分别代表中心点 8 个方向上的相邻点,黑点取 0,白点取 1。图 12.13 和图 12.14 分别为提取到的终结点和分叉点。

P_3	P_2	P_1
P_4	P	P_0
P_5	P_6	P_7

图 12.12　八邻域模型图

图 12.13　细化后指纹图像提取到的终结点　　图 12.14　细化后指纹图像提取到的分叉点

　　后处理。由于提取到的特征,有些处于图像的边缘,这些点称为伪特征点,需要对提取到的指纹特征点进行去伪,即后处理过程。首先对于图像边缘的点采用指纹图像切割的方法,对边缘的伪特征点直接切除掉;然后利用距离阈值法去除距离较近的特征点。经过特征点去伪后,提取到的终结点及分叉点分别如图 12.15 及图 12.16 所示。

图 12.15　经过去伪后提取到的终结点　　图 12.16　经过去伪后提取到的分叉点

12.3.4　指纹库数据存储

　　提取到特征点后,将特征点保存起来,即存入指纹数据库。每一张指纹图像经过相同的处理,得到各自的特征点,作为训练模板,存入指纹库。

12.3.5　指纹识别

输入待识别的指纹图像,提取其指纹特征点,然后与指纹库中的模板进行比对,找出最相近的一个模板即为识别结果。常采用距离测度(如欧氏距离测度)的方法进行相似度比对,找出两个指纹图像特征距离最短的一个对应的模板指纹图像即为识别结果。

12.3.6　指纹识别实验结果

根据上述指纹识别处理步骤,进行指纹识别实验。实验中,利用到 10 个人的指纹图像,每个人 8 枚相同的指纹。图 12.17 为实验中所用的部分指纹图像。

图 12.17　实验所用部分指纹图像

利用每个人的 4 枚指纹进行训练,另外 4 枚指纹进行识别,得到如下实验结果:训练样本数为 40 个,测试样本数也是 40 个,正确识别为 33 个,识别错误 7 个,总体正确率为 82.5%(33/40)。

现在,人们越来越多地依赖于口令和密码,而口令和密码的缺陷正随着不同场合的频繁应用而显得越来越明显。指纹识别技术由于特有的唯一性,并不依赖于口令和密码,对网络安全有得天独厚的优势,可以为日益发展的电子商务、国际贸易保驾护航,而且使用操作方便、简洁,很容易为广大计算机使用者接受。指纹识别技术除了在公安、军队、海关、交通、金融、社保等行业和部门存在着广泛的需求外,在诸如企事业单位或公司的考勤、门卫接待系统、社会医疗、福利和保险行业以及高级轿车防盗等领域也大有用武之地。

参 考 文 献

[1] Ravi J,Raja K B,Venugopal K R. Fingerprint recognition using minutia score matching[J]. International Journal of Engineering Science and Technology,2009,1(2):35-42.

[2] Hong L,Wan Y F,Jain A. Fingerprint image enhancement:Algorithm and performance eval-

uation[J]. IEEE Transactions on PAMI,1998,20(8):777-789.

[3] Gonzalez R C,Woods R E,et al. 数字图像处理[M]. 阮秋琦,阮宇智,等,译. 北京:电子工业出版社,2007.

[4] 罗希平,田捷. 自动指纹识别中的图像增强和细节匹配算法[J]. 软件学报,2002,13(5): 946-955.

[5] Thai L H,Tam N H. Fingerprint recognition using standardized fingerprint model[C]. Proceedings of IJSCI International Journal of Computer Science Issues,2010,7(7):11-16.

[6] Hartwig F,Klaus K,Josef B,et al. Local features for enhancement and minutiae extraction in fingerprints[J]. IEEE Transactions on Image Processing,2008,17(3):354-363.

第 13 章　基于虹膜的生物识别

13.1　研 究 背 景

随着计算机和网络技术的不断发展,身份鉴别变得越来越重要了。传统的密码具有易假冒、易遗忘等缺点,并不能适应现代数字化社会的发展需要。近年来,基于指纹、虹膜、声音、脸部、掌纹等生物特征的识别技术引起人们的关注,其中虹膜识别技术,具有识别准确性高、速度快、防伪性和非侵犯性等优点,并具有一定规模的商业应用,如机场检票系统、自动取款机(ATM)等。

中国科学院王蕴红等[1]描述了基于虹膜识别的身份鉴别系统,包括自主开发研制的虹膜图像摄取装置、图像预处理、基于 Gabor 滤波和 Daubechies-4 小波变换等纹理分析方法的特征提取和基于方差倒数加权欧氏距离方法的匹配四个部分,与传统方法相比该方法利用了虹膜图像丰富的纹理信息并具备旋转、平移和尺度不变性。清华大学黄惠芳等[2]提出了基于小波变换的虹膜识别算法,对虹膜纹理的一维信息处理,具有运算简单、快速、识别准备性高等优点。在虹膜识别系统中,质量较差的虹膜图像可能被系统拒识,因此有必要对采集的虹膜图像进行质量评价,冯薪桦等[3]提出了一种分布式的虹膜图像质量评价算法。姚鹏等[4]提出了采用改进的二维 Log-Gabor 小波来提取虹膜纹理特征,采用汉明距离来进行特征匹配的新方法,克服了二维 Gabor 复小波应用于虹膜识别的缺陷,提高了识别率。通过 PCA 和 ICA 的方法去掉图像各分量之间的相关性并将图像分量分解为相互独立的成分有效地提高了虹膜识别的准确率[5]。目前大多数虹膜识别主要是在一个固定位置和大小的虹膜区域采集图像,例如虹膜两侧各 90°扇形区域。苑玮琦等[6]研究了虹膜保留面积与虹膜识别率之间的对应关系,从而根据不同的识别率要求估计不同的人眼最小张开程度。为了尽可能降低不稳定特征点对识别率的影响,研究提出了基于序列图像提取稳定特征点的虹膜识别算法[7]。同时,其针对扩大景深的定焦虹膜识别系统易引入不同程度的离焦虹膜图像,增加识别错误率的问题,提出稳定特征融合解决方案,具有鲁棒性[8]。

13.1.1　常见的生物特征识别技术

生物特征识别技术是一种根据人体自身所固有的生理特征和行为特征来识别身份的技术,常见技术如图 13.1 所示。生理特征主要包括虹膜、人脸、指纹、掌纹等由先天生成的固有特性,行为特征包括签名、语音、步态等后天形成的特征行为方式。生物特征具有"人各有异、终生不变、随身携带"三个特点,具有不会丢失、不会遗忘、不易伪造等优点。

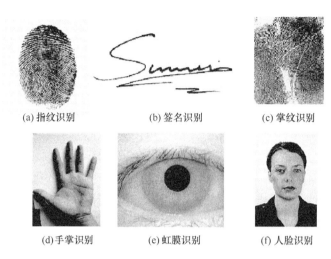

(a) 指纹识别　　　　(b) 签名识别　　　　(c) 掌纹识别

(d)手掌识别　　　　(e)虹膜识别　　　　(f) 人脸识别

图 13.1　常见的生物识别技术

　　每种生物体征识别技术都有着自身的特点和使用范围,当然也有不足之处,如表 13.1 所示。虹膜识别在稳定性、唯一性和防伪性等关键性能方面优势明显,综合性能突出,数据的采集采用非接触性,因而成为当今的研究热点,其产品已经在金融、安保、进出口检验等众多领域得到广泛的应用。

表 13.1　常见的生物特征识别方法比较

生物特征识别方法	普遍性	唯一性	稳定性	可采集性	是否接触	识别精度	安全性	总体性能
指纹识别	中	高	中	中	是	高	高	高
掌纹识别	中	高	中	中	是	中	中	低
手形识别	中	高	中	中	是	高	中	中
人脸识别	高	低	中	高	否	中	低	低
耳廓识别	高	低	中	高	否	中	中	中
虹膜识别	高	高	高	中	否	高	高	高
视网膜识别	高	高	高	中	否	高	高	高

13.1.2　虹膜及识别系统组成

　　虹膜示意图如图 13.2 所示,每个人虹膜的形态、颜色和总体外观是由遗传基因决定的。虹膜的纹理特征则是由人体胚胎发育环境的差异造成的。到两岁左右,虹膜就基本上发育到了足够尺寸,进入了相对稳定的时期。虹膜是外部可见的,但同时又属于内部组织,位于角膜后面。

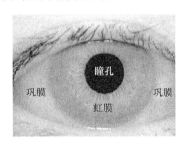

图 13.2 虹膜示意图

虹膜识别系统主要由四个部分组成:虹膜图像采集、图像预处理、虹膜特征提取、图像匹配。简单的流程如图 13.3 所示,通过图像采集装置采集到人眼图像后,再对获取的图像进行预处理,包括虹膜定位、规范化处理、图像增强等过程获得所需的矩形虹膜图像;然后采用合适的特征提取方法对矩形虹膜图像进行特征提取和编码;最后进行模式匹配完成待检测虹膜图像的分类识别。

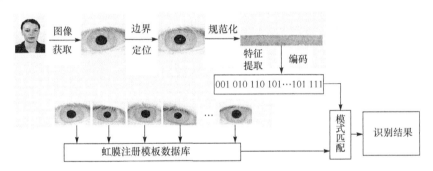

图 13.3 虹膜识别流程图

13.1.3 虹膜识别典型应用

由于虹膜特征突出的综合性能以及其可实现性,基于虹膜特征的识别系统已在世界范围内展开应用。例如,英国伦敦希思罗机场,先进的安保系统可扫描乘客的眼睛,以代替检查乘客的护照;美国得克萨斯州联台银行,储户无需银行卡和密码,只需接受眼睛的扫描,就可以确认身份;在中东已经建立了一个超大规模的虹膜识别架构,完成了阿联酋全国的机场旅客虹膜通关和恐怖分子黑名单比对。

13.2　虹膜识别算法原理

13.2.1　预处理-虹膜定位

1. 基点定位

（1）自动检测瞳孔的灰度值，并设定阈值对图像进行二值化处理。

将彩色图像转换为灰度图像。对于 8 位的灰度图像，每一个像素有一个灰度值，其灰度值范围为 0～255，0 表示黑色，255 表示白色。其次对灰度图像进行二值化处理。通过设定适当的阈值，大于阈值的像素被判定为属于特定物体，其灰度值为 0，其余的像素点灰度值为 255。图 13.4 为虹膜的灰度图像及灰度直方图。

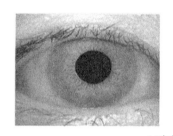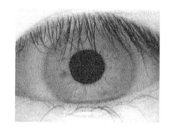

(a) 虹膜灰度图像

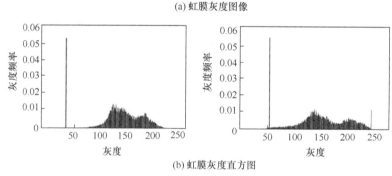

(b) 虹膜灰度直方图

图 13.4　虹膜图像及灰度直方图

如图 13.4 所示，我们发现在灰度值 50 附近有一灰度值所占的比重特别高，这就是瞳孔区域的灰度分布；瞳孔区域的灰度值偏低、大小稳定，而且变化范围非常小；计算出虹膜图像灰度值在 20～80 范围内的各像素点占总像素的比例，比例最高的像素点的灰度值即设定为瞳孔的灰度值，再设置一个比求得的瞳孔灰度值稍大（如 5～10）的值作为二值化阈值，然后对图像进行二值化处理就可以单独将瞳孔区域的图像提取出来，结果如图 13.5 所示。

（2）对二值化图像水平方向和垂直方向的灰度均值进行累加后取平均值再投影，如图 13.6 所示，进行平滑处理，分别获得垂直方向和水平方向的极小值，这两个极小值构成的坐标就是瞳孔的圆心坐标。由于干扰的存在,灰度均值投影图有许多小毛刺,极小值也可能会有多个,难以实现快速准确的定位,因而需要进行平滑处理。

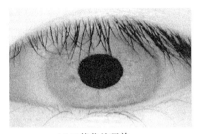
(a) 二值化处理前

(b) 二值化处理后

图 13.5　图像二值化结果

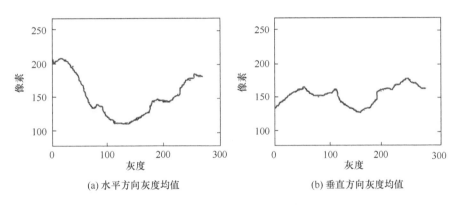

(a) 水平方向灰度均值

(b) 垂直方向灰度均值

图 13.6　水平方向和垂直方向投影图

（3）平滑处理。求取灰度均值点附近水平坐标或垂直坐标相同的 N 个像素灰度的平均值。

定义水平坐标 x_0 为处的灰度均值为

$$\bar{g}(x_0) = \frac{1}{N}\sum_{x_0-(N-1)/2}^{x_0+(N-1)/2} g(x), \quad x_0 = \frac{N+1}{2},\cdots,n-\frac{N-1}{2} \tag{13.1}$$

定义垂直坐标为 y_0 处的灰度均值为

$$\bar{g}(y_0) = \frac{1}{N}\sum_{y_0-(N-1)/2}^{y_0+(N-1)/2} g(y), \quad y_0 = \frac{N+1}{2},\cdots,m-\frac{N-1}{2} \tag{13.2}$$

分别对水平方向和垂直方向进行平滑处理,结果如图 13.7 所示,可知该方法可以去除毛刺,并使得局部极小值唯一。

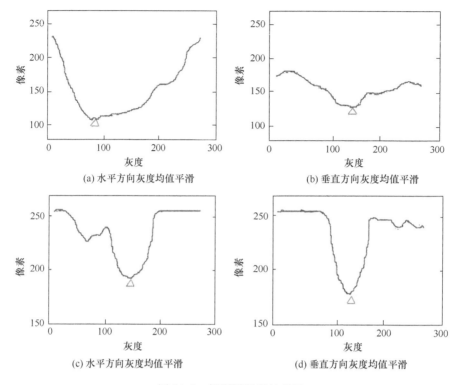

(a) 水平方向灰度均值平滑　　　　　　(b) 垂直方向灰度均值平滑

(c) 水平方向灰度均值平滑　　　　　　(d) 垂直方向灰度均值平滑

图 13.7　投影图平滑处理图

2. 内边界定位

虹膜的内边界是瞳孔和虹膜的分界线,由于边缘强度较大,故可利用内外的灰度差值进行检测。如图 13.8 所示,检测算子的长轴为 L 个像素,短轴为 S 个像素,中心坐标为 $O(i,j)$,求取长轴中轴线两端所有像素点的灰度差值,取得极值时 $O(i,j)$ 点即为内边界点。检测算子分为水平检测算子和垂直检测算子,其方向与图像坐标轴的方向一致,水平检测算子的方向向右,垂直检测算子的方向向下。

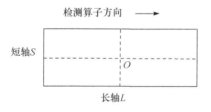

图 13.8　检测算子示意图

现以水平检测算子为例:在求取 $O(i,j)$ 水平方向的边界点时,先计算长轴中轴线左右两端所有像素点的灰度均值。

定义水平检测算子左半部分灰度均值为

$$\bar{g}_1(i,j) = \frac{1}{S(L-1)/2} \sum_{y=-\frac{S-1}{2}}^{\frac{S-1}{2}} \sum_{x=-\frac{L-1}{2}}^{-1} g(i+x, j+y) \tag{13.3}$$

定义水平检测算子右半部分灰度均为

$$\bar{g}_2(i,j) = \frac{1}{S(L-1)/2} \sum_{y=-\frac{S-1}{2}}^{\frac{S-1}{2}} \sum_{x=1}^{\frac{L-1}{2}} g(i+x, j+y) \tag{13.4}$$

式中，$i = \frac{S+1}{2}, \cdots, n - \frac{S-1}{2}$；$j = \frac{L+1}{2}, \cdots, m - \frac{L-1}{2}$；$m = 280, n = 320$。

求取左半部分灰度均值和右半部分灰度均值的差值，就可以得到中心点 $O(i,j)$ 水平方向的边缘强度：

$$\bar{g}(i,j) = \bar{g}_1(i,j) - \bar{g}_2(i,j) \tag{13.5}$$

当 $\bar{g}(i,j)$ 取最大值时，$O(i,j)$ 为左边界点；当取最小值时，$O(i,j)$ 为右边界点，虹膜内边界与外边界定位结果如图 13.9 所示。

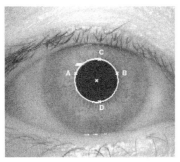 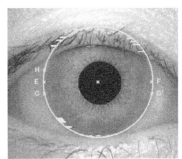

(a) 虹膜内边界定位　　　　　　　　　(b) 虹膜外边界定位

图 13.9　虹膜内边界与外边界定位结果

接着，以瞳孔中心为参考点，将直角坐标下由内外边界组成的虹膜区域转换成极坐标表示的矩形区域，如图 13.10 所示。

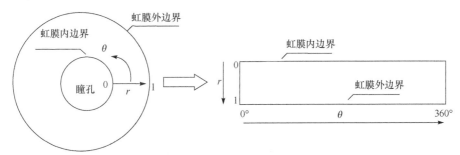

图 13.10　直角坐标系转换极坐标系

3. 规范化处理

　　一幅图像往往包含许多不同类型的区域,要保证图像处理的质量,必须遵守一定的技术规范,图 13.11 为特定图像规范化处理前后的图片,图 13.12 为不同图像规范化处理前后的图片。

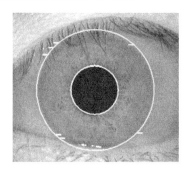

图 13.11　　图像的规范化处理前后

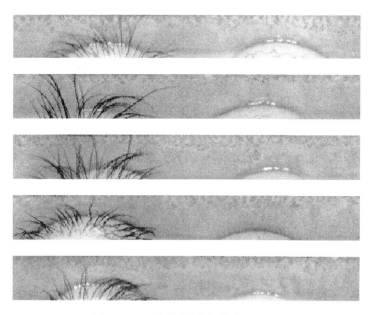

图 13.12　　不同图像的规范化处理后

4. 直方图均衡化处理

　　直方图均衡化处理就是把原始图像的灰度直方图从某个比较集中的灰度区间变成在全部灰度范围内的均匀分布,如图 13.13 所示。如果将获取的虹膜矩形图像进行均衡化处理,则能显著改善灰度分布状况,增强图像的对比度,如图 13.14 所示。但是图像若存在着高频噪声,灰度值的分布也不均匀,规范化处理则不能解决这一问题,这并不利于特征提取和模式匹配。

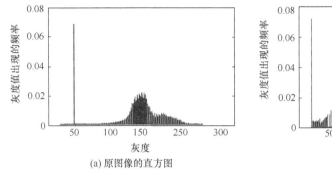

(a) 原图像的直方图

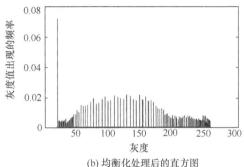

(b) 均衡化处理后的直方图

图 13.13　图像均衡化处理前后的直方图

(a) 原始图

(b) 均衡化处理后的图

图 13.14　直方图均衡化前后的图像

13.2.2　特征提取

1. 虹膜特征提取区域的选取

虹膜特征提取的目的是为了获取虹膜图像的关键特征信息,以便于实现模式的匹配。人眼图像中,虹膜的区域会被眼睑、眼毛等遮挡,这些干扰会影响虹膜的特征提取。如果在不影响匹配识别率的情况下,选取一部分不易受到干扰的局部区域进行特征提取,这样不仅能够将主要的干扰源滤除,还能减少所提取的无用信息量,提高特征提取的速度。区域的选取如图 13.15 及图 13.16 所示。

2. 基于小波变换的特征提取方法

小波分析是一种多尺度的信号分析方法,是分析非平稳信号的强有力工具。

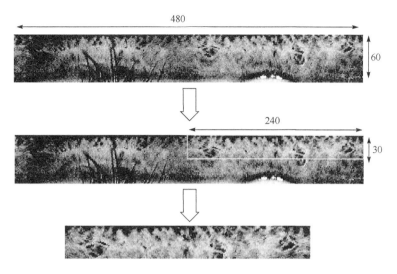

图 13.15　虹膜特征提取区域的选取

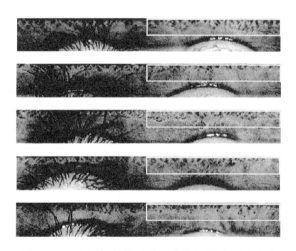

图 13.16　多幅规范化后的图像特征提取区域选取

既能分析信号的整个轮廓,又可以进行信号细节的分析。

给定一个基本函数 $\psi(t)$,令

$$\psi_{a,b}(t) = \frac{1}{\sqrt{a}}\psi\left(\frac{t-b}{a}\right) \tag{13.6}$$

式中,a、b 均为常数,且 $a > 0$。若 a 和 b 不断地变化,我们可得到一组函数 $\psi_{a,b}(t)$ (即小波基)。

给定平方可积的信号 $x(t) \in L^2(\mathbf{R})$,则 $x(t)$ 的小波变换为

$$\mathrm{WT}_x(a,b) = \frac{1}{\sqrt{a}}\int x(t)\psi^*\left(\frac{t-b}{a}\right)\mathrm{d}t$$

$$= \int x(t)\psi^*_{a,b}(t)\mathrm{d}t \qquad (13.7)$$

$$= \langle x(t), \psi_{a,b}(t)\rangle$$

对于二维离散图像而言，其小波变换结果如图 13.17 所示。其中，LL 反映着原图像的低频信息，图像的轮廓；LH 反映原图像的低频行成分和高频列成分；HL 反映图像的高频行成分和低频列成分为图像的细节部分；HH 反映原图像的高频信息大多是高频噪声。HH_1、HH_2、HH_3 这三个通道反映的是图像的高频信息，包含了图像中的大部分噪声，不利于虹膜特征的提取，因此舍弃这三个通道的信息。虹膜图像的纹理呈径向（规范化后为纵向）分布，所以舍弃 LH_1、LH_2、LH_3 这三个通道的信息。最后选取 HL_1、HL_2、HL_3 和 LL_3 这四个通道进行虹膜的特征分析和提取。

LL_3	HL_3	HL_2	HL_1
LH_3	HH_3		
LH_2		HH_2	
LH_1			HH_1

图 13.17　二维图像的小波变换示意图

如图 13.18 所示，我们对虹膜特征提取区域进行三层小波分解，这样可以得到 64 个子图像；用于特征提取的矩阵虹膜图像的分辨率均为 30×240，因此虹膜图像的特征向量数目是固定的。

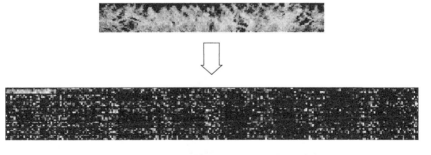

图 13.18　虹膜图像的小波变换分解示意图

3. 虹膜特征的编码

假设对图像进行小波分解后得到的子图像为 I，取 I 中任意一点 $p(x,y)$，如

果它的模值满足

$$M_{2j}p(x,y) > T \tag{13.8}$$

$$M_{2j}p(x,y) = \max_{(x',y') \in N_p} \{M_{2j}p(x',y')\} \tag{13.9}$$

定义特征向量 $P:\{p_1,p_2,\cdots,p_M\}$，如果用 $P(i)$ 表示虹膜的特征向量，则可以使用下面的量化方法将它转化为相应的二值代码。在给虹膜图像的特征向量进行编码前，需要观察其特征向量的均值分布情况：

(1) 如果 $P(i) >= 0$，则 $P(i) = 1$。

(2) 如果 $P(i) < 0$，则 $P(i) = 0$。

13.2.3 虹膜匹配——汉明距离分类器

模式匹配就是将两个模式直接进行比较分析，其最基本的概念就是相似度。设 C_A 和 C_B 是两个长度相同的虹膜编码，特征向量的维数为 N，汉明距离定义如下：

$$HD = \frac{1}{N}\sum_{i=1}^{N} C_A(i) \oplus C_B(i) \tag{13.10}$$

式中，$C_A(i)$ 和 $C_B(i)$ 分别表示虹膜特征编码 C_A 和 C_B 在第 i 位的编码。若待匹配特征码完全相同，特征码每一位都相同，则 $HD = 0$；若待匹配特征码完全不同，特征码每一位都不同，则 $HD = 1$。模式匹配的程度用 0 和 1 之间的数值来表示，数值越小，则匹配的程度越高。

13.2.4 识别结果

我们对大约 300 万虹膜图像进行了汉明距离测试，统计分析如图 13.19 所示。取自不同人眼的两个虹膜图像的汉明距离符合以均值 $P = 0.499$，$N = 249$ 个自由度的二项分布；汉明距离均值为 0.499，最小值为 0.3340。由于两个不同虹膜之间的 HD 远远大于两个相同虹膜之间的 HD，因此选取一个比 0.3340 稍小的值作

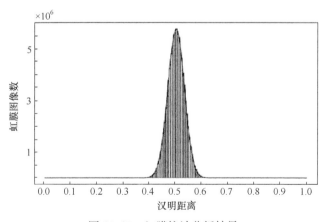

图 13.19　虹膜统计分析结果

为阈值,如 0.32。通过使用 MATLAB 仿真,待检验样本数为 432,正确率为 426,算法的识别率高达 98.61%。

13.3　本 章 小 结

本章从虹膜生物特征原理、虹膜图像预处理、定位、特征提取和分类器设计等方面介绍了基于虹膜特征的身份识别系统组成。对大约三百万虹膜图像进行了预处理定位、特征区域选择,并采用了小波分析与编码的特征提取方法,实现了汉明距离描述虹膜图像之间的相似度,实验表明这种特征提取方法与模式匹配算法能较好的对虹膜图像进行识别,识别率高达 98.61%。

参 考 文 献

[1] 王蕴红,朱勇,谭铁牛. 基于虹膜识别的身份鉴别[J]. 自动化学报,2002,28(1):1-10.

[2] 黄惠芳,胡广书. 一种新的基于小波变换的虹膜识别算法[J]. 清华大学学报,2003,43(9):1210-1213.

[3] 冯薪桦,晓青,吴佑寿. 一种虹膜图像的质量评价算法[J]. 中国图象图形学报,2005,10(6):731-735.

[4] 姚鹏,叶学义,张文聪,等. 基于改进的 Log-Gabor 小波的虹膜识别算法[J]. 计算机辅助设计与图形学学报,2007,19(5):563-569.

[5] 孙农亮,于雯雯,曹茂永. 基于 PCA 和 ICA 的虹膜识别方法[J]. 中国图象图形学报,2008,13(9):1701-1706.

[6] 苑玮琦,白云,柯丽. 虹膜区域选取与识别率对应关系分析[J]. 光学学报,2008,28(5):937-942.

[7] 苑玮琦,张开营,杨冉冉,等. 基于序列图像提取稳定特征点的虹膜识别算法[J]. 仪器仪表学报,2011,32(5):1070-1076.

[8] 苑玮琦,刘博. 基于空域与频域稳定特征融合的离焦虹膜识别[J]. 仪器仪表学报,2013,34(10):2300-2308.

第14章　电影中吸烟镜头识别

14.1　研究背景及现状概述

随着吸烟人数的增加,不仅对人们的身体带来危害,也会引起严重的环境问题,特别是对青少年产生了极坏的影响。据中国疾病预防控制中心统计,从 2002～2010 年,中国烟民的数量仍在 3 亿以上,吸烟有不少危害,诸如睡眠质量不高、骨质脆弱、降低药效、易导致手脚冰凉等。我国政府已对室内吸烟行为出台了相关政策,计划全面推行公共场所禁烟。

电影作为人们重要的日常生活之一,极大地影响着人们的日常生活习惯。电影中的吸烟镜头的大量出现,会误导人们,特别是青少年的生活习惯。为了减少电影中吸烟镜头的不良影响,广电总局办公厅发出《广电总局办公厅关于严格控制电影、电视剧中吸烟镜头的通知》,通知中指出,鉴于电影和电视剧在社会公众中的广泛影响,国家有关部门、社会各界要求严格控制电影和电视剧中吸烟镜头的呼声越来越强烈,为了倡导健康生活方式,培育社会文明,要进一步控制电影和电视剧中的吸烟活动在整个电影长度中的比例。

对每年大量的电影视频中的吸烟镜头进行人工识别会消耗大量的人力物力,这几乎是不可能的,如何快速自动地进行镜头识别是解决上述问题的关键。为了能快速自动地对视频进行检测,袁浚崧等[1]提出一种纯贝叶斯互信息最大化的方法,Laptev 等[2]提出了一种基于关键帧的方法在电影的人活动识别中得到了应用,并且在实验中对于各种活动分类方法在电影中的识别效果进行了比较。这些方法只是对于点烟、吸烟这样的动态动作的检测,却无法识别"衔烟"这样的静态行为,或者只能基于图片识别"衔烟"这样的静态行为。而往往这两种动作会同时交替出现在电影中,现有的方法并不能很好地识别出来,Laptev 等提出的最新组合算法在对电影的八种常见动作进行分类,其中最好的一类正确识别率为 53.3%。丁宏杰[3]对电影中烟雾样本及非烟雾样本的亮度分量以及 RGB 三通道的颜色分量进行统计,分别提取特征值,然后利用支持向量机(SVM)作为分类器进行烟雾识别。王超[4]通过对常用手势识别方法的分析,针对吸烟这一特定行为特点,提出了一种基于 Hu 不变矩和边缘方向直方图两种方法相结合的识别算法,对提取到的特征利用(Lib-SVM)对手势实现分类,实验中,吸烟、喝水、吃东西、抓痒、打电话等行为的手势特征被提取及分类,最后的平均识别率达到了 90% 的水平。本章内容主要参考文献[3]～[5]等。

14.2　基于 SIFT 与 STIP 的吸烟检测

由于现有的鉴别方法,仅能识别静态行为或需要大量的先验数据,给视频的检测带来了极大的算法复杂度。本章介绍一种基于时空兴趣点(spatio-temporal interest point,STIP)[6]和尺度不变特征转换(scale invariant feature transform,SIFT)[7]的纯贝叶斯互信息最大化组合分类器(naive-Bayesian mutual information maximization,NB-MIM)进行吸烟活动识别。本方法不需要大量的人工标注和提取关键帧,而是对每一帧进行自动计算,从而可以快速自动地对吸烟行为进行检测和识别。所设计的分类器不仅对识别"衔烟"等静态行为具有很好的鲁棒性,且对电影中的抽烟行为在很大程度上提高了正确识别率。

14.2.1　SIFT 特征描述

SIFT 算法由 Lowe(University of British Columbia)在 1999 年提出,2004 年 Lowe 对 SIFT 算法进行了改进。SIFT 算法是在大量总结原有基于不变量技术的特征检测方法基础上,提出的一种基于高斯尺度空间、对图像缩放、旋转甚至仿射变换都保持不变性的图像匹配算法。

SIFT 算法包含以下四个步骤:

(1) 尺度空间极值点检测。搜索所有尺度上的图像亮度极值点,通过高斯微分函数来识别潜在的对于尺度和旋转不变的特征点。

(2) 特征点定位。在每个候选的位置上,通过一个拟合精细的模型来确定位置和尺度。特征点的选择依据于它们的稳定程度。

(3) 方向确定。基于图像局部的梯度方向,分配给每个关键点位置一个或多个方向。所有后面的图像数据的获取及操作都是对特征点的方向、尺度和位置进行变换,从而提供对于这些变换的不变性。

(4) 特征点描述。在每个特征点的邻域内,在选定的尺度上提取特征点的梯度信息。这些梯度信息被变换成一种表示,这种表示允许比较大的局部形状的变形和光照变化。

对特征点的描述,SIFT 算法采用的是根据特征点的位置、最优尺度及其主方向,将图像划分为 4×4 的子块,在每个子块中,用梯度直方图统计像素点的方向及梯度值,梯度直方图包含量化的 8 个方向。然后将所有子块的方向分量综合到一个 128 维的局部特征描述器,对局部特征描述器进行归一化处理使其具备亮度不变性。SIFT 算法流程图如图 14.1 所示。

SIFT 算法作为一种快速特征匹配算法,具有以下五个优点:

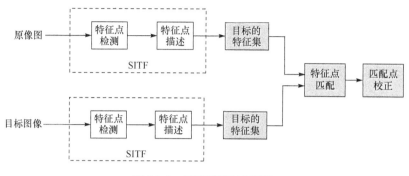

图 14.1　SIFT 算法流程图

（1）SIFT 特征是图像的局部特征，其对旋转、尺度缩放、亮度变化保持不变性，对视角变化、仿射变换、噪声也保持一定程度的稳定性。

（2）独特性（distinctiveness）好，信息量丰富，适用于在海量特征数据库中进行快速、准确地匹配。

（3）多量性，即使少数的几个物体也可以产生大量 SIFT 特征向量。

（4）经过优化的 SIFT 算法可满足一定的速度需要。

（5）可扩展性，可以很方便地与其他形式的特征向量进行联合。

14.2.2　STIP 特征描述

STIP 特征描述子最初由 Laptev 提成，STIP 特征描述子没有采取常用的直方图方法，而是直接利用特征点处的、经过标准化后的灰度微分，如下所示：

$$L_{x^m y^n t^k} = x^{m+n} y^k (\partial_{x^m y^n t^k} g) * f$$
$$j = (L_x, L_y, L_t, L_{xx}, \cdots, L_m)|_{\sigma^2 = \hat{\sigma}_t^2, \tau^2 = \hat{\tau}_t^2} \tag{14.1}$$

该高斯微分经过了空间域和时间域的尺度标准化，因此保证了尺度不变性，体现出特征点在 (x, y, t) 三个方向上的灰度变化。随后 Laptev 把尺度标准化之后的灰度导数求至第三阶，串联起来成为一个向量 j 如式（14.1）所示，用该向量 j 来描述 STIP 特征点。同时，Laptev 用马氏距离（Mahalanobis distance，又称协方差距离）式（14.2）来表示两个不同的特征点描述子之间的差异，其中 Σ 是训练集中样本的协方差矩阵：

$$d^2(j_1, j_2) = (j_1 - j_2) \Sigma^{-1} (j_1 - j_2)^T \tag{14.2}$$

STIP 描述子并不是由常见的梯度直方图描述形成，它的维度比直方图要低，包含的信息量相较直方图也较少，Laptev 采用这种描述子的目的是希望 STIP 不仅能适用于常见的周期运动，也可以适用于其他加速运动，因此，除了一阶导数梯度之外，还记录了二阶导数及三阶导数的相关信息。不采用梯度直方图的描述形式是因为包含三阶导数信息的直方图维数非常大，会严重影响算法的运算速度，从而限制算法的应用。

Laptev 最初提出的 STIP 特征描述子更多是出于对他所提出的通用特征点检测算法给出一种通用的描述方法的考虑,在后续的实际工作中,他尝试利用 STIP 特征描述子做实际的动作检测和视频检索时,为了达到更好的实验效果,STIP 特征描述子可使用梯度直方图(histogram of oriented gradient,HOG)和光流直方图(histogram of flow,HOF)。其中,梯度直方图描述的是外形特征;光流直方图描述的是局部运动特征。

因为 STIP 特征对于三维视频来说是局部不变的,所以这种特征对于动作变化相对鲁棒,而这种变化往往是由于动作的速度、尺度、光照和衣服等引起的。

14.2.3　纯贝叶斯互信息最大化

基于纯贝叶斯互信息最大化(naive-Bayesian mutual information maximization,NBMIM)的算法广泛应用在行为识别中,所谓互信息最大化,就是在特征选择后,尽可能多地保留关于类别的信息,即最大化。

利用视频中的时空信息对动作进行描述,是一种有效的视频检测方法。提取视频序列的 STIP 特征,用 V 表示一个视频序列:

$$V = \{I_t\} \tag{14.3}$$

式中,每一帧 I_t 由收集到的 STIPs 组成,然后用 $Q = \{d_i\}$ 表示一个视频段的 STIP,$C = \{1,2,\cdots,c,\cdots,N\}$ 代表种类的标记集合。

基于纯贝叶斯假设和每个 STIP 间互相独立的假设可以得到一个视频段 Q 与一个特定类别 $c \in C$ 的互信息为

$$\mathrm{MI}(C = c, Q) = \sum_{d_q \in Q} S^c(d_q) \tag{14.4}$$

可以假定各类别出现的概率想到,即 $P(C=c) = \dfrac{1}{N}$,则 $S^c(d_q)$ 可以由式(14.5)表示:

$$S^c(d_q) = \ln \frac{N}{1 + \dfrac{p(d_q|C \neq c)}{p(d_q|C = c)}(N-1)} \tag{14.5}$$

通过高斯核与最近邻近似得到其中的释然概率如下所示:

$$\frac{p(d_q|C \neq c)}{p(d_q|C = c)} \approx \lambda^c \exp\left\{ -\frac{1}{2\sigma^2}(\|d - d_{NN}^{c-}\|^2 - \|d - d_{NN}^{c+}\|^2) \right\} \tag{14.6}$$

式中,$\lambda^c = |T^+| / |T^{c-}|$;$T^+ = \{V_i\}$ 代表 c 类的正训练样本;$V_i \in T^+$ 是 c 类样本的一个视频段,这里将正训练样本的 STIPs 数据表示为 $T^+ = \{d_j\}$;负训练样本 STIPs 数据表示为 T^{c-}。为每一个与 c 类相关的 STIP 调整分数为

$$S^c(d) = \ln \frac{N}{1 + \lambda^c e^{[-r(d)\omega_\epsilon(d)]}(N-1)} \tag{14.7}$$

式中,$r(d) = \parallel d - d_{NN}^{-} \parallel^2 - \parallel d - d_{NN}^{+} \parallel^2$,且 $\omega_\epsilon(d) = \dfrac{1}{2\sigma^2}$ 是 d 周围训练样本的纯度。

14.2.4　识别系统框架

　　为了更好地达到吸烟镜头识别,可将吸烟活动检测系统分为两个步骤:训练和识别。为了能识别电影中所有的吸烟活动,包括点烟、吸烟、衔烟等静、动态场景,并对频繁的镜头切换、视角变化、其他人为活动等具有较高的鲁棒性,使用基于形状信息的 SIFT 特征描述和基于运动信息的 STIP 特征描述,并使用纯贝叶斯互信息最大化组合分类器来进行分类识别。与传统的添加关键帧方法不同,本系统无需前期大量的人工标注和提取关键帧的工作,系统可以完全动计算出每一帧的特征,并进行吸烟检测。图 14.2 完整地表述了本系统的运行流程。

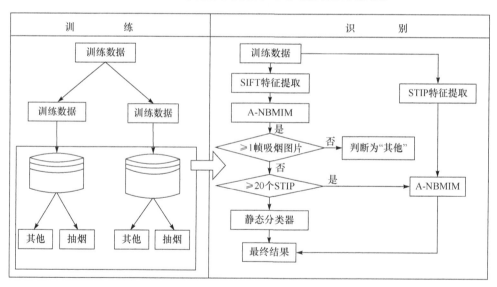

图 14.2　识别系统框架

　　本系统算法流程:图 14.2 左边部分是系统的训练模块,首先,提取视频里每一帧的 SIFT 特征描述和部分视频段里时空特征点的 STIP 特征描述,然后,将训练样本提取出来的特征描述数据库分为"吸烟"活动和"非吸烟"活动。最后,将要识别的视频集的特征利用纯贝叶斯互信息最大化算法进行分类。其中,分类过程可以分为以下三步来实现:

（1）使用 SIFT 信息和外形-纯贝叶斯互信息最大化分类器（A-NBMIM）对视频段的每一帧进行分类，如果判断中视频段中含 1 帧以上的吸烟图片，就将其视频段保留；否则，将这一视频段判定为"其他"活动。通过这一步骤可有效降低后续步骤对"其他"活动分类错误的概率，并可降低系统的运算复杂度，提高系统的运算速度。

（2）使用 STIP 特征描述和运动-纯贝叶斯互信息最大化分类器（M-NBMIM）对提取到的视频段进行分类，考虑到如果在测试样本中特征点过少时会出现分类偶然性误差较大的情况和分类概率相同从而导致不能正确分类的问题，在本系统中点数少于 20 的视频段将不予分类。这一步，将完成对"吸烟"、"其他"和"不能分类"三个类别的判断。

（3）针对上一步"不能分类"的情况，可根据第一步中的 SIFT 信息和 A-NBMIM 的分类结果，统计视频段中吸烟帧数的比例，若大于 50%，可判定该视频段为"吸烟"；否则，判定为"其他"。

采用本系统设计的算法，可完成对电影视频段的吸烟检测并统计出电影中吸烟视频段的数目。本系统不仅具有较高的鲁棒性，同时具有较好的实时性，可完成对电影的在线实时吸烟视频段检测。

14.3　实验结果分析

为了更好地验证系统的识别效果，将从不同的电影中选取不同的视频片段作为训练数据及测试数据。视频片段中包含不同的场景、不同的人、不同的吸烟动作（静态或动态），视频片段的拍摄也都是从不同的角度拍摄的。

14.3.1　训练数据与测试数据

对于训练数据库的选取，采用《风声》、《热血高校》及《革命之路》电影中的吸烟视频片段作为正样本，共选取 110 个小视频片段。对所有视频片段提取 STIP 特征点，共 89908 个点；为了避免大量的重复特征点出现带来的计算浪费，本系统采用每隔 25 帧提取 SIFT 特征点，共 37687 个特征点。

对于"其他"活动，本系统采用《阿甘正传》、《蝴蝶效应》等电影中的视频片段，其中，包含站立、坐姿、握手、拥抱、打电话、走出车、接吻等多种主要动作以及其他复杂动作，使用了选取的 12 个视频片段。为了尽最大可能匹配不同类别特征点的数目，避免训练样本不均匀带来的影响，共提取"其他"活动 STIP 特征点 86810 个，SIFT 特征点 38326 个。

对于测试数据，使用电影《咖啡和烟》中的吸烟视频片段和《低俗小说》、《火星任务》等中的非吸烟视频片段。在《咖啡和烟》中，按场景、主题、角度等分别选取了

11 个视频片段,由于每个视频片段都有较大的不同,相当于从 11 部电影中选取的数据。测试数据中共包含 84 个视频片段,分为 42 个吸烟样本和 42 个非吸烟样本。对每一个视频片段提取每一帧的 SIFT 特征点和 STIP 特征点。

因为训练数据及测试数据选自不同的电影。所以在主题、背景、角度、光照条件等都没有重叠。使用这些数据进行训练及测试有很好的说服力。

14.3.2　测试结果

经过大量的实验发现,当经验参数 $\lambda=1,\sigma=2.6$ 时,可以达到最优的实验效果。为了说明本系统的有效性,本书首先单独使用 STIP 特征描述及 M-NBMIM 方法对测试数据进行测试,测试结果如表 14.1 所示。

表 14.1　基于 STIP 特征描述和 M-NBMIM 方法的实验结果

标记类别	实验结果			
	吸烟	其他	点少于 20	正确率/%
吸烟	24	11	7	57.1
其他	8	34	0	81.0

从表 14.1 可以看出,仅使用 STIP 特征描述的识别率并不高,这是因为 STIP 特征描述更适用于动态活动的检测,对静态外形信息包含较少,如"衔烟"等静态活动,STIP 特征描述不能做出正确判断,并且会有较多的"其他"类也会被误判为"吸烟"类,从而降低了整体的识别率。

本系统利用纯贝叶斯互信息最大化组合分类器进行分类。首先利用 SIFT 特征找出不含吸烟片段的视频片段,将其归类为"其他",然后使用 STIP 特征对剩下的视频片段进行初步分类。因为吸烟活动的短暂性和大量的"衔烟"等静态动作,所以在视频段中会出现大量的点数过少的情况,而这种情况会引起大量的偶然因素,使得检测结果具有极大的不确定性。如果在实验中先将这种情况提取出来,不使用传统的 STIP 特征描述进行分类,而是对所有点数少于 20 的视频段所有帧进行 SIFT 特征描述并分类,会很好地提高系统的识别率。识别结果如表 14.2 所示。

表 14.2　基于本系统提出方法的实验结果

标记类别	实验结果		
	吸烟	其他	正确率/%
吸烟	29	13	69.0
其他	5	37	88.1

从表 14.2 可以看出,本系统加入 SIFT 特征描述后,在对"吸烟"类的识别率

提高的同时,对"其他"类等动作的识别率也明显提高。说明本系统在拥有 STIP 特征描述对动态活动有很好识别的同时,也同时拥有了 SIFT 特征描述对静态活动识别率高的优异特性。

14.4　本 章 小 结

本章介绍了一种综合使用 SIFT 特征描述和 STIP 特征描述进行特征提取,并使用纯贝叶斯互信息最大化算法作为分类器,能够自动识别电影吸烟活动的分类系统。因为电影视频片段中,人物外表、场景变换、镜头视角转换以及人物动作等都会给检测和识别带来影响,所以传统的检测识别系统很难同时对静态及动态镜头同时具有很好的识别率。本系统使用纯贝叶斯互信息最大化算法综合了 SIFT 特征描述对静态镜头的优异特性和 STIP 特征描述对动态镜头的优异特性,使得本系统具有单独使用运动信息或形状信息不可能达到的较高识别率。

参 考 文 献

[1] Yuan J S, Liu Z, Wu Y. Discriminative subvolume search for efficient action detection[C]. Proceedings of IEEE Conference on Computer Vision and Pattern Recognition, Miami, 2009: 2442-2449.

[2] Laptev I, Perez P. Retrieving actions in movies[C]. Proceedings of IEEE Conference Computer Vision and Pattern Recognition, Neaton, 2009.

[3] 丁宏杰. 基于视频烟雾的吸烟行为识别与研究[D]. 秦皇岛:燕山大学,2013.

[4] 王超. 针对吸烟行为的手势识别算法研究[D]. 秦皇岛:燕山大学,2013.

[5] 叶果,程洪,赵洋. 电影中吸烟活动识别[J]. 智能系统学报,2011,6(5):440-444.

[6] Laptev I. On space-time interest points[J]. International Journal of Computer Vision,2005, 64(2):107-123.

[7] Lowe D J. Distinctive image features from scale-invariant keypoints[J]. International Journal of Computer Vision,2004,60(2):91-110.

第15章 黄瓜病害识别

15.1 研 究 背 景

近年来,以高效、节能日光温室为主体的设施园艺得到了快速发展,其中以物联网为背景下的智能农业,如环境信息快速采集和监测技术已经逐步趋向成熟,但有关作物生长状态信息特别是植物病害信息快速采集与处理的研究并不多。有害生物是蔬菜生产的重要限制因素,常年病虫害造成的产量损失高达 20%～30%,品质损失和市场损失更不可计量。防治失当、不合理地使用农药,还会造成蔬菜产品农药残留超标和环境污染。准确迅速地识别诊断病虫害,是蔬菜病虫害综合防治的关键技术。只有在正确诊断病虫种类的前提下,才能迅速作出防治的决策,采用适时对路的防治措施,收到事半功倍的效果。黄瓜病害具有发病性广、侵染频繁、流行速度快等特点,一旦发生会造成严重损失,因此成为众多学者的研究对象。以往诊断黄瓜病害基本上凭借经验和病理学知识进行分析和判断,但由于黄瓜病症的外观表现难以用精确和定量的数字进行描述,且诊断时间比较长,往往容易延误施药的最佳时机。

根据计算机图像处理技术对黄瓜叶部病害信息进行快速采集与处理,并依据其叶部纹理特征采用模式识别技术对黄瓜病害进行确诊。这将为我国日光温室的智能化、自动化监测与变量喷药控制和农业信息网的黄瓜病害远程诊断提供重要的理论依据。郭鹏等[1]基于二维最大熵原理并结合差分进化算法生成图像分割阈值,提出了一种黄瓜病害图像自动分割方法。沈阳农业大学的田有文等根据黄瓜病害图像彩色纹理的特点,用色度矩特征和支持向量机分类器来识别黄瓜病害[2],并进一步根据病斑形状、病斑颜色、病斑质地、病斑位置和病期进行多特征识别[3],利用高光谱图像技术集成光谱检测和图像检测二者的优势,可以对黄瓜病害的内外部特征进行全面分析[4]。王树文等[5]基于图像处理的方法结合神经网络分类器,检测系统的黄瓜叶部病害平均识别精度为 95.31%。任晓东等[6]采用高斯混合模型精确描述了 8 种黄瓜病害的特征分布,提高了对黄瓜病害的正确识别率。贾建楠等[7]提取了 10 个病斑形状特征,建立了基于 BP 网络的图像特征识别模型。

本章将从黄瓜病害识别算法中的图像预处理、特征提取、分类器设计这三个方面介绍基于图像处理的病害识别方法,内容主要参考文献[4]～[6]等。

15.2　基于图像的黄瓜病害识别

15.2.1　图像采集

合适的图像样本采集时间对于黄瓜病害的识别准确率十分重要,一般是选在天气晴朗的早晨 5~6 点,因为这段时间是黄瓜在一天当中的生长旺盛时期,也是黄瓜病害症状表现最明显的时间,所以按照专家的建议这段时间是采集病害图像的最佳时期。虽然作物病害绝大多数可以引起全身症状,但是很多病害症状都会在作物的叶片部位表现出来,图 15.1 为在试验田里获取的病害图像。

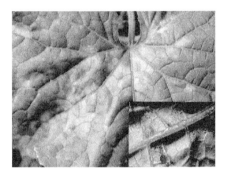

图 15.1　病害图像示例

15.2.2　图像预处理

在病害图像的采集过程中,因为光线照射等原因,使得数字图像都存在一定程度的噪声和干扰,所以,图像必须进行预处理,以锐化病害图像、加大图像的对比度、提高图像的清晰度。

1. 灰度化处理

灰度图像是指只含亮度信息,不含色彩信息的图像。一般采用加权平均法将原始彩色图像转化为灰度图像。如式(15.1)所示,根据重要性及其他指标,将三个分量以不同的权值进行加权平均。由于人眼对绿色的敏感最高,对蓝色敏感最低,因此,按式(15.1)对 RGB 三分量进行加权平均能得到较合理的灰度图像。图 15.2 为病害图像灰度化后的结果。

图 15.2　病害图像灰度化后的结果

$$f(i,j) = 0.30R(i,j) + 0.59G(i,j) + 0.11B(i,j) \tag{15.1}$$

2. 图像平滑处理

任何一幅未经处理的原始图像,都存在一定程度的噪声干扰。消除噪声的工作称之为平滑或滤波。目的在于消除混杂在图像中的干扰,改善图像质量,强化图像的表现特征。中值滤波法是一种基于排序统计理论能有效抑制孤立噪声的非线性平滑技术,它将每一像素点的灰度值设置为该点某邻域窗口内的所有像素点灰度值的中值:

$$g(i,j) = \text{med}\{f(i-k,j-l),(k,l \in W)\} \tag{15.2}$$

式中,$f(i,j)$、$g(i,j)$分别为原始图像和处理后图像;W 为二维模板,通常为 2×2、3×3 区域,也可以是不同的形状,如线状、圆形、十字形、圆环形等。通过中值滤波后的图像结果如图 15.3 所示。

(a) 带有椒盐噪声的黄瓜病害图像   (b) 中值滤波法去噪声

图 15.3 噪声图像与滤波后图像

3. 图像增强处理

对图像进行增强处理的目的一是为了突出图像中感兴趣的特征,或者抑制图像中某些不需要的特征,使图像与视觉响应特性相匹配;二是为了使图像变得更加利于计算机处理。常用直方图来表示数字图像中每一灰度级与其出现频数的统计关系,横坐标表示灰度级,纵坐标表示频数。通过研究直方图能给出该图像的概貌性描述,如图像的灰度范围、各个灰度级的频数和灰度的整体分布、整幅图像的亮度和平均明暗对比度等,由此可得出进一步处理的重要依据。

直方图均衡化处理的"中心思想"是把原始图像的灰度直方图从比较集中的某灰度区间变成在全部灰度范围内的均匀分布。通俗地说,就是把一已知灰度概率分布的图像,经过一种变换,使之演变成一幅具有均匀概率分布的新图像。众所周知,当图像的直方图为一均匀分布时,图像的信息熵最大,此时图像包含的信息量最大,因此该方法可以有效地提高图像的分辨率和图像均衡性。直方图均衡化过程如下：

（1）输入原图像的灰度图像。

（2）根据式（15.3）计算对应灰度级出现的概率，绘制原图像的直方图如图 15.4 所示：

$$P_r(r_k) = N_k/N, \quad k = 0, 1, 2, \cdots, L-1 \tag{15.3}$$

（3）计算原图像的灰度级累积分布函数：

$$s_k = T(r_k) = \sum_{j=0}^{k} P_r(r_j) = \sum_{j=0}^{k} N_j N, \quad k = 0, 1, 2, \cdots, L-1 \tag{15.4}$$

（4）取整 s_k，$s_k = \text{round}(256 S_1 + 0.5)$；将 s_k 归一到相近的灰度级，绘制均衡化后的直方图。

（5）将每个像素归一化后的灰度值赋给这个像素，画出均衡化后的图像，如图 15.5 所示。

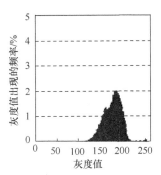

图 15.4　原始图像及其灰度直方图

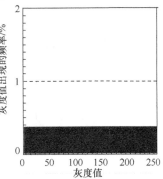

图 15.5　直方图均衡化图像

对比图 15.4 和图 15.5 可以发现，通过直方图均衡化处理后的图像上的病害特征更加明显，更有利于病害部位的分割。

4. 图像二值化处理

一幅带有病斑的黄瓜叶片图像,就其灰度图像而言,病斑部分往往与正常叶片部位的灰度值有着明显的差异,将波谷的灰度值作为阈值来分割病害部位,这种方法叫做双峰法求阈值,该方法由 Prewitt 等于 20 世纪 60 年代中期提出,是一种典型的全局单阈值分割方法。如图 15.6 所示,目标与背景构成的灰度直方图具有较为典型的双峰特性,选取两峰之间的谷底对应的灰度级作为阈值可以得到较好的分割效果。

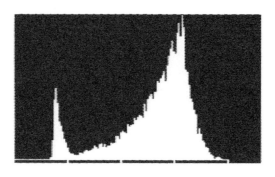

图 15.6　灰度直方图的双峰形状

5. 图像边缘检测及细线化

病斑部位的边缘与正常叶片的交界处在灰度值上会产生阶梯状的灰度变化,利用图像二阶微分算子进行边缘检测,以提取病斑的基本轮廓,再对其进行细线化处理,得到更加精细的病斑外形,如图 15.7 所示。

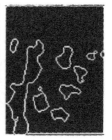

(a)霜霉病图像　　　(b)二值化图像　　　(c)拉普拉斯变换图像　　　(d)细线化图像

图 15.7　图像灰度函数及其一阶导数与二阶导数

通过查找图像灰度二阶导数的零交叉点可以确定边缘。图像灰度函数 $f(x,y)$ 则在点 (x,y) 的二阶微分为

$$G(x,y)=\nabla^2\{F(x,y)\} \tag{15.5}$$

式中,由二阶导数的定义可得拉普拉斯算子为

$$\nabla^2=\frac{\partial^2}{\partial x^2}+\frac{\partial^2}{\partial y^2} \tag{15.6}$$

在数字图像处理中,对连续的拉普拉斯算子最简单的近似运算是按照式(15.7)计算斜面沿每一个轴线的差值:

$$
\begin{aligned}
G(x,y)&=[F(x,y)-F(x,y-1)]-[F(x,y+1)-F(x,y)]\\
&=[F(x,y)-F(x+1,y)]-[F(x-1,y)-F(x,y)]
\end{aligned} \tag{15.7}
$$

15.2.3　特征参数提取

特征提取是对某一模式的组测量值进行变换,以突出该模式具有代表性特征的一种方法。能否有效提取出具有代表性的对象特征,直接影响图像相似性匹配过程。本节将从灰度统计量、颜色特征、形状特征三个方面介绍图像的特征提取原理及过程。

1. 提取图像灰度统计量特征

对于一幅有 G 个灰度级的数字图像来说,每一个像素取值于哪一个灰度级是随机的,因此灰度级 f 可以看做是一个离散的随机变量,而 $P(f)$ 可看做是 f 灰度级在图像中出现的概率。直方图就是离散随机变量的概率分布,如图 15.8 所示。

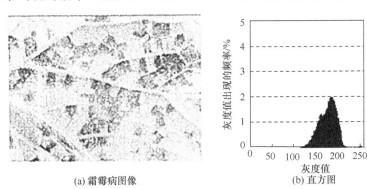

(a) 霜霉病图像　　　　　　　　　　(b) 直方图

图 15.8　黄瓜霜霉病图像及其直方图

用灰度的均值、方差和扭曲度三个统计量来表示灰度特征,定义如下:

定义灰度的均值(灰度值分布对原点的一阶矩)为

$$\mu=\sum_{j=0}^{G-1}f_j p(f_i) \tag{15.8}$$

定义灰度的方程(灰度值分布的二阶中心矩)为

$$\sigma^2 = \sum_{j=0}^{G-1} (f_j - \mu)^2 p(f_i) \tag{15.9}$$

定义偏度（扭曲度）为

$$s = \frac{1}{\sigma^3} \sum_{j=0}^{G-1} (f_j - \mu)^3 p(f_j) \tag{15.10}$$

2. 提取图像的颜色特征

颜色是病变叶片的一个重要的外观特征,视觉上能够感受到的任何颜色,都能以红、绿、蓝作为三种基色,通过改变各自的数量,混合得出,图15.9为RGB的三种基色分量示意图。通过图像获取设备采集到的彩色图像,都是由不同的R、G、B分量组成的,若能用R、G、B值区分病变的类型,则是一种既简便又直接的方法。

3. 提取图像的形状特征

在描述区域边界时,目标区域由离散的方格来采样,区域边界轮廓线由相邻边界像素点之间的短线逐段相连而成。对于图像某像素的8邻域,把该像素和其8邻域的各像素连线方向按图15.10所示进行编码,用0、1、2、3、4、5、6、7表示8个方向,这种代码称为方向码。

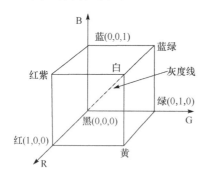
图 15.9　RGB分量示意图

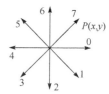
图 15.10　八链码原理图

图15.11说明了提取病斑边界轮廓的过程及其链码表示。其中(a)为二值图像;(b)为边缘检测;(c)为放大的病斑部位;(d)为链码表示病斑部位。若以S为起始点,按逆时针方向编码,所构成的链码为5565707001223330。利用边界链码串来提取病斑区域的几何特征:病斑区域面积、病斑区域周长和病斑的矩形度。

4. 特征的归一化处理

因为不同特征对应不同物理量,所以基于不同特征的算法所得到的特征值的

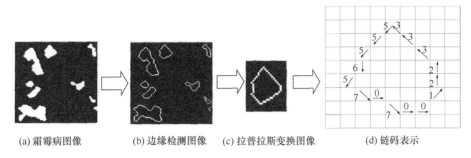

(a) 霜霉病图像　　　(b) 边缘检测图像　　(c) 拉普拉斯变换图像　　　　(d) 链码表示

图 15.11　病斑的轮廓提取和链码表示

物理意义和取值范围不同,从而它们之间可能不具有可比性。解决这个问题的一种方法就是对特征进行归一化。按照下面的归一化公式:

$$g(x,y) = 2 \times \frac{f(x,y) - \min f(x,y)}{\max f(x,y) - \min f(x,y)} - 1 \tag{15.11}$$

15.2.4　黄瓜病虫害的模糊模式识别

模糊模式识别实际上是一个分类问题,它是将一个未知模式指定为已知类别中的一种。择近原则识别法在实际的模式识别中,被识别的对象往往不是论域中的一个确定元素,而是论域中的一个子集。这时,所讨论的对象不是一个元素对集合的隶属程度,而是两个模糊子集之间的贴近程度。贴近度定义为

$$\rho(A,B) = \frac{1}{2}\left[A \circ B + (1 - A \times B)\right] \tag{15.12}$$

式中,$A \circ B = \vee (A(x) \wedge B(x)), A \times B = \wedge (A(x) \vee B(x))$ 分别称为 A 和 B 的内积和外积,$\vee$ 与 $\wedge$ 表示求极大值和极小值运算。

利用贴近度进行分类,设论域上有 n 个模糊子集 $A_1, A_2, \cdots, A_n$ 及另一个模糊子集 B,若有 $1 \leqslant i \leqslant n$ 使 $\rho(B, A_i) = \max\limits_{1 \leqslant j \leqslant n} \rho(B, A_j)$,则称 B 与 A_i 最接近,或者 B 属于 A_i 类。如果要判别某一模糊子集 B 属于 $A_1, A_2, \cdots, A_n$ 中的哪一类,则应首先计算 B 与 $A_1, A_2, \cdots, A_n$ 各类的贴近度,然后把 B 归入贴近度最大的一类。

模糊模式识别的黄瓜病害图像自动分类算法流程图如图 15.12 所示。

15.2.5　黄瓜病虫害的模糊模式识别结果分析

研究中对训练样本集的六种病害图像利用模糊 C 均值算法进行聚类,然后用模糊模式识别方法设计了分类器,最后用该分类器对验证样本集进行了识别。试验结果如表 15.1 所示,平均识别准确率达到了 93.3%,说明了特征提取和分类器设计的合理性,以及应用模糊模式识别方法对于黄瓜病害识别的可行性。

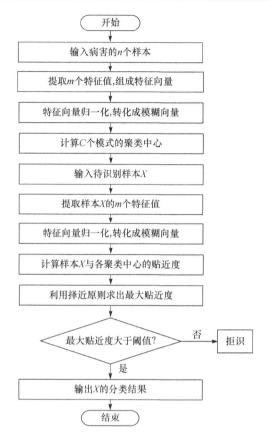

图 15.12　黄瓜病害图像分类算法流程图

表 15.1　黄瓜病害识别结果　　　　　（单位:%）

样本集	病害名称	识别率	误识率	拒识率
训练样本集	霜霉病	100	0	0
	斑点病	100	0	0
	细菌性角斑病	100	0	0
	炭疽病	100	0	0
	白粉病	100	0	0
	叶斑病	100	0	0
验证样本集	霜霉病	96.7	3.3	0
	斑点病	99.5	0.5	0
	细菌性角斑病	90.1	9.1	0
	炭疽病	95.9	2.5	1.6
	白粉病	78.8	2.8	18.4
	叶斑病	98.8	0	1.2

总之,在对黄瓜病害进行分类之前,首先要经过学习训练阶段,通过大量的数据采集、学习和训练,建立起模糊模式识别的病害类型数据库,作为识别时匹配的标准模式;在识别时,将系统采集到的黄瓜病害的各种特征参数应用于特征数据库,也就是与模式样本库的样本进行匹配,进而得出识别结果。

15.3　本 章 小 结

本章对黄瓜病害图像进行了一系列的预处理,从病害图像的灰度统计、病斑颜色和病斑几何形状等特征进行了提取和优化选择,并提出了基于模糊逻辑的黄瓜病害模式识别方法,该方法不仅扩展了图像识别的应用领域,而且为实现农业生产的智能化提供了一种新的思路。

参 考 文 献

[1] 郭鹏,李乃祥. 黄瓜病害图像自动分割方法研究[J]. 农机化研究,2014,8(8):10-13.

[2] 田有文,李成华. 基于图像处理的日光温室黄瓜病害识别的研究[J]. 农机化研究,2006,2(2):151-153.

[3] 田有文,牛妍. 支持向量机在黄瓜病害识别中的应用研究[J]. 农机化研究,2009,3(3):36-39.

[4] 田有文,李天来,张琳,等. 高光谱图像技术诊断温室黄瓜病害的方法[J]. 农业工程学报,2010,5(26):202-206.

[5] 王树文,张长利. 基于图像处理技术的黄瓜叶片病害识别诊断系统研究[J]. 东北农业大学学报,2012,43(5):69-73.

[6] 任晓东,刘美琴,白慧慧. 基于 GMM 的黄瓜病害图像建模[J]. 安徽农业科学,2011,39(34):21096-21099.

[7] 贾建楠,吉海彦. 基于病斑形状和神经网络的黄瓜病害识别[J]. 农业工程学报,2013,29(1):115-121.

第 16 章　昆 虫 识 别

16.1　研 究 背 景

　　昆虫是自然界一个十分庞大的物种,它们与人类的关系极为密切,但现在从事昆虫鉴定的人员仅限于数量极有限的昆虫分类学专家,且主要采用肉眼鉴定的方式,得到的结果易受主观情绪的影响,识别率极不稳定。据统计每年因未及时发现植物病虫害,而导致损失很大,如全世界每年约有 5％的粮食因害虫防治不利而受到损失。如果实现了基于图像的昆虫识别系统,那么农业工作者就可以应用该系统进行昆虫识别,从而实现病虫害的及时发现。另外,基于计算机图像处理与模式识别技术的昆虫识别技术可广泛应用到海关、植物检疫部门、病害虫防治部门等。

　　随着计算机视觉、图像处理、模式识别等技术的发展,基于图像的昆虫识别得到了发展与应用,杨宏伟、姚青等[1,2]总结了计算机视觉技术在昆虫识别中的应用,指出了基于图像的昆虫自动识别的步骤一般包括昆虫图像采集、图像预处理、昆虫特征提取与优化、分类器设计及昆虫识别等,并重点介绍了图像预处理、特征提取、分类器设计三个方面的研究方法及使用不同算法得到的结果。王江宁等[3]总结了基于多种算法的昆虫分割,如基于灰度直方图、基于数学形态学以及基于边缘分割等,指出建立统一的昆虫图像库以及对昆虫图像分割效果的评价体系的重要性。刘婷等[4]分别采用 SIFT 算子和 SURF 算子对棉蚜天敌进行局部特征提取,通过对草蛉和瓢虫进行图像匹配,得到了较好的识别结果。范一峰等[5]提出了一种提取 Gabor 特征,并利用类内 PCA 对每种类别的训练样本进行降维以提取训练样本的主要特征值,最后采用 k 近邻算法进行昆虫识别,该算法有很好的识别率。由于算法采用了类内 PCA 降维处理,使得算法具有较快的运行速度,有很好的实用价值。张蕾等[6]设计了"实蝇科果实蝇属昆虫数字图像自动识别系统"(AFIS-B),该系统使用 LBP 算子提取翅及中胸背板图像的特征,在对实蝇科果实蝇属八个种类的测试中,达到了 80％以上的识别率,并对光照不均匀、姿态变化以及样本属性不一致等不利条件具有较高的鲁棒性,对昆虫识别应用具有很好的理论及实际借鉴意义。

　　不论采用何种昆虫识别算法,图像预处理、特征提取、分类器设计都是最为重要的三个步骤,直接影响着识别的正确率及运行速度。本章将从这三个方面介绍基于图像的昆虫自动识别方法。本章内容主要参考文献[6]～[9]等。

16.2 基于图像的昆虫识别

16.2.1 图像预处理

一幅图像往往包含许多不同类型的区域,如物体、环境和背景等,为了辨识和分析目标,需要将这些有关区域分割出来,在此基础上才有可能对目标进一步利用,图像预处理过程主要采用图像分割算法实现目标区域的提取,为后续图像分析提供基础信息。图像分割是指把图像分成各具特性的区域并提取出感兴趣目标的技术和过程。边界跟踪法是获取图像内物体轮廓的分割方法,其基本思想是先检测出图像中的边缘信息,再按照一定策略将边缘连接成轮廓以达到目标分割的目的。

1. 边缘检测

图像的边缘定义为两个强度明显不同的区域之间的过渡,图像的梯度函数即图像灰度变化的速率将在这些过渡边界上存在最大值。如果一个点位于边缘点上,那么它的灰度值会出现阶跃性的变化,对应于一阶导数的极值点、二阶导数的过零点,如图 16.1 所示。

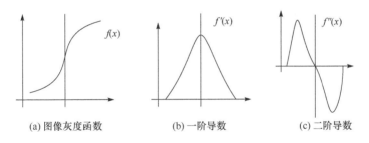

(a) 图像灰度函数　　　　(b) 一阶导数　　　　(c) 二阶导数

图 16.1　图像灰度函数及其一阶导数与二阶导数

由图 16.1 可知,一阶导数的极值点与二阶导数的过零点可用来检测边缘。另外,一阶导数与二阶导数对噪声非常敏感,尤其是二阶导数。因此,在进行边缘检测之前,应充分考虑图像平滑,以减少噪声的影响。

1) 一阶微分边缘检测

图像灰度函数 $f(x,y)$ 在点 (x,y) 的梯度(即一阶导数)是一个具有大小和方向的矢量,即

$$\nabla f(x,y) = [G_x, G_y]^T = \left[\frac{\partial f}{\partial x}, \frac{\partial f}{\partial y}\right]^T \tag{16.1}$$

$\nabla f(x,y)$ 的幅值为

$$\mathrm{mag}(\nabla f)=\sqrt{\left(\frac{\partial f}{\partial x}\right)^2+\left(\frac{\partial f}{\partial y}\right)^2} \tag{16.2}$$

2）二阶微分边缘检测

通过找图像灰度二阶导数的零交叉点可以确定边缘。图像灰度函数$f(x,y)$在点(x,y)的二阶微分为

$$G(x,y)=\nabla^2\{F(x,y)\} \tag{16.3}$$

式中，由二阶导数的定义可得拉普拉斯算子为

$$\nabla^2=\frac{\partial^2}{\partial x^2}+\frac{\partial^2}{\partial y^2} \tag{16.4}$$

在离散区域中，对连续的拉普拉斯算子最简单的近似运算是计算斜面沿每一个轴线的差值：

$$\begin{aligned}G(x,y)&=[F(x,y)-F(x,y-1)]-[F(x,y+1)-F(x,y)]\\&=[F(x,y)-F(x+1,y)]-[F(x-1,y)-F(x,y)]\end{aligned} \tag{16.5}$$

该四邻域的拉普拉斯算子可以通过卷积来生成：

$$G(x,y)=F(x,y)*H(x,y) \tag{16.6}$$

式中

$$H=\begin{bmatrix}0&0&0\\-1&2&-1\\0&0&0\end{bmatrix}+\begin{bmatrix}0&-1&0\\0&2&0\\0&-1&0\end{bmatrix}=\begin{bmatrix}0&-1&0\\-1&4&-1\\0&-1&0\end{bmatrix}$$

增益标准化的四邻域拉普拉斯算子脉冲响应的定义式为

$$H=\frac{1}{4}\begin{bmatrix}0&-1&0\\-1&4&-1\\0&-1&0\end{bmatrix} \tag{16.7}$$

2. 边界跟踪

利用边缘检测算法可检测出图像中的边界点。但在很多情况下仅仅检测出边界点是不够的，必须通过边界跟踪得到边界点序列等数据，为图像分析做准备。对二值图像的边界跟踪可基于八方向码进行，如图 16.2 所示。

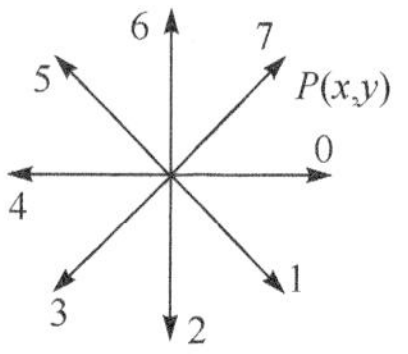

图 16.2　连通方向码

设 $P(x,y)$ 为物体的一个边界点，则 $P(x,y)$ 的下一个边界点必存在其八邻域内，因此可以根据八邻域信息进行外边界跟踪。在找到下一个边界点后，以此边界点为当前边界点继续搜索，这一搜索过程不断重复下去，直至搜索到起点。

3. 图像分割

由边界跟踪结果可得到图像中目标区域边界的提取,将图像分为若干互不交迭的区域,并使这些特征在同一区域内呈现出相似性,如图 16.3 所示。

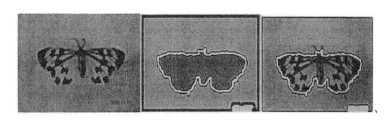

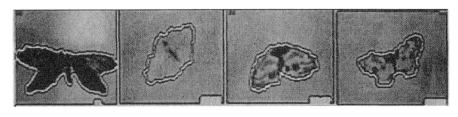

图 16.3　图像分割结果

16.2.2　特征提取

特征提取是指将目标区域的特征提取出来,用于图像分析的过程。这些特征包括一些可用数字直接表示的量(面积、周长等),也包括一些几何特征(连通性、形状等)。能否提取和应用那些能反映图像本质属性的特征,直接影响图像相似性匹配过程。本节将从颜色特征、纹理特征、形状特征和综合特征四个方面介绍图像的特征提取原理及过程。

1. 颜色特征

颜色特征是指不同颜色在整幅图像中所占的比例,用颜色直方图来表示。它不关心每种颜色所处的位置,只显示不同颜色出现的频率。一般来说,颜色直方图的横坐标是灰度级,纵坐标是该灰度级出现的频率,它是图像的最基本的统计特征。颜色直方图的构建如下所示:

$$H(k) = \frac{n_k}{N}, \quad k = 0, 1, 2, \cdots, L-1 \tag{16.8}$$

式中,k 为图像的特征取值;L 为特征可取值的个数;n_k 为图像中具有特征值 k 的像素的个数;N 为图像像素的总数。

2. 纹理特征

反映一个区域中像素灰度级的空间分布的属性,它们反映物体表面颜色和灰度的某种变化,而这种变化又与物体本身的属性有关。游程、灰度共生矩阵和形状特征是纹理特征的三种重要度量形式。

1) 游程

在图像的被检测区域里,连续的、共线的、并且具有相同灰值的像素点数称为该灰值的游程。灰度值游程矩阵 $M^{(\theta)}$ 的元素 m_{gl} 是检测区域里在方向 θ 上灰度值为 g 而游程长度为 l 的像素点出现的次数,θ 通常取 $0°$、$45°$、$90°$ 和 $135°$。p 为图像区域里的灰度级数目,n_l 为其游程长度的数,p 为该区域里的像素个数,其游程长度 l 是 $1\sim256$ 档。根据灰度值游程矩阵,可计算出短游程优势、长游程优势、灰度不均匀性度量和游程长度百分率等来描述目标区域的纹理特征。

(1) 短游程优势:

$$\mathrm{RF}_1 = \sum_{g=1}^{n_g} \sum_{l=1}^{n_l} (m_{gl}/l^2) \Big/ \sum_{g=1}^{n_g} \sum_{l=1}^{n_l} m_{gl} \qquad (16.9)$$

当短游程越多时,RF_1 越大。

(2) 长游程优势:

$$\mathrm{RF}_2 = \sum_{g=1}^{n_g} \sum_{l=1}^{n_l} (l^2 m_{gl}) \Big/ \sum_{g=1}^{n_g} \sum_{l=1}^{n_l} m_{gl} \qquad (16.10)$$

当长游程越多时,RF_2 越大。

(3) 灰度不均匀性度量:

$$\mathrm{RF}_3 = \sum_{g=1}^{n_g} \Big(\sum_{l=1}^{n_l} m_{gl} \Big)^2 \Big/ \sum_{g=1}^{n_g} \sum_{l=1}^{n_l} m_{gl} \qquad (16.11)$$

当灰度值分布比较均匀时,RF_3 较大。

(4) 游程长度百分率:

$$\mathrm{RF}_4 = \sum_{g=1}^{n_g} \sum_{l=1}^{n_l} m_{gl}/p \qquad (16.12)$$

RF_4 直接反映线性纹理的情况,当有较长的纹理时,RF_4 的值较小;当无较长的线性纹理时,RF_4 则较大。

2) 灰度共生矩阵

设灰度值的级数为 L,统计出整幅图像中每一种 (i,j) 出现的次数,再将它们归一化为出现的概率 p_{ij},则称方阵 $|p_{ij}|_{L\times L}$ 为灰度联合概率矩阵,也称为灰度共生矩阵。取不同的距离差分值 (a,b) 组合,可以得到沿一定方向(如 $0°$、$45°$、$90°$ 和 $135°$)相隔一定距离 $d=\sqrt{a^2+b^2}$ 的像元之间的灰度共生矩阵,如图 16.4 所示。

灰度共生矩阵是分析纹理特征的一种有效方法,该矩阵研究了图像纹理中灰度级的空间依赖关系。它对灰度的分布特征是通过对灰度值不同的像素的分布来表示的,同时这些像素对空间位置关系和分布特性也得到了体现。基于在纹理中某一灰度级结构重复出现的情况,这个结构在精

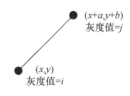

图 16.4　灰度共生矩阵结构图

细纹理中随着距离而快速地变化,而在粗糙纹理中则缓慢地变化。利用灰度共生矩阵可以得到一系列的纹理特征量。

（1）反差：

$$f_1 = \sum_{i=0}^{L-1} \sum_{j=0}^{L-1} |i-j|^k P_{ij} \tag{16.13}$$

（2）熵：

$$f_2 = -\sum_{i=0}^{L-1} \sum_{j=0}^{L-1} P_{ij} \log_2 P_{ij} \tag{16.14}$$

（3）逆差距：

$$f_3 = \sum_{i=0}^{L-1} \sum_{j=0}^{L-1} \frac{P_{ij}}{1+|i-j|^k} \tag{16.15}$$

（4）灰度相关：

$$f_4 = \frac{1}{\sigma_x \sigma_y} \sum_{i=0}^{L-1} \sum_{j=0}^{L-1} (i-\mu_x)(j-\mu_y) P_{ij} \tag{16.16}$$

式中，$\mu_x = \sum_{i=0}^{L-1} i \sum_{j=0}^{L-1} P_{ij}$；$\mu_y = \sum_{j=0}^{L-1} j \sum_{i=0}^{L-1} P_{ij}$；$\sigma_x^2 = \sum_{i=0}^{L-1} (i-\mu_x)^2 \sum_{j=0}^{L-1} P_{ij}$；$\sigma_y^2 = \sum_{j=0}^{L-1} (j-\mu_y)^2 \sum_{i=0}^{L-1} P_{ij}$。

（5）能量：

$$f_5 = \sum_{i=0}^{L-1} \sum_{j=0}^{L-1} P_{ij}^2 \tag{16.17}$$

3. 形状特征

当物体从图形中分割出来以后,提取物体的形状特征可作为区分不同物体的依据,用颜色特征进行基于形状的特征抽取是形状特征的一个重要形式。它是指彩色图像中的对象与背景之间必然存在颜色上的差异,利用这些颜色上的差异来提取物体的形状边缘信息,用于基于形状的检索。为了能够利用图像的颜色特征获取图像对象的边缘信息,不仅需要将图像分块,同时还要比较相邻两块的颜色特征的差异,才能模型化明显的图像对象边缘。表 16.1(a)和(b)表示将一幅图分成 9 块,表中数据为每个小块的颜色特征值。将相邻两个块构成一个比较对,如果只

取左右方向的相邻块,则可构成 6 个比较对(如表 16.1(a)中 1 和 2、2 和 3、4 和 5、5 和 6、7 和 8、8 和 9),记录颜色特征差值在一定范围内的比较对数目,形成一个颜色特征差值表,见表 16.1(c)和(d)。

表 16.1　特征差值表

(a)			(b)			(c)		(d)	
1	2	3	9	2	3	差值	比较对数	差值	比较对数
4	5	6	4	5	6	1	6	1	4
7	8	9	7	8	1			7	2

表 16.1(c)是 16.1(a)的特征差值表,16.1(d)是 16.1(b)的特征差值表。从表 16.1 可以看出,随着图像对象的空间位置发生变化,其特征差值表随之发生变化,因此,利用颜色特征的差值表可进行基于形状的图像检索。

4. 综合特征

当图像特征较为复杂,运用单一的特征描述难以准确地表达图像间的差异,不能有效地进行图像检索时,可以结合不同方法得到的特征来提高图像检索的准确率。齐丽英[7] 通过结合昆虫的颜色特征、形状特征和纹理特征,对形态相似度极高的 5 种昆虫进行识别,识别率达到了 90%。分别比采用单一特征的识别率高了 15%、11.5%和 8%。竺乐庆等[8] 提出了一种基于颜色直方图和 DTCWT 的昆虫识别算法,该算法对包含有 100 类昆虫的图像库进行了识别,达到了 76% 的识别率,且进行 449 个样本的检索只需 1s 左右,使得算法具有很好的实时性。本节介绍一种由游程长度和形状特征相结合的综合特征抽取方法。

1) 综合特征抽取

综合特征抽取包括游程长度抽取和用颜色特征进行基于形状的特征抽取两个部分。游程长度由 R、G、B 三种分量灰度值游程纹理特征 3×16 个($0°$、$45°$、$90°$、$135°$四个方向的短游程长度、长游程长度、灰度值的不均匀度量和游程长度的百分率),总共 48 个特征组成,为了减小光照不均匀对特征抽取的影响,可对每一维特征进行归一化处理。

要用颜色特征进行基于形状的特征抽取,首先要将图片分成 10×10 的小块,并计算出每个小块与周围 8 个相邻小块的平均直方图之间的差值,对于相邻的两个小块构成的比较对,如每个小块的颜色直方图分别为 H^i 和 H^j,则两个直方图间的差值用如下公式表示:

$$D(H^i, H^j) = \sum_{k=1}^{n} \frac{(H_k^i - H_k^j)^2}{H_k^i + H_k^j} \tag{16.18}$$

差值公式可产生一个类似于颜色直方图的距离直方图,横轴表示距离值,纵轴表示具有这一距离值的颜色对个数,如图 16.5(a)所示。

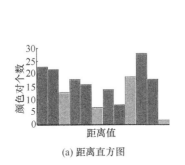

差值	颜色对个数	
1	23	☆
2	22	☆
3	13	
4	18	☆
5	16	
6	7	去掉
7	14	
8	8	去掉
9	19	☆
10	28	☆
11	18	☆
12	2	去掉

(a) 距离直方图　　　　　　　　(b) 差值图

图 16.5　距离直方图与差值图

从高到低扫描距离直方图,去掉那些出现次数小于门限的比较对(门限值取 10)。把距离值等于一定值的比较对的个数填入差值图中(图 16.5(b)),采用从高到低扫描是因为距离值越大,说明两个块之间的差值越明显。从差值图中挑出 y 种(y 值可根据需要确定,这里取 y 取 6,差值最明显的比较对,这 y 种比较对在查询时代表查询图像的特征,称为查询比较对。当 y 取 16 时的欧氏距离可用公式如下公式表示,求得

$$D_{ij}^2 = \sum_{k=1}^{n=16} (x_{ik} - x_{jk})^2 \qquad (16.19)$$

2) 图像特征的结合

利用欧氏距离,分别求得基于游程长度特征的图像间距离为 $D_1(i,j)$,基于形状信息的图像间距离为 $D_2(i,j)$,则查询图像 i 和目标图像 j 之间的混合距可用如下表示:

$$D(i,j) = \frac{w_1 D_1(i,j) + w_2 D_2(i,j)}{w_1 + w_2} \qquad (16.20)$$

16.2.3　分类器设计

昆虫识别的实质是相似度量,即两幅图像识别的判定准则相似性度量,需有一种分类策略将正确的图像和错误的图像区分开来,分类器正是为这一目的设计的。分类器的设计可分为基于单一特征的分类器设计和基于综合特征的分类器设计。

1. 基于单一特征的分类器

对内部 n 个特征进行归一化,然后计算出查询图像与模板图像的欧氏距离 D_{ij}^2,与哪个模板图像距离最小即判定为哪一类,另设阈值 T,当距离大于 T 则认为无法识别,其欧氏距离为

$$D_{ij}^2 = \sum_{k=1}^{n} (x_{ik} - x_{jk})^2 \tag{16.21}$$

2. 基于综合特征的分类器

计算基于不同特征的混合距:

$$D(i,j) = \frac{w_1 D_1(i,j) + w_2 D_2(i,j)}{w_1 + w_2} \tag{16.22}$$

由于在正确的查询图像与目标图像间提取的特征最为接近,其各种图像特征的结合也具有最小的特征距离。通过比较所有查询图像与目标图像间的混合距,距离最小的查询图像即为正确的识别图像。为了提高识别的正确率,可设定阈值,只有当混合距小于该阈值时,才可判断定识别正确;否则,则判定识别失败。

16.2.4　识别结果

采用模型匹配的方法进行分类决策,对斑蛾科、尺蛾科、蜷科、凤蝶科、枯叶蛾科、天牛科、夜蛾科等 10 类昆虫图像。每类 30 幅,总计 300 张图片进行试验。试验结果如表 16.2 所示。

表 16.2　基于图像的昆虫识别结果　　　　　　　（单位:%）

评价方法 ＼ 特征抽取	统计直方图	游程长度	灰度共生矩阵	基于形状特征	综合特征
准确率	38	56	35	53	59
识别率	41	65	39	70	81

实验结果表明采用基于不同特征的综合特征识别昆虫大大提高了识别率与准确率。

16.3　本 章 小 结

本章从图像预处理、特征提取和分类器设计三个方面介绍了基于图像的昆虫识别算法。针对 10 类昆虫图像,采用了适合昆虫图像的特征提取方法,实现了统计直方图、游程长度、灰度共生矩阵、形状特征抽取算法,提出了结合灰值游程和形

状特征提取昆虫图像特征的方法,实验表明这种综合特征抽取能较好地识别 10 类昆虫图像。

参 考 文 献

[1] 杨宏伟,张云. 计算机视觉技术在昆虫识别中的应用进展[J]. 生物信息学,2005,3(3):
133-136.

[2] 姚青,吕军,杨保军,等. 基于图像的昆虫自动识别与计数研究进展[J]. 中国农业科学,2011,
44(14):2886-2899.

[3] 王江宁,纪力强. 昆虫图像分割方法及其应用[J]. 昆虫学报,2011,54(2):211-217.

[4] 刘婷,赵惠燕. 基于局部特征提取的棉蚜天敌识别[J]. 计算机工程与设计,2010,(16):
3712-3714.

[5] 范一峰,王义平. 基于 Gabor 滤波和类内 PCA 的昆虫识别[J]. 计算机应用与软件,2013,
30(4):75-84.

[6] 张蕾,陈小琳,侯新文,等. 蝇科果实蝇属昆虫数字图像自动识别系统的构建和测试[J]. 昆虫
学报,2011,54(2):184-196.

[7] 齐丽英. 基于多特征综合的昆虫识别研究[J]. 安徽农业科学,2009,37(3):1830-1831.

[8] 竺乐庆,张真,张培毅. 干颜色直方图及双树复小波变换(DTCWT)的昆虫图像识别[J]. 昆
虫学报,2010,53(1):91-97.

[9] 程小梅. 基于图像的昆虫识别研究与设计[D]. 西安:西北大学硕士学位论文,2008.